URBAN REGENERATION & URBAN DESIGN GOVERNANCE

城市更新与城市设计治理

英国实索 ｜ 祝贺 著

BRITISH PRACTICE

AND

CHINESE EXPLORATION

清华大学出版社

北京

图书在版编目（CIP）数据

城市更新与城市设计治理：英国实践与中国探索 / 祝贺著. —北京：清华大学出版社，2022.6

ISBN 978-7-302-59708-7

Ⅰ.①城… Ⅱ.①祝… Ⅲ.①城市规划－建筑设计－研究 Ⅳ.①TU984

中国版本图书馆CIP数据核字（2021）第262163号

责任编辑：张　阳
封面设计：吴丹娜
版式设计：谢晓翠
责任校对：王荣静
责任印制：杨　艳

出版发行：清华大学出版社
　　　　　网　　址：http://www.tup.com.cn, 　　　http://www.wqbook.com
　　　　　地　　址：北京清华大学学研大厦A座　　　邮　　编：100084
　　　　　社总机：010-83470000　　　　　　邮　　购：010-62786544
　　　　　投稿与读者服务：010-62776969, c-service@tup.tsinghua.edu.cn
　　　　　质量反馈：010-62772015, zhiliang@tup.tsinghua.edu.cn
印装者：小森印刷（北京）有限公司
经　销：全国新华书店
开　本：165mm×230mm　　　印　张：17.25　　　字　　数：308千字
版　次：2022年6月第1版　　　印　次：2022年6月第1次印刷
定　价：99.00元

产品编号：091407-01

让城市设计成为城市治理的有效工具

记得20年前赴欧洲访问期间去各种设计类的学院拜访，留下一个个深刻的印象，它们在教学中使用的技术工具是最新的，有许多甚至还没有商用化，尚处于试验版的阶段，课堂上讨论的问题也很"脱离现实"，不少对未来社会需求的预设场景尚来自技术进步影响的假说，或是社会改革理想的畅想。一位参加座谈的教授讲了一句我至今记得的话："教育是为未来培养人的，当我的学生走出校门服务社会时，已是若干年之后了，他们的本领不是为当下准备的，而是为未来预备的。"对此观点我深以为然。

无疑，城市设计甚至是一个比现代城市规划更久远的话题，其美学秩序追求、社会礼制映射和技术规制建立，牵强一点讲可以追溯到《建筑十书》《周礼·考工记》那个十分遥远的时代，而围绕这一探索的各种经典著作，或者说这些经典著作中的"图理""图论"部分，仍然占据着当代中国高校城市设计教材的主体部分，并被奉为圭臬。实践中的城市设计也没有从比较单纯地追求"空间秩序"的桎梏中摆脱出来，不断重复着"精英美学"和大一统"城市风貌"、简单粗暴的"大师梦"。当这些源自学界和技术界的流弊渗透进城市建设管理的决策进程时，求奇求怪或求整齐划一，追逐昙花一现的眼球吸引，或洁癖严重的环境整治也就不足为奇了。

所以，当2018年祝贺和我谈他博士阶段的研究方向，并决定做此选题时，我是十分兴奋的。"城市更新"和"城市设计治理"这两个主题词都事关中国新型城镇化高质量发展的未来。

说实话，我从骨子里是不喜欢"城市更新"（Urban Renewal）这个词的，它在20世纪就被美国人"玩残"了，成了大拆大建的代名词，逼着学界不得不另辟新界，用"城市有机更新""城市复兴""旧城复兴"等词汇取而代之。以划清与"大拆大建"的界限，其本质是对漫长的城市发展进程中所积蓄下来的"存量"空间资源不断地改造、释放、再利用，以使其功能内涵得以与时俱进，跟上时代发展的需要，是个对旧有之"器"，再次"凿空"，以为新用的功能叠代过程。这里的功能叠代是"道"，而"器"的处置是"术"，这里的"道"就是新的城市发展动力、新的聚集活力、新的人之魅力的不断叠代，而"器"的处置则是多元的、多渠道的，多种可选择性的，拆改扩存所展示的"十八般武艺"，好用、管用就好，那么"道"从何来就比"器"如何处置更值得讨论，这就自然引出了城市治理的话题。

城市治理这个词当下已很热了。我近来见过的最荒唐的一份××市的城市治理"十四五"规划是由城管大队在一家工程咨询公司的指导下完成的，这足见从"管理"走向"治理"我们仍有很长的路要走。政府、市场、社会多元力量共存，"肩膀一般齐"的"民主化"协商治理，我1991年在加拿大进修时见识过了：一个城市议题讨论形成的各种备忘录打印出来十几吨重，拖个三年五载是家常便饭，最终达成个妥协性共识时，黄花菜都凉了。这对快速发展中的中国而言，性价比太不可接受。在当下中国的国体政体和发展阶段中，我们的城市治理的特征是党的领导、政府引领、市场主导、社会自觉，以人民为中心的核心价值观是要坚守的，推动城市高质量发展的根本宗旨和总目标是要遵循的，市场将日益主导重要生产要素的配置是大势所趋，而社会力量的动员从简单的自上而下的命令转变为达成广泛共识前提下的自觉的"共同缔造"行动也是可期的。在走向城市治理现代化的道路上，规划设计界面对的时代使命可以概括为"四个提升，两个营造"，即提升基础设施发展品质，提升公共服务设施发展品质，提升生态环境的质量，提升空间资源利用的效率和品质，以达到营造城市核心竞争力，营造国家或区域发展战略支点的目的，这也就是我们这个领域的"共同策划，共同缔造"和"共建、共治、共享"。对城市设计治理的研究正是这方面一个十分重要的探索，"城市设计治理"这个直译过来的词读上去并不完美，有时会有歧义，从祝贺同志的研究看，是指的城市设计如何能被改造成"治理工具"，在与城乡建设密切相关的城市治理过程中发挥有用、好用、管用的效用。城市更新不过是阐释这种改良后的新工具作用的一个场景预设，之所以选择这个场景，是因为它的真实性和复杂性好于白纸一张的新区、新城，可以更方便"故事"的展开。

由国家制度体系、全国性制度文件和部门性规章制度乃至行动计划构成的正式治理工具职能的梳理和延展性探索，使得城市设计具备了引导性、激励性和控制性（我称为约束性）的工具效用，而多元化主体的参与所形成的半正式制度设计才是发源于英国的更重要的制度创新，它赋予城市设计更多的工具效用，如：证据工具、知识工具、促进工具、评价工具、辅助工具，并由此建构了治理情景下若干逻辑关系的重构，如：跨越行政边界的区域发展机构的建立，地方企业合作组织的建设，国有企业主体作用的发挥，市场化主体如何参政辅政，"责任双师"制度的贡献，基层社区层面的共治共享，直至运作环境层面的公民教育。其实，这一切在当下国内的实践中不乏局部的探索，也有不少闪光的思想和个案，祝贺的研究提供了一个借鉴他山之石梳理形成的更为清晰的理论框架。显然，当代的城市设计的全要素超越了建筑、城乡规划、景观和市政工程的范畴，它不再仅仅是专指任何一种"设计师"的专业活动，而是所有共同缔造建成环境的活动的总和；现代城市设计也在经历着从技术手段、管控体系向治理平台的升级叠代，它可以实现经济价值的提升、公共投资的节约和百姓生活成本的降低，也可以实现税基的扩展、全民健康的改善，它也是凝聚社会共识，推动大众增加知识、增长技能、重新认识幸福和获得的好平台；对空间资源而言，它也在改善格局，提升承载力，优化利用中发挥无可替代的作用。

我们需要面向城市治理，不断丰富规划设计工具库的科学共同体，需要多元主体背景下的治理联盟，我们需要打破学科界限、行业界限的知识图谱，向这个方向努力，城市设计才有更好、更宽广的未来，否则设计成果只是宫廷画和文人画，或成为权力的孤芳自赏，或成为小圈子的饭后杂谈清议，离人民只能渐行渐远！

祝贺在他博士论文基础上完成的这本著作，我相信只是他学术生涯的开始，随着他对中国实践更深、更广的参与和积累，定可进一步从技术工具理性中走出来，拓展公共政策平台的建设能力，为中国城市设计领域的发展做出更大的贡献。

清华大学建筑学院教授
清华大学中国新型城镇化研究院执行副院长
中国城市规划学会副监事长

2022年1月6日于清华园

| 序二 |

　　中国城镇化走出了世界城市发展的独特路径，改革开放释放的巨大动能作用在城镇发展和建设过程中，2011年，中国城镇化率超过50%，2020年第七次全国人口普查数据为63.89%。巨量人口的城镇化进程中，建成环境的快速拓张支撑了经济社会的巨大发展，但也带来了一系列严峻的空间品质、服务能效、风貌格局等不平衡、不充分发展的问题。在新的历史时期，贯彻生态文明理念，实现高质量发展成为总基调，在城市工作中引入"治理"理念，成为转变经济增长和城市规划建设方式的重要方向，城市治理作为"推进国家治理体系和治理能力现代化"的关键内容，日益得到重视。

　　大规模拓张形成的城市建成区存量空间资源提质增效，必须通过城市治理精细化的能力提升才能得以实现。党的十九届五中全会提出"实施城市更新行动"的重要决策部署，城市更新必须面对在政府、社会、市场多元利益共存状态下，通过新治理体系的建构实现有效协同和共享。城市设计作为一种实现空间资源组合优化的方法，有助于增进城市空间的价值。城市设计可依托城市规划体系和公共政策手段，充分发挥营造美好人居环境和宜人空间场所的作用，运用系统化、精细化和创造性的设计思维，借助形态组织和空间营造技术，合理有序地组织城市功能、提供优质公共空间，并响应当前多元主体共同参与社会治理的新趋势。

　　本书中所论述的设计治理是城市设计的一个理论前沿方向，虽然立足点在于城市设计，但跳出了技术管控的范畴，更多地结合了制度过程的解释，深入探讨了广义的规划设计作为物质空间塑造的工具，如何被更多元的主体所共用，而非简单的权责归属或设计控制的问题。正如书中所言，"政府管得越来越多和越来越少都只是手段，而目标是在多与少的平衡中，管得越来越好"。城市设计治理理论源于英国实践，该书作者将其引入中国并辩证地分析其在中国的适用性，在大量的中英对比研究基础上，清晰地指出了城市设计治理作用于城市更新的介入空间、参与主体和作用对象、目标和方法体系。由于中国制度的特殊性和地方实践的多样性，我们更需从中国客观实践出发，汲取本土和全球经验，进一步加强对中国城市设计治理制度的研究与阐释，依托制度优势，改善城市环境、管控城市景观风貌、塑造城市特色，实现人民对美好生活的追求。

立足中国、放眼世界，该书从中英比较研究的视角切入，形成了体系化的理论架构，旨在为中国城市更新与城市设计制度找到合适的发展路径与工具。首先，回溯中英两国在国家层面的城市更新政策演进历程，从"国家—区域—城市"三个层面分析英国在收缩时期的城市更新与城市设计治理体系、正式和半正式主体的治理实践，并结合近年来中国城市更新中的城市设计治理探索，对比分析中英城市设计治理工具的使用方式，评价其使用情况。其次，在引介英国城市设计治理理论的基础上，作者回归城市更新与城市设计本源，构建城市更新中的城市设计治理体系，实现了广义城市设计手段向多元公共政策领域的主动对接，丰富了塑造建成环境的公共政策新路径。最后，基于现代治理理论中"向下转移、向上转移、向外转移和系统转移"的四种权利共享思路，厘清中英经验中"国家推动、地方推动、市场推动、精英推动"四条基本路径，分析不同路径的分权方向、优势和限制条件，并在此基础上提出面向中国城市更新的实践建议。

本书作者祝贺，本科毕业于我所执教的华南理工大学建筑学院，在基础学习阶段就对城市规划与设计的运作体系展现出了比较大的学习和探究热情。进入清华大学攻读硕士、博士研究生后，他延续了在城市更新与城市设计方面的理论兴趣，并关注制度领域的思考与研究，将设计治理的英国理论引介到城市更新领域，有助于开展系统性的分析、讨论和建构。2019年，当我听到他将博士论文选题方向定为中英城市设计治理比较研究，并希望回广州对我和其他学者进行访谈时，我非常欣慰地接受了邀请。后来，我得知他在结束了向国内诸多学者的"取经"后，又专程赴英国伦敦大学学院，在城市设计治理理论的提出者马修·卡莫纳教授处开展访问研究，就很期待他能够取得学术上的突破。本书由他的博士论文经过两年修改而来，基于他对国内外相关理论和实践的深入观察和思考而完成，视野和观点上都有一定的独到之处，在比较研究中能够做到学洋而不媚洋，为中国的城市设计治理发展方向提供了有益镜鉴，对于一位年轻学者而言，难能可贵。期许他能在新的学术岗位上再接再厉，在今后还很长的学术人生中贡献更多智慧。我也期望各位读者从本书中有所收获，激发出更多对于新时期我国城市治理改革的思想火花，催生更多的经世致用之学。

华南理工大学建筑学院教授

国务院学位委员会第八届学科评议组成员

全国城乡规划专业教学指导委员会委员

中国城市规划学会理事

2022年1月15日

| 序三 |

　　近年，我国城市发展建设已由增量为主的时代进入了存量与增量并存、以人民为中心高质量发展的时代。实施城市更新，是城市开发建设方式的转变，是推动城市结构调整优化、满足人民群众日益增长的美好生活诉求的需要。城市设计作为塑造和干预城市空间的重要技术手段，在提升城市空间形象、彰显城市特色，以及提升城市空间品质等方面正在发挥着重要的作用，成为引导城市空间发展及城市治理的主要手段之一。

　　关于城市设计的运作模式，在以英美为代表的西方主要国家，20世纪末以来城市设计实施制度建构的理论基础，都源自20世纪70年代后诞生的"设计控制"理论，以乔纳森·巴内特（Jonathan Barnett）和约翰·庞特（John Punter）等为代表的一众学者，主张以面向实施的城市设计取代单一的抽象规划来主导城市开发与城市更新。这股思潮的影响集中体现为在公共管理背景下，政府自上而下地将城市设计管理要求加入到原有规划和建设管理体系中，形成城市设计依托法定规划和开发审批程序的运作模式，通过相应的制度建设和程序管控来强化城市设计在建成环境塑造中的核心地位。与此同时，由于当代西方国家的新自由主义思潮在社会经济运行中占据了主导地位，倡导国家治理放松政府管制、发挥市场和多元非正式主体的作用。因此，城市设计的运作自设计控制理论诞生，并推动城市设计与法定规划体系融合以来，其关于刚性与弹性、程序与产品、合理与过度干预、集体决策与个人权利之间就一直存在着悖论。在此背景下，城市设计治理理论应运而生，该理论倡导转变城市设计作为城市空间单一技术管理方式的定位，建立政府、专家、投资者、市民等多元主体共同构成的行动与决策体系，使得城市设计成为国家经济、社会、健康、可持续等方方面面治理背后的空间塑造支撑手段，利用各种"正式"与"非正式"的治理工具来应对城市设计运作的复杂系统。

　　近年，在我国具有设计治理意义的实践事实上已经在不断萌生，诸如责任规划师制度、采用PPP（政府与社会资本合作）模式的设计引导型城市更新等都带有治理的性质，然而仍缺乏理论层面的归纳总结，还没有形成系统化、工具化的知识体系。当前在某些省市已经出现的城市更新制度建构也大多是围绕产权、功能和容量这些要素进行的，只有以量定形，而缺少量与形的共治。城市更新作为中国城镇化下半场的重头戏，它的治理除了依靠传统管制型的规划手段，还需要通过非正式或半正式的力量作为一种补充来发挥城市设计的作用。

本书敏锐地抓住了城市设计的前沿理论变化，将城市设计治理理论系统地介绍给国内，并对英国城市更新政策中广泛存在的广义城市设计行为进行甄别，探索该理论对于我国的借鉴意义。本书通过对中英两国实践经验的分析，揭示了城市设计最有效的工具不一定是那些法定权力和行政程序，而可能来自更加多样的新治理主体。本书向我们阐释了城市设计绝不仅仅关乎空间美学，也绝不仅仅是最终蓝图和管控依据，城市设计应该是综合提升城市更新效益、促进空间产出的治理手段。同时，城市设计治理的具体工具、模式和路径，会随各国政治、经济与社会环境的不同而展现出差异性，甚至在同一国家的不同城市也会有迥然不同的特点，但是从政府单一主体管理、单一手段管控模式转向多元主体参与、多元工具治理的大趋势却是共通的。

本书作者祝贺老师是一位思维敏锐、勤于钻研的优秀年轻学者，我有幸参加过他在清华大学建筑学院攻读博士学位期间的博士学位论文开题、预答辩和正式答辩。令我赞赏的是，他认真阅读的280多篇文献中有约180篇英文文献，其中包括了很多英国地方城市的城市设计项目报告书。深入扎实的基础文献研究工作和清晰的逻辑梳理，奠定了他的博士学位论文基础，本书就是他在博士学位论文的基础上精雕细琢而成。本书关于城市设计治理在城市更新中作用的分析结论和观点，对于推动设计治理理论从普遍建成环境领域向城市更新这一特殊领域拓展，以及为我国找到一条城市设计治理与城市更新治理协同推进的路径，完善我国长期以来城市设计与城市更新制度建设的短板，使城市设计从管理控制模式向综合治理模式延伸，具有重要的理论价值和实践意义。我期望并相信本书能够引发关于城市设计治理这一新命题的更多有益的讨论，为我国城市设计与城市更新的共治、善治贡献更多的学界思考和实践探索，特此推荐，且为书序。

北京大学城市与环境学院教授

中国城市规划学会资深会员

2021年12月24日

前言

　　城市更新正在逐步成为我国未来城市发展的主要模式，而城市设计作为引导城市发展的主要方法，早已摆脱了单纯的美学控制功能，走向更加广泛的公共政策范畴。然而，当前我国的城市更新制度建设仅围绕功能、产权和容量等要素进行建构，城市设计相关制度安排的缺失，使得城市更新的空间质量、过程效率、多元价值难以得到保障。城市设计治理理论的出现为破解这一局限提供了新的思路，城市设计治理旨在建立政府、专家、投资者、市民等多元主体构成的行动与决策体系，利用各种"正式"与"非正式"的治理工具来应对城市设计运作这一颇存争议的复杂系统。本书对于城市设计治理在城市更新中的作用进行研究，理论意义在于推动设计治理理论从普遍建成环境领域向城市更新这一特殊领域拓展，而实践意义在于为我国找到一条城市设计治理与城市更新治理协同推进的路径，完善我国长期以来城市设计与城市更新制度建设的短板，使城市设计从管理控制模式向综合治理模式延伸。

　　本书首先对中英城市更新运作环境的演进历程进行了回溯，以把握中英两国城市更新当前所处阶段的特点和未来走向。接着从作用层面和主体性质两个维度对中英城市更新中具有城市设计治理性质的正式与半正式实践进行广泛对比。基于现有按照介入程度划分的城市设计治理工具分类方法，对中英相关实践从工具角度进行分析，对不同城市设计治理工具在城市更新中的使用方式进行归纳。评价各类城市设计治理工具在两国城市更新中的运用情况，得出工具在不同政治和社会运作环境中使用方法上的异同，以及在一般城市建设领域和城市更新领域中使用时存在的差异。并从普适的角度进一步构建城市设计治理作用于城市更新的方法体系，总结不同城市设计治理工具在城市更新中的作用尺度、作用层面、作用模式、使用主体、主体优势，探索城市更新中不同治理工具间的互补关系。此后，抛开中英背景，回归城市设计和城市更新的本源，构建从传统狭义城市设计向广义城市设计治理活动发展的理论模型，从治理能力层级的角度，解释城市设计与城市更新领域治理体系所具有的一致性和互补性。最终，返回现实运作环境，提出"以国家推动为重要前提，地方分类探索为主要工作，少数发达地区试水市场和精英共同推动"这一面向我国国情的城市更新与城市设计治理复合路径。

因笔者学识、阅历尚浅，书中必有诸多不到之处，恳请各位读者朋友原谅，万望得到各位师长、同行的指教，也期许通过本书能够结识更多对城市更新与城市设计治理感兴趣的朋友，能够与前辈们一道为中国的城市更新与城市设计贡献本人微不足道的一点思考。成书之际，借此处，我想衷心感谢我的导师尹稚教授多年来的悉心指导，尹老师在学术上给予了我巨大的自由去探索我感兴趣的方向。在我的研究尚不成熟而受到质疑时，多次力排众议支持我坚定走下去。在研究开展过程中，老师一直为我把握、聚焦方向，不断鼓励着我大胆探索前人未曾走过的路。没有他的宽容与远见，本书根本难以成文。衷心感谢伦敦大学学院马修·卡莫纳（Matthew Carmona）教授的帮助，他的城市设计治理理论为我理解城市设计打开了新的大门，本书是"踩着他的肩膀"做出的些许探索。与他两年的信件往来和在巴特莱特几个月的相处是我十分宝贵的人生经历。衷心感谢清华大学唐燕老师长期以来的帮助和指导，跟随唐老师进行过的写作、研究、翻译工作，让我从一个学术"小白"起步，终于获得了探索本学科知识海洋所需的基本能力。衷心感谢华南理工大学王世福老师、清华同衡规划设计研究院田昕丽师姐等在论文写作期间接受我访谈的各位专家、领导和同行们，他们的经验与见解极大地开拓了我对城市设计治理这一广阔领域的理解。

目录

第1章 城市设计治理对于中国城市更新的意义 001

1.1 城市更新成为未来城市发展的主要模式 002

1.2 城市设计作为引导城市发展的主要方法 002

1.3 中国城市更新治理中的设计缺失 003

1.4 城市更新与城市设计治理研究初探 005

1.4.1 城市设计治理作用于城市更新的实践案例研究与归纳 006

1.4.2 城市设计治理作用于城市更新的介入空间和参与主体研究 007

1.4.3 城市设计治理作用于我国城市更新的目标和方法体系研究 009

1.4.4 城市设计治理融合城市更新发展的推进路径分析 010

1.5 城市更新与城市设计治理研究的内容与框架 010

第2章 从城市设计管理到城市设计治理的理论演进 015

2.1 城市治理理论的兴起 016

2.2 城市设计管理理论的成熟 018

2.3 城市设计治理理论的探索 020

第3章 对三个前提性问题的回答 031

3.1 中西语境中的"治理"特征辨析 032

3.2 设计质量对于城市更新的价值判断 035

3.3 城市更新中设计思维与规划思维差异的辨析 043

第4章　中英城市更新的运作环境对比　053

4.1　我国国家层面的城市更新政策演进　054

4.1.1　恢复重建期（1949-1957年）　055

4.1.2　城市化异常波动时期（1958-1976年）　055

4.1.3　改革开放之初（1977-1988年）　056

4.1.4　经济高速发展时期（1989-2008年）　057

4.1.5　系统化制度探索与发展观念转型（2009年至今）　058

4.2　英国国家层面的城市更新政策演进　061

4.2.1　战后大规模重建（1945-1967年）　062

4.2.2　面向衰落地区的局部改造（1968-1976年）　063

4.2.3　公共政策延续与企业化运作（1977-1990年）　064

4.2.4　政策整合与央地关系重划（1991-1996年）　066

4.2.5　中间路线与城市复兴（1997-2010年）　066

4.2.6　经济紧缩期与政策引导缺位（2011年至今）　068

4.3　小结：中英城市更新运作的制度环境对比　070

第5章　收缩时期英国城市更新与城市设计治理实践　079

5.1　国家层面城市更新与城市设计治理体系　080

5.1.1　综合性城市政策　081

5.1.2　国家规划政策框架　087

5.1.3　其他全国性制度文件　090

5.1.4　部门性行动计划　097

5.1.5　国家层面的半正式主体参与　099

5.2　区域层面城市更新与城市设计治理体系　108

5.2.1　区域层面的正式主体参与　108

5.2.2　区域层面的半正式主体参与　116

5.3 城市层面城市更新与城市设计治理体系 124

5.3.1 地方回应国家城市更新治理体系的途径 124

5.3.2 特大城市案例——伦敦 128

5.3.3 中型城市案例——诺丁汉 138

5.3.4 小城镇案例——因弗尼斯 142

5.3.5 城市层面的半正式主体参与 146

5.4 小结 153

第6章 中国城市更新中的城市设计治理探索 159

6.1 城市更新中正式主体的城市设计治理探索 160

6.1.1 国家和省域层面的政策引导 160

6.1.2 城市层面的制度供给 166

6.1.3 城市层面的专项行动和设计产品 168

6.1.4 城市、区、街道层面政府主导的多元活动 173

6.2 城市更新中半正式主体的城市设计治理探索 176

6.2.1 城市和片区层面的促进机构 176

6.2.2 片区层面的责任规划（设计）师 178

6.2.3 社区层面的基层空间治理 184

6.2.4 项目层面的企业参与 187

6.2.5 运作环境层面的公民教育 188

6.3 小结 191

第7章 中英城市更新的城市设计治理工具分析 197

7.1 城市更新中的正式城市设计治理工具 198

7.1.1 引导工具 200

7.1.2　激励工具　204

7.1.3　控制工具　210

7.2　城市更新中的非正式城市设计治理工具　216

7.2.1　证据工具　217

7.2.2　知识工具　220

7.2.3　提升工具　223

7.2.4　评价工具　227

7.2.5　辅助工具　230

7.3　小结：城市设计治理作用于城市更新的介入空间和参与主体　232

第8章　城市更新中的城市设计治理体系构建　239

8.1　城市设计治理作用于城市更新的目标与方法体系　240

8.1.1　基于城市设计本质的城市设计治理再诠释　240

8.1.2　当代城市更新运作的基本目标与普遍障碍　243

8.1.3　城市更新与城市设计治理的理论对接　246

8.1.4　理论延伸：城市设计治理的广泛公共政策化方向　248

8.2　城市设计治理作用于城市更新的路径选择　251

8.2.1　路径一：国家推动　252

8.2.2　路径二：地方推动　253

8.2.3　路径三：市场推动　255

8.2.4　路径四：精英推动　256

8.2.5　实践建议：面向我国国情的复合路径选择　257

第1章

城市设计治理
对于中国城市更新的意义

1.1 城市更新成为未来城市发展的主要模式

改革开放以来，我国社会经济已经取得了长足的发展，实现了高速城镇化。作为社会经济活动的核心空间载体，长期以来，城市发展的主要模式是以新城建设为主导的增量开发[1]。伴随着过去的粗放式发展与跑马圈地式的规模扩张，城市发展的边际效应已经开始凸显，从国家宏观经济和城乡建设用地"倒逼"现状来看，以珠三角、长三角等为代表的城市地区，其建设用地已经占到区域总用地的40%~50%，这迫切需要城乡建设实现从粗放到集约、从增量到存量、从制造业到服务业、从生态破坏到环境友好、从追求速度到普适生活等的全方位变革[2]。近年来，以北京、上海、深圳为代表的一众一线城市，早已在城市总规层面开始将用地总规模不增加、甚至是减量发展作为新的城市战略，如北京在总体规划（2016年—2035年）中要求在2020年实现"城乡用地规模减量"[3]，上海在城市总体规划（2017—2035年）中亦明确了集约利用土地、实现规划建设用地总规模负增长的目标[4]。新常态下，如何更好地提升城市"存量"的价值成为了当下热议的话题，对城市"存量"的更新，将决定国家社会经济的空间载体是否能够得到可持续供给。可以预见的是，在今后的很长一段时间内，城市更新将成为城市发展的主要模式，也是推动城镇化后半程可持续发展的主要模式，以"存量挖掘"和"内生依托"为特征的新型城镇化历史阶段已经拉开序幕。

1.2 城市设计作为引导城市发展的主要方法

2015年的中央城市工作会议将城市设计提高到新的高度，明确提出各地、各部门应当全面开展城市设计工作，尽快完成城市设计的相关顶层设计工作，努力提升城市空间质量。自2017年起，由住建部组织编制的《城市设计管理办法》已经开始施行。《城市设计管理办法》是根据《中华人民共和国城乡规划法》等法律法规，为提高我国城市建设水平、塑造城市风貌特色、推进城市设计工作、完善城市规划建设管理而制订[5]。同时，国家层面的《城市设计技术管理基本规定（征求意见稿）》亦已编制完成，但尚未公开执行，未来将作为指导城市设计技术层面的全国性文件[6]。国家机构改革后，2021年自然资源部颁布了《国土空间规划城市设计指南》。可见，在新时期我国的城市建设与发展中，城市设计正担负着越来越重要的历史使命。当前，我国经济发展进入"新常态"，这不仅表明宏观经济发展进入新阶段，更意味着城镇化发展模式也将随之产生重大变革。传统城乡规划领域不论在技术还是制度层面，都面临着迫切的创新需求，城市设计的编制技术方法与管理途径也是如此。在各类设计思潮与理念加速迭代转换的今天，尽管相关制度建设尚不完善，但城市设计的理念和工作方法因为其适应性，其实早已融入我国城市发展的各个层面。与城市建设相关的管理、设计、实施等诸多关键环节，均对应着相关的城市设计工作。显然，在从数量走向质量、增量走向存量的城乡发展变革期，城市设计作为塑造和干预城市空间的重要技术手段，在提升城市空间形象、彰显城市特色，以及提升城市空间品质等方面将发挥更加重要的作用，成为引导城市发展的主要方式之一。

1.3 中国城市更新治理中的设计缺失

近年来，我国政、产、学、研各界对城市更新的认识已经产生了质的改变，从早期由政府主导的修补老旧物质空间和解决住房供给问题，逐步走向综合提升人居环境品质以吸引投资、人才，以及提升城市在区域以及全球分工体系中的竞争力，城市更新的综合性得到强调。在制度建设层面，广州、深圳、上海等城市初步建立了以"城市更新办法"和"城市更新实施办法"为核心的制度法规体系，确立了以独立城市更新管理机构或内设于规划和国土管理机构的业务部门为主导、多部门间相协调的科层结构[7]。可以预见，随着头部城市在城市更新治理上的不断成熟，我国其他城市及地区将很快进入制度建设的密集期。

尽管各界已经普遍认识到城市更新综合性运作的意义与需要，但是受制于各地重视程度的参差不齐、城市更新运作中多元要素的统筹困难、具体更新项目实施中的成本制约、制度环境的不成熟，以及相关研究指导的匮乏，我国的城市更新制度建设仍主要围绕产权、功能、开发强度等决定城市更新能否实施的关键对象进行设计，尚未保障并发挥城市设计对于城市更新的有益作用[8]。诸多地方政府存在重指标、重底线约束，而轻设计引导、轻长远收益的现象，认为城市更新项目能够满足拆迁安置赔偿得以实现，并做平政府收支就已属不易，而不愿再为项目实施增加更多限制，尤其是关乎空间美学、难以量化收益却徒增投入的设计限制。而以广州、深圳为代表的少数发达城市虽然在"城市更新办法"中规定，在片区策划方案或更新单元规划中应加入城市设计指引的内容，但是因为缺乏更加详细的制度建构，地方政府对设计介入城市更新运作的程度，仍具有较高的自由解释权[9][10]。在一些具有重要影响力的项目中，城市设计的重要性被提到较高地位，在一般性项目中则不然。

同时，我国当前的城市更新运作对于土地资源是存量开发，而对于城市空间资源却大多为增量开发，楼越建越高，透支了区域和城市的未来发展空间，这也是因为参与主体缺少通过其他途径获取城市更新增值收益的缘故。在我国常年来城市房价不断上涨的大背景下，高额收益掩盖了这种不足。通过借鉴国际经验可知，这种单纯依靠增量开发来填平城市更新成本的做法是不可持续的。2008年全球金融危机后，美国与欧洲多地的房地产价格出现了断崖式下降，西方政界与学界开始集中反思，城市更新的成本与增值应来源于何方？而在一些后工业化地区，城市的社会经济发展趋于稳定，甚至因为缺乏新的增长极出现了负增长的情况，房地产导向的城市更新并不能吸引人口，反而因为扩大了住房供给而进一步拖累房价，形成恶性循环，那么这些城市的更新工作又该如何开展？无论是在国家对一线城市房地产市场加大宏观调控力度的背景下，还是在以东北老工业区所在城市为代表的众多城市开始收缩发展的严峻挑战下，探索城市更新的多元化动力来源都十分紧迫。

以北京为例，在"减量"规划背景下，通过城市更新实现空间"提质"才能创造新的"价值"和"收益"。城市设计则是空间"提质"的重要工具。在"减量"发展时代的北京，城市设计与城市更新的融合是首都发展战略落地的重要途径之一。在"减量提质"的过程中，北京市不同于其他城市的土地规模不变但开发容量增加的城市更新模式，提出首都功能核心区地上建筑规模至2035年下降到1.19亿平方米左右，至2050年下降到1.1亿平方米左右[11]。同时，全市采取"留白增绿"的策略，进一步加剧了土地的紧张情况。以往对于高企的城市更新成本的平衡，通常只能依靠高端（高地租）功能对低端（低地租）功能的置换，而长期采用这种单纯以单次土地交易成本效益为导向的做法，极有可能造成城市功能结构的失衡。而从长远来看，公共空间设计质量的提升可以为多元主体带来更加可持续的回报。安全便捷的街道环境，或促进交往的社区广场，毫无疑问都是土地价值的组成部分，于私人部门而言是租金与房价，于政府而言则是税基和未来更低的运营与管理成本。在全国各地存量更新和减量发展的背景下，如何利用有限资源和有限资金，在强约束条件下实现空间价值的最大化？单纯依靠底线思维的规划控制只能满足空间资源的配置要求，解决的是"有"与"无"的问题，而不能实现空间资源的组合优化。

因此，作为新时期引导城市发展的重要手段，城市更新工作理应从城市设计中挖掘价值，城市设计的思维、技术方法和治理模式理应被提高至战略高度加以认识（图1-1）。近年来，随着城市设计治理理念与实践的发展，在一些国家和地区，城市设计已经开始全面介入城市治理的方方面面，实现了设计工具方法与制度体系的深度融合[12]。对于城市设计治理在城市更新中作用的研究，有潜力为我国如火如荼的城市更新工作找到更加可持续的道路，同时补齐我国长期以来城市设计制度建设的短板，使城市设计从管理控制模式向综合治理模式延伸。这些就是本书写作的出发点和背景。

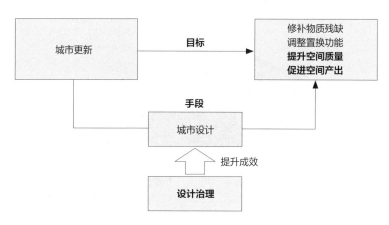

图1-1 城市更新与城市设计治理的关系

1.4 城市更新与城市设计治理研究初探

早在20世纪80年代，美国学者乔纳森·巴内特（Jonathan Barnett）就指出，城市设计最终会通过私人投资与政府、领域专家和决策者间合作关系的建立真正得以良好运作[13]。而更加系统化的研究——"城市设计治理"则由英国城市设计领域著名学者马修·卡莫纳（Matthew Carmona）于2016年前后提出，旨在建立政府、专家、投资者、市民等多元主体构成的行动与决策体系，使得城市设计成为国家经济、社会、健康、可持续等方方面面治理背后的空间塑造支撑手段，利用各种"正式"与"非正式"的治理工具来应对城市设计运作这一颇存争议的复杂系统（图1-2）。这种治理的主体仍是正式与半正式主体，治理所秉持的基本价值观是公共利益导向，但在治理过程中广泛接纳非正式主体作为参与者，并充分调动多方参与的积极性。马修·卡莫纳主张，将城市设计治理作为独立的次级研究领域，开放给多学科和专业进行共同研究。城市设计治理作为新兴的城市设计运作理念，近年在英国提出并指导了大量城市设计实践的开展（详见本书2.3章节）。

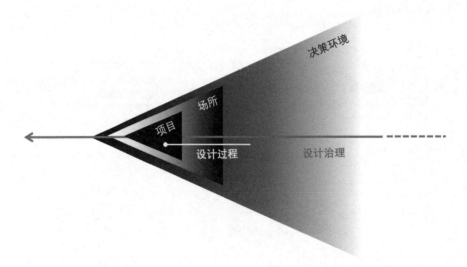

图1-2 城市设计治理的作用领域

资料来源：译自CARMONA M. Design Governance：the cabe experiment[M].NY：Routledge，2017.

1.4.1 城市设计治理作用于城市更新的实践案例研究与归纳

城市设计治理并不是"无源之水"，也非"造词""造概念"，因为自20世纪末宏观社会经济环境中，治理理论兴起并作为一种思潮长期存在，必然会潜移默化地影响接受传统政府管制的各个领域，城市设计治理正是治理理论与城市设计相关实践交叉的产物。近年来，我国城市设计治理的实践已经在不断萌生，诸如责任城市设计师制度、采用PPP（政府与社会资本合作）模式的设计引导型城市更新等其实均带有治理的性质，但是因为缺乏理论层面的归纳总结，所以没有形成系统化、工具化的知识体系。而在英国，虽然在城市更新与城市设计各个方面与环节中治理性质的实践较我国更多，同时少数学者已经开始着手构建城市设计治理的基础性理论体系，但是对其全国范围的实践总结同样十分有限，大量非正式群体的宝贵经验尚未得到总结。所以，本书拟进行的工作首先就是要对海量的国内外城市更新实践活动进行研究，进而找到其中具有代表性的城市设计治理行为，并按照介入程度、参与主体、作用对象等维度对其进行分类，以期为我国的城市更新与城市设计制度环境找到合适的路径与工具。此外，相信随着研究的深入，认识城市设计治理在城市更新中作用的维度会更多，届时将从更多角度、更细致地刻画出其适用范围与特点。

1.4.2 城市设计治理作用于城市更新的介入空间和参与主体研究

设计质量对于城市更新成效的意义不言自明，而设计质量的提升有赖于城市设计治理的作用。但是城市设计治理内涵广泛，既有通过宣传活动提升全社会对设计文化认同的浅层介入，也有直接接受政府授权参与项目审批管理的深度介入；既有全国层面的设计政策，也有对城市微空间的设计导则。由此可见，不同主体、不同治理工具、不同对象尺度与层面之间有着适配与否的问题。例如一般民众可以参与对建筑与片区尺度城市更新的公众意见征询，却难以介入更大尺度的治理活动，其知识储备、时间成本、利益诉求等关键特征决定了该群体的参与空间。同时，通过初步研究可知，我国与英国相比，在城市设计与城市更新领域，政府向下放权较多。这一点从社区治理在我国的研究热度就可见一斑。但是向上不足，在国家、区域、城市层面，城市更新政策与设计政策的制定中鲜有政府以外下级主体的参与。同时，其他主体的介入程度不高。授权专业设计审查团队加入政府城市更新主管机构协助办公、相关城市更新方案设计评价外包等治理行为在我国仍不敢想象。如图1-3和图1-4所示，坐标系的上半部分对于我国而言是当前存在的城市设计治理空白空间，而下半部分则是已有相关实践，但有待总结和填补、提升的空间。所以本项研究在实证研究得出的典型模式的基础上，希望能够找到我国当前城市设计和城市更新治理体系中的空白，以及城市设计治理在城市更新中适用范围的一般规律。研究希望梳理中英城市更新的运作模式，总结城市更新运作在不同尺度、不同阶段、不同类型地区、不同管控方式、不同社会经济背景等分类方式下的工作特点、核心需要和矛盾所在，评价不同类型的城市设计治理工具能够起到什么样的潜在作用。

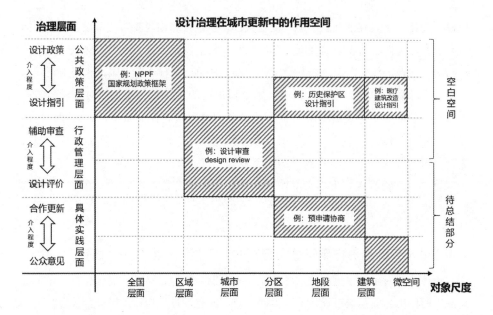

图1-3　城市设计治理在不同尺度城市更新中的作用空间

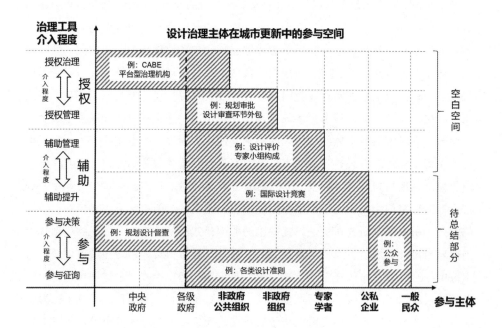

图1-4　不同参与主体在城市设计治理中的介入程度

1.4.3 城市设计治理作用于我国城市更新的目标和方法体系研究

　　笔者认为，城市设计作用于城市更新可以分为三个发展阶段：第一，存量更新型城市设计，目标是使城市设计的技术方法适应于存量更新型项目；第二，设计主导型城市更新，其强调设计对于城市更新的全面引领作用；第三，城市设计治理理念下的城市更新，也是本书希望可以建立的原创理论，是将城市设计治理手段与城市更新治理体系进行深度融合，综合提升城市设计对于城市更新的促进作用。基于这一目标，本书将在后面对城市设计治理在城市更新中的理论适用性展开研究，分析蓝图型城市设计、管控型城市设计和广义城市设计治理活动分别如何应对了城市更新从物质更新到经济社会综合更新不同阶段的需要，评价单纯依托于空间规划体系的传统城市设计手段为何难以胜任当前的更新目标。如图1-5所示，城市设计治理的模式与工具有望在城市更新的公共政策、行政管理和具体实践三个层面发挥作用。但我国的现实是，城市设计的作用多集中于具体项目层面，少数先行城市在行政管理层面正试图理顺其流程，在公共政策层面的协调与广泛作用未能得到彰显和发挥。研究将构建城市设计治理的理论体系，实现广义城市设计治理工具在这三个层面上的升级。并通过其在城市更新这一领域中的作用，来说明城市设计治理自身的公共政策属性，以及对其他国家治理领域的促进潜力。

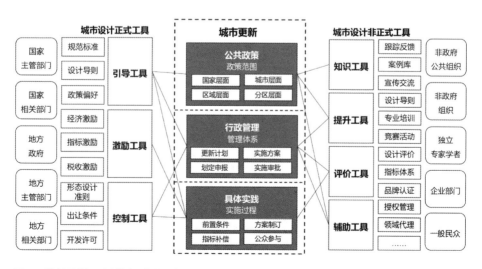

图1-5　城市设计治理介入城市更新的三个层面

1.4.4 城市设计治理融合城市更新发展的推进路径分析

　　治理理论的根本是权利的重新分配，分权存在着多种方向，既包括政体内部的向下分权与向上收权，也包括政体与非正式、半正式主体的向外赋权和系统转移。在城市更新领域，城市设计的治理应当采取何种路径与方向对权利进行重新分配，取决于不同国家政治、经济、文化的独有特点，绝不意味着只有当前学界普遍提倡的只有自下而上一条路可走，不同的分权方式会直接影响整体治理体系的运作成效。我国在推进国家治理能力和治理体系现代化的大背景下，应当如何推动城市设计治理体系从无到有的建设呢？这一路径应当配合哪些具体的举措？这些举措在时间上应当如何统筹安排，又意味着哪些变革？本项研究的最终目标就是要通过借鉴英国国家、区域、地方层面城市更新运作过程中城市设计所起到的作用，引入城市设计治理的理念，比照具体的城市设计治理工具实践经验，对比我国城市更新运行环境的缺失，探索出可参与、可操作、可持续的城市设计治理型城市更新途径，为综合提升我国城市更新的成效提供战略性引导。

1.5 城市更新与城市设计治理研究的内容与框架

　　如图1-6所示，本书分为三大部分，共8章。第一部分聚焦研究目标。其中第1章解析在城市更新成为未来城市发展的主要模式、城市设计作为引导城市发展的主要方法的背景下，中国城市更新制度建设中存在的设计缺失问题。进而确定在城市更新领域深化城市设计治理理论，并探索中国城市更新城市设计治理路径的理论与实践双重研究目标。

　　第2章通过经典公共管理学理论解释城市更新在城市发展中的必然性与引入治理理念与手段的必要性。其后，分析城市设计理论从设计控制到城市设计治理的发展，把握城市设计作为更广泛公共政策工具的特点，并对现有城市设计治理理论进行梳理，以明确本项研究在理论与方法层面进一步创新的空间。此外，研究城市更新理论研究前沿，把握城市更新越发多元的价值诉求。最后，考察我国城市更新与城市设计交叉研究领域的理论进展和尚存在的不足之处。

　　第3章是在研究开展前对三个前提性问题的回答，是研究立论的根本。包括：一、源自英国的城市设计治理理论中的"治理"与我国当前语境下的"治理"含义

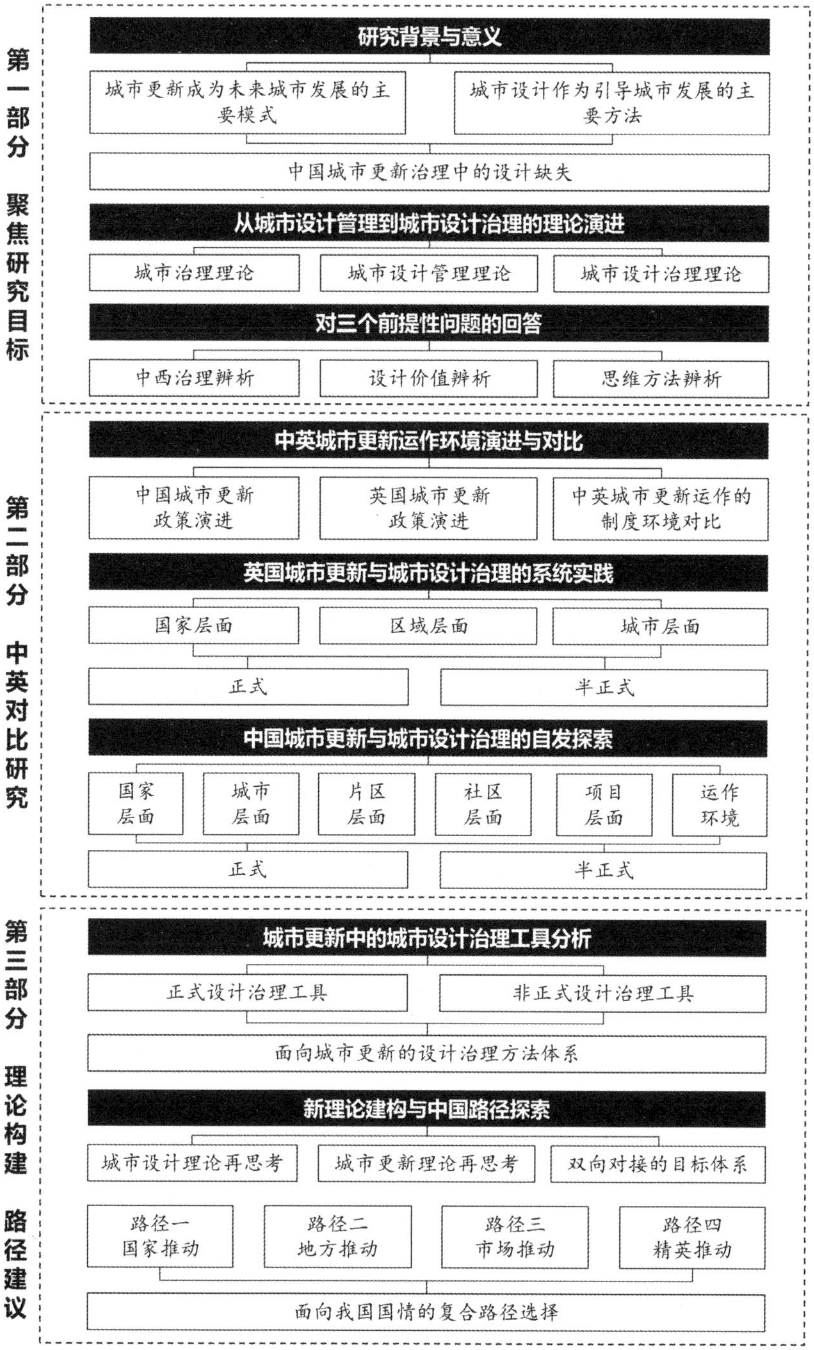

第一部分 聚焦研究目标

研究背景与意义

| 城市更新成为未来城市发展的主要模式 | 城市设计作为引导城市发展的主要方法 |

城市更新治理中的设计缺失

从城市设计管理到城市设计治理的理论演进

| 城市治理理论 | 城市设计管理理论 | 城市设计治理理论 |

对三个前提性问题的回答

| 中西治理辨析 | 设计价值辨析 | 思维方法辨析 |

第二部分 中英对比研究

中英城市更新运作环境演进与对比

| 中国城市更新政策演进 | 英国城市更新政策演进 | 中英城市更新运作的制度环境对比 |

英国城市更新与城市设计治理的系统实践

| 国家层面 | 区域层面 | 城市层面 |

| 正式 | 半正式 |

中国城市更新与城市设计治理的自发探索

| 国家层面 | 城市层面 | 片区层面 | 社区层面 | 项目层面 | 运作环境 |

| 正式 | 半正式 |

第三部分 理论构建 路径建议

城市更新中的城市设计治理工具分析

| 正式设计治理工具 | 非正式设计治理工具 |

面向城市更新的设计治理方法体系

新理论建构与中国路径探索

| 城市设计理论再思考 | 城市更新理论再思考 | 双向对接的目标体系 |

| 路径一 国家推动 | 路径二 地方推动 | 路径三 市场推动 | 路径四 精英推动 |

面向我国国情的复合路径选择

图1-6 技术路线图

是否一致？对该问题的辨析决定了比较研究是否存在合理性。二、设计质量对于城市更新的价值何在？如何认识并计算这种价值决定了交叉研究城市设计治理、城市更新是否有意义。三、城市更新中设计思维和规划思维是否存在异同，以及它们的作用是什么？对二者的辨析决定了城市设计治理是否是已存在的城市规划或空间规划治理体系的一部分，还是一种新的认识视角与方法体系。

第二部分是对中英城市更新与城市设计治理的全面对比分析。其中第4章是对中英城市更新运作环境的对比，重点是各个时期的经济社会情况、政府执政思路、核心政策与制度文件，以及在这些要素影响下两国各主体所采取的主要城市更新模式。该章通过对比把握中英城市更新当前所处阶段的特点和未来走向，为后文探讨明确背景信息。

第5、6章是对英国和中国城市更新与城市设计治理实践的归纳总结。首先，定义研究的阶段是英国当前所处的收缩时期，而中国是以"三旧改造"为起点到目前的时期。在保证阶段相对一致的前提下，对中英实践从作用层面与主体性质两个维度开展研究，英国已有的城市更新与城市设计治理已经相对成熟并且系统化，所以研究从国家层面、区域层面、城市层面进行总结，并在三个层面按正式主体行为与半正式主体行为进行分类。而在中国，因为城市设计治理刚刚起步，各层面的实践多存在空白，所以从正式与半正式两类主体入手分析现有哪些层面存在相关活动。实践案例并不局限于具体建设项目，也包含相关政策制定过程、城市宣传活动、优秀设计经济激励等与城市设计不直接相关的治理行为。在第6章最后，分析中英当前城市更新与城市设计治理体系的主要差异。

第三部分是基于现状分析之上的理论架构和面向我国的路径建议。其中第7章基于现有的按照介入程度划分的城市设计治理工具分类方法，对中英相关实践从工具角度进行分析。评价各类城市设计治理工具在两国城市更新中的运用情况，得出工具在不同政治和社会运作环境中使用方法上的异同，以及在一般城市建设领域和城市更新领域中使用时存在的差异。逐个解析各种工具在城市更新中已经发挥的作用以及工具使用的前提和限制条件。并对不同城市设计治理工具在城市更新中的使用方式进行归纳，进一步构建城市设计治理作用于城市更新的普适理论框架，按不同维度进行分类，总结不同主体、不同介入程度的不同治理工具对城市设计与城市更新的介入动机、实施路径和可持续性，探索城市更新中不同治理工具间的互补关系。

第8章分为两部分，第一部分的目标与方法体系，系统性地探讨为什么和如何开展城市设计治理，将暂时抛开中英背景，从理论角度解释为什么城市更新与城市设计的治理具有一致性和互补性。研究将构建广义城市设计的理论模型，说明在城市设计理论发展过程中，不同运作模式下主体与客体的变迁，在一定程度上回归城市设计学科的本质。同时，将辨析城市更新不同发展阶段所需的治理能力支撑条件，最终给出城市设计治理工具化应对城市更新治理能力不足的目标与方法，推动城市设计治理理论的对象从普遍建成环境到相对特殊的城市更新领域的知识拓展。而第二部分的路径选择，则回答由谁来推动治理体系的建设以及合适的时机。基于本章理论总结和前文中对我国现有城市设计治理活动的观察，提出我国城市更新运作中城市设计治理发展的路径选择建议。

注 释

[1] 田莉，姚之浩，郭旭，殷玮. 基于产权重构的土地再开发：新型城镇化背景下的地方实践与启示 [J]. 城市规划，2015（1）：22-29.

[2] 唐燕. 新常态与存量发展导向下的老旧工业区用地盘活策略研究 [J]. 经济体制改革，2015（4）：102-108.

[3] 唐燕，杨东. 城市更新制度建设：广州、深圳、上海三地比较 [J]. 城乡规划，2018（4）：22-32.

[4] 上海市人民政府. 上海市城市总体规划 2017—2035 年 [EB/OL]. （2018-01）[2018-11-08]. http://www.shanghai.gov.cn/nw2/nw2314/nw32419/nw42806/index.html#.

[5] 中华人民共和国住房和城乡建设部. 城市设计管理办法 [S/OL]. （2017-03-14）[2018-11-08]. http://www.mohurd.gov.cn/fgjs/jsbgz/201704/t20170410_231427.html.

[6] 魏钢，朱子瑜，陈振羽. 中国城市设计的制度建设初探：《城市设计管理办法》与《城市设计技术管理基本规定》编制认识 [J]. 城市建筑，2017（5）：6-9.

[7] 唐燕，杨东，祝贺. 城市更新制度建设：广州、深圳、上海的比较 [M]. 北京：清华大学出版社，2019.

[8] 王世福，沈爽婷，莫浙娟. 城市更新中的城市设计策略思考 [J]. 上海城市规划，2017（10）：7-11.

[9] 广州市城市更新局. 广州市城市更新办法（穗府〔2015〕134 号）[Z]. 2015.

[10] 深圳市规划与国土资源委员会. 深圳市城市更新办法（深府〔2016〕290 号）[Z]. 2016.

[11] 北京市人民政府. 首都功能核心区控制性详细规划（街区层面）（2018 年—2035 年）. [EB/OL]. （2020-08-30）[2020-10-08]. http://www.beijing.gov.cn/gongkai/guihua/wngh/cqgh/202008/t20200828_1992592.html.

[12] CARMONA M. Design governance：theorizing an urban design sub-field[J]. Journal of Urban Design，2016（8）：705-730.

[13] BARNETT J. An introduction to urban design[M]. New York：Harper & Row，1982.

第2章

从城市设计管理到城市设计治理的理论演进

2.1 城市治理理论的兴起

当代城市治理理论经历了从精英论、增长机器论到整体论的演变，从认为权力应从掌握在少数精英管理阶层手中转向由增长精英所组成的增长联盟主导，再度发展到有目标、可评价前提下的有限赋权[1]。所以本书引入了20世纪末兴起的城市政体理论，用以为城市设计治理的权力来源提供理论支撑。城市设计治理有助于合理分配、协调城市更新中的各方权责，形成更加有效的增长联盟。

政体理论认为，城市发展的方向受到"政体"，即具有相似政治取向的社会组织同盟的影响，并将城市权力细分为四种类型：一、系统型权力（systemic power）：企业立场出发的权力，内涵于资本的社会关系；二、命令性权力（command power）：冲突时能够对对方施展的支配性能力，内涵于国家机器的社会关系；三、协议性权力（bargaining power）：建立暂时联盟（coalition），塑造新的集体权力基础，使得参与者的作用能力有所增加；四、先发性权力（preemptive power）：占有、保持和利用策略性位置的能力，能够设定共同的目标与议程，并动员组织资源以达成目的[2]。在社会、市场和政府三方面力量组合的各种同盟中，只有支持不限于经济的各种增长的同盟关系才能获取决策权，而增长的成效取决于三种力量在不同社会经济条件下的平衡，在不同国家的不同历史发展阶段，力量对比的诉求也是不同的[3]。政体的建立有赖于掌握公共资源的正式主体与掌握社会资源的私营部门之间的合作，其背后是正式制度的支撑，以及正式制度为非正式制度确立的合法运作空间，二者的合作为城市可持续发展提供了制度性资源。非正式制度本身不一定是和正式制度相冲突的，二者还可能是互补的关系。正式主体不应急于消灭非正式制度，而应部分有序引导，部分推动其正式化，甚至是将非正式制度作为正式制度的"探路者"[4]。除正式主体与资本力量外，占据重要政治地位但缺乏资源的主体，如社区组织等可以凭借其政治力量参与政体的塑造。三者之间的关系并非天然存在或不变的，而是长期动态博弈的结果[5]。

城市政体从精英管理到社会共治是当前城市发展的必然趋势，城市治理理论诞生于20世纪80年代以来的西方城市研究中[6]。现代城市公共管理事务的复杂化、城市社会的高度分层、城市中各类群体与阶层的个性化表达与利益诉求差异成为城市治理理论的诞生根源[7]。治理的根本目的是从多元主体的诉求出发，通过建立可持续的利益分配机制，更好地调动多方参与的积极性，并发挥各自所长，实现更为高效的运作[8]。在城市层面，正式主体、市场主体、半正式主体作为参与博弈的三个主角共同形成权力制衡与相互依赖的治理格局，在基本制度（博弈规则）稳定的前提下共同参与、交互、制约、合作，共同提供一揽子的城市问题解决方案，共同提供一系列的城市公共服务，共同提升包含自身诉求的公共利益。城市治理是政府管理方式的根本变革，其摒弃了政府万能的神话，深信政府作用的有限性。解决社会经济问题和促进社会经济发展必须依靠非政府组织或与第三部门的合作，依靠市民社会的积极参与，城市治理重新界定了政府的性质、作用与职能，突出了非政府组织或第三部门的作用，模糊了政府与非政府组织间的界限[9]。

王佃利从管理到治理的权力转移角度进行研究，认为：第一，向下转移，权力在城市政治体系中向下移转，即移转给基层政府、社区和一般居民；第二，向上移转，与上级政府重新划分权力，对本层级难以协调的事务向上交权；第三，控制权向外移转给远离政治精英所控制的非正式机构与组织；第四，系统移转，将一揽子政府权力赋予机构化的非正式主体，同时重视多重组织部门间的伙伴关系，亦可称为"组际关系"[10]。这与我国当前谈到治理时言必自下而上的论调相左。踪家峰、王志锋等从治理的模式进行划分，认为现代城市治理可以分为三种主要模式：企业化城市治理模式强调了政府运行机制的企业化；国际化城市治理模式突出了城市与城市政府规则和思维的国际化；顾客导向治理模式阐明了城市政府高质量服务的源泉，而当前顾客导向的城市经营模式则预示着中国城市建设管理的深化和政府职能的转型[11]。政府采取企业化治理的模式也见诸20世纪末英国的政治改革中，议会与政府的关系强调对公共财政资金使用的计划、许可和效率监督。而盛广耀则从城市治理的不同尺度与层次出发，指出城市治理已经从城市一级行政单位向上、向下拓展出了城市区域治理和城市社区治理两套理论子系统[12]，形成了从国家到基层的权力分配思路，并不桎梏于城市本身，体系化的治理使得基层真正成为落实国家级政策的基本单元。

"城市政体理论"与"城市治理理论"解释了从城市管理到治理发展演进的必然性。当前国际范围内的城市治理理论研究已经比较成熟，从理论衍生出的实践也较为丰富，也为城市设计治理这一城市治理子领域提供了诞生的沃土。在我国，对于相关理论的引介较多，基于我国实际制度环境的实证研究较少；对于总体理想模式的描绘较多，而针对某一单一领域的深入治理体系架构较少。而本书研究工作对于城市设计、城市更新在城市治理知识系统的局部有着深入推进的潜力。

2.2 城市设计管理理论的成熟

早在近现代城市设计理论成形前，对建设行为的设计控制或设计管理就已在中西方城市建设中广泛存在：在古代中国，明黄色屋顶是皇家建筑的特权而禁止应用于他处；在中世纪的英格兰，从12世纪起，建筑物上是否可以建设垛口（crenellation）就关乎建筑是否属于军事用途，需经得国王许可[13]。英国城市研究学者大卫·亚当斯（David Adams）和史蒂夫·蒂耶斯德尔（Steve Tisdell）指出，对土地利用或规划的单一关注无法形成全面的发展，通过设计对场所进行塑造是必不可少的，即使从完全市场化的角度来看，设计带来的回报也是长期和可持续的[14]。因此，物质空间设计对于社会经济等其他领域的附加作用，以及由此产生的管理控制需要在世界范围内获得了普遍认同。

从20世纪末以来，城市设计理论研究的一个重要标志，便是从对设计对象、思想、方法的讨论，转向更加关注城市设计实施，在这里可以称作"现代城市设计从技术手段上升为公共政策的完善期"。1974年，美国学者乔纳森·巴内特（Jonathan Barnett）首先提出了城市设计作为公共政策的理念，以此来反映20世纪60年代后纽约再开发过程中运用的多样化管理工具和手段[15]。20世纪80年代，以约翰·庞特（John Punter）为首的一批英国学者主张以面向实施的城市设计取代单一的抽象规划来主导城市开发与城市更新，其学术思想逐步形成了英国城市设计时至今日仍十分重要的研究方向之一——"设计控制（design control）"。"设计控制"主张在现有规划体系的基础上加入适当的政府干预和政策导引，通过相应的制度建设和程序管控来强化城市设计在环境塑造中的核心地位。20世纪90年代，庞特教授受英国政府委托对城市设计与规划体系的关系进行研究，并于1993年将其成果写成了《规划的设计维度》（*The Design Dimension of Planning*）一书。这标志着"设计控制"作为独立的城市设计研究子领域得以奠基，同时也获得了政府管理者们的重视，进而引发了学界的持续探究和世界范围内的诸多规划体系变革[16]。自20世纪末以来，对于如何引导公权力合理地介入设计领域的理论研究以及制度建设等相关的活动空前活跃。

自20世纪末至今，世界发达国家中对于设计控制的研究具有很强的现实意义，在政府的支持下，理论转化为实际制度建设的周期变短。巴内特、约翰·庞特、卡莫纳等人在政府支持下长期致力于对英国、美国和其他国家的设计控制和设计政策方面的比较研究，形成了一系列重要的西方城市设计制度理论研究成果。

先后出版了《地方规划中的设计政策》（*Design Policies in Local Plans*）、《规划中的设计维度：设计政策的理论、内容和最佳实践》（*The Design Dimension of Planning: Theory, Content and Best Practice for Design Policies*）等城市设计制度著作，系统、全面地考察了英国设计控制的发展进程以及与设计政策有关的理论基础，并对制度建设的进一步发展进行了展望与建议。这些理论研究直接促进了英国《国家规划政策框架》（*National Planning Policy Framework*，简称NPPF）等法案中城市设计相关制度的正式化。而在美国，自20世纪80年代开始，伴随着新都市主义思潮的兴起，美国区划经历重大变革，"传统邻里开发（Traditional Neighborhood Development，简称TND）"和"形态设计准则（Form-based Codes）开始将设计控制引入区划制度，形成了制度体系与技术体系的良好对接[17]。

当前，英国的城市设计制度体系较好地体现了设计控制的思想，其对关键环节（而非具体设计内容）进行立法保障，结合现有法律法规体系与行政程序，通过法制建设建立起的强调设计审查、多元参与的程序性规定发挥着城市设计作为开发控制依据并指引城市空间发展的实践作用[18]。英国的城市设计制度安排突出程序管控，依托现行的《城乡规划法》（*Town and Country Planning Act 1990*）、《规划与强制收购法案》（*Planning and Compulsory Purchase Act 2004*）等核心法，在开发控制中施行设计审查（Design Review）程序[19][20]。国家层面的住房、社区和地方政府部（Ministry of Housing, Communities and Local Government）还会不定期更新《国家规划政策框架》，对全国范围内的城乡规划和城市设计活动做出指导，在英国的城乡规划体系中具有重要地位[21][22]。《国家规划政策框架》和国务大臣发布的各类指引，可以看作对相关法律在当前社会经济背景下的再解释，帮助地方政府明确如何在法律框架下开展城市设计的相关行政工作。如果将法律法规作为开发控制程序的基本支撑，那么国家层面的政策框架和各种指引提供的则是程序执行的依据。相较于法律法规，政策和导引具有更强的灵活性和及时性，从效用上看，国家政策导引发挥了解释法律和延伸法律的作用，补充深化了管控程序并适时调整程序决策依据。

总体而言，英国城市设计的立法核心是构建起城市设计运作环节与过程的制度规定，表现出自上而下、层层递进的"程序"治理逻辑和底线思维，管治简单有效、便于地方操作。英国通过程序立法授权地方政府结合本地实际情况进行灵活决策，在一定程度上避免了实体立法过程对于日常行政管理的滞后性。但是，程序立法同样具有一定弊端，其在明确制度框架的同时，并未对框架内的内容进行规范，这使得开发申请的许可条件、设计审查的依据来源、设计管控的成果方向等都具有较大的不确定性。当社会经济条件变化、政府施政重心转移时，这可能造成城市设计运作不连贯甚至是徒留形式、无法发挥实质作用的被动局面。同时，在惯常的以政府为绝对管理核心的城市设计运作中，利益协调困难、评价标准模糊、技术应对不足、管控尺度和力度难以把握等一系列问题，成为制约城市设计运作成效充分发挥的巨大障碍[23]。为应对这种不足，英国的城市设计制度在法律框架外逐渐衍生出许多其他正式与非正式制度以对冲影响，逐步走向了"城市设计治理"。

2.3 城市设计治理理论的探索

　　城市设计治理由英国学者马修·卡莫纳基于英国经验于2017年年末明确提出，并建议作为城市设计学科的研究子领域进行发展，获得了学界的大量关注。2018年，英国城市设计权威约翰·庞特等人对此表示赞同，并倡议学界对该议题进行共同研究。同年，美国城市设计领域权威乔纳森·巴内特撰文响应，但是同样来自宾夕法尼亚大学的另一位权威盖里·海克（Gary Hack）却表示出完全相反的意见，认为城市设计研究应重回技术蓝图的本源，不应过度夸大城市设计的治理功能，也不应鼓励正式主体的过度干预。2018年，多位闻名世界的城市设计领域专家对此发表看法，一方面说明了他们对城市设计治理的关注度，另一方面我们也看到，学界对此尚未达成共识。因为该研究方向尚处于起步阶段，已有理论研究支撑较少，给本书的写作造成了困难。但令人欣喜的是，2019年，联合国人居署委托马修·卡莫纳教授对欧盟范围内的城市设计治理情况开展研究，说明了这一研究方向成为国际共识的潜在可能性。

　　在我国，2018年本书作者发表了城市设计治理理论的首篇文献综述、首篇书评[24]。同年，北京建筑大学秦红岭教授从社会伦理视角对该理论做出诠释[25]，重庆大学杨震教授引介了英国城市设计法定化管理中的非正式工具[26]。次年，本书作者在对英国城市设计制度体系开展研究的论文中解读了非正式治理如何作为其中一部分产生作用[27]，并发表一篇介绍英国建筑与建成环境委员会（Commission for Architecture and Built Environment，简称CABE）发展历程的文章[28]。2019年，中国城市规划设计研究院王颖楠规划师在中国城市规划学会城市设计学术委员会年会上做了题为《城市设计走向设计治理的探索与思考——以海淀街镇责任规划师工作为例》的专题报告。由此可见，近年来，城市设计治理的研究在我国已经逐渐起步，且快速得到了部分学者的认可，在国家治理能力与治理体系现代化的大背景下，有望成为未来的研究热点。

马修·卡莫纳在城市设计控制和管理的基础上提出的"城市设计治理"概念，旨在建立政府、专家、投资者、市民等多元主体构成的行动与决策体系，利用各种"正式"与"非正式"的治理工具使城市设计真正融入城市发展与更新的方方面面[29]。他认为城市设计治理体系的建立以国家认可为前提，政府仍作为体系的主导者，并通过正式的制度与政策明确保障其他主体介入设计领域的权力——使不同主体合法、合理、可持续地参与城市设计治理，更好地发挥其自身优势来填补单一大政府管理的成效缺失。从法理角度看，这样的做法是在建成环境设计领域将公权力面向全社会的一次再分配，而权力、权益和责任三者之间的平衡关系事关治理体系的可持续性，需要政府作为主导者根据经济社会发展的具体语境不断调整权责的分配。在这一过程中，既要通过赋权去吸引多元主体的参与，也要明确权力界限以保护公众利益，还要确保各主体履行适度的责任[30]。而从实操角度看，城市设计治理贯穿城市设计运作从宏观决策环境到中观场所管制，再到具体项目产出的全过程，各主体应在何时、以何种程度、用何种方式介入值得不断地深思和确认。因此，面对如此复杂的问题共同体，卡莫纳主张将"城市设计治理"作为城市设计学科的前沿分支加以深入、持续地研究。

在英国的城市设计与建成环境领域，多元治理的理念由来已久，非正式机构参与国家范围内设计管理的历史可追溯到20世纪初。成立于1924年的英国半正式机构——"皇家艺术委员会（Royal Fine Art Commission，简称RFAC）"作为城市设计领域中国家级的政府政策咨询方、设计管理辅助者，在1999年寿终正寝。英国建筑与建成环境委员会（CABE）成为政府指定的继任者，承接了皇家艺术委员会在国家城市设计治理领域的职能，并继承和发展了半个多世纪以来皇家艺术委员会在该领域深耕所得的经验与方法。CABE从一开始就被定位为非部门公共组织（non-departmental public body，简称NDPB）——NDPB在英国有着明确的官方定义，它们根据特定国家法令而成立，接受政府财政支持，独立于政府之外行使特定管理职能、履行特定法律义务[31]。这使得CABE成为有别于一般非政府组织（NGO）的半官方机构（quango），是公共政策领域正式与非正式制度的中间产物。

1999年，CABE作为国家认可的全国性半正式机构开始深度、全面地介入英国城市设计治理过程[32]。CABE的运作经验充分展现了独立于公共与私人部门的第三方参与对于城市设计全过程的监督、促进与协调作用，并深刻影响了英国城市设计治理理念与实践的发展。CABE在1999年到2010年间完成了高速成长。最初，CABE接受资助，对其负责的部门是英国环境、交通和区域部（Department of the Environment, Transport and the Regions，简称DETR），该部门其后经历了两次机构调整，在此过程中CABE的工作重点也随着上级部门职能的调整而变化。DETR于2001年、2006年先后改组为英国交通、地方政府和区域部（Department of the Transport, Local Government and the Regions，简称DTLR）、社区与地方政府部（Department for Community and Local Government，简称DCLG）。同时，其他政府部门也意识到通过CABE对设计领域的介入达成更广泛影响的潜力，于是诸如文化、媒体和体育部（Department for Digital, Culture, Media & Sport，简称DCMS）等政府机构也开始加大资助来通过CABE实现自身在基础设施、历史遗产、文化教育等领域的管理目标。充实的资金支持促使CABE逐步转变为平台性的机构，开始以伦敦总部为中心在全国范围内成立分支机构，并与其他非部门公共组织、一般非政府组织、地方政府合作建设次级单位[33]。各种充沛资源使得CABE的自主性研究和活动遍地开花，甚至开始代表政府和私人领域选择性地资助其他机构。从公共政策角度看，CABE当之无愧地成为英国社会在城市设计领域的二级代理人。2010年后，随着英国国内宏观经济环境的恶化，英国政府执政理念产生重大转变，从注重发展质量转向强调刺激发展规模。在城乡规划领域，促进发展成为远高于环境质量的优先目标，这造成政府部门对CABE支持力度的大幅削减。2011年，CABE一度关闭，后与由英国商业、能源与产业策略部支持的另一半正式机构"设计理事会（Design Council）"合并组成新"设计理事会CABE（Design Council CABE）"，并延续至今[34]。这次合并使得原CABE的核心职能（如设计审查、设计导引、政策咨询等）得以保留，但因为资金和人员的缩减以及政府认可职责范围的缩小，原CABE的诸多城市设计治理工具则难以继续开展。从近期看，CABE的这种波折命运在一定程度上反映了当前英国城市设计治理发展的倒退；但从长期看，那些曾经被证明可行、有效的治理路径并不会消失，仍具有长远的借鉴意义。

在英国，常规的城市设计管理工具主要包括"设计导引（design guidance）""设计审查（design review）"和"设计激励（design incentive）"三类：设计导引是确定建设方向和提出开发要求的"结果型"管控依据，如城市设计战略（urban design strategy）、设计概要（design brief）及设计导则（design guideline）等；设计审查则是获取规划建设许可的"过程型"评审环节；设计激励是通过资金资助、税收减免、开发面积奖励等措施实现建设目标的一系列"激励型"政策[35]。这些设计管理工具常常因为过于精英化、聚焦政府权力、管理要求模糊含混等而为社会各方所诟病。

而CABE自身是一种全新的半正式的设计参与和城市设计治理主体。在近二十年的运作发展中，为克服政府单一管理的弊端，CABE发展出了一系列行之有效的辅助性治理工具，将其承担城市设计治理任务的具体途径拓展成为广维度、多方法、全过程和可持续的组合工具箱。CABE通过五个层级（证明、知识、提升、评价、辅助）的治理工具，从多个维度对英国的设计领域施加影响（图2-1）。其中，"证明工具（evidence tool）"旨在运用基础性研究与调查听证，验证城市设计质量对于社会经济发展的重要性，从而提升全社会对于城市设计的关注，影响城市设计运作的决策环境；"知识工具（knowledge tool）"利用持续的主动研究以及从更深程度介入的治理实践中得到的反馈，不断丰富相关知识储备，为下一层级的介入提供支撑；"提升工具（promotion tool）"则开始直接对政府、设计者、开发商三个设计实施相关主体施加影响，开展不同范围的运动、提出相关倡议、给予优秀设计正反馈；"评价工具（evaluation tool）"更进一步参与政府的设计管理，填补政府在设计领域的技术能力不足，协助充当仲裁者的角色；"辅助工具（assistance tool）"作为CABE介入城市设计治理最深的层级，其资金辅助将资源引入特定项目，形成示范效果；授权则来自政府的直接委托，CABE根据不同委托要求，可以对城市设计运作的各个环节提供管理服务，形成政府和非政府组织的全面合作。

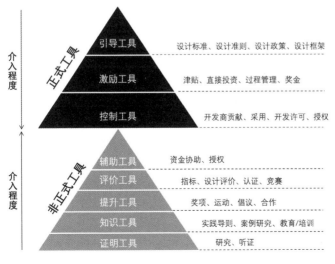

图2-1 城市设计治理工具箱

作者根据以下资料翻译重绘：CARMONA M. The formal and informal tools of design governance[J].Journal of Urban Design, 2017（22）: 1-36.

　　五个层级的治理工具在介入程度方面各不相同，但都指向城市设计运作的薄弱环节，根据实际需要衍生出了十五种具体工具选择（图2-2），包括：基础理论研究、听证调查、实践导引、案例研究、教育与培训、奖项促进、活动开展、设计倡议、机构合作、设计评价、指标控制、认证、竞赛开展、资金辅助、授权辅助管理[36]。CABE的城市设计治理工具在一定程度上贯穿了城市设计运作的全过程，但每一项工具只有在特定环节或者运作的某一阶段才可能发挥应有功效，反之则不然。例如，政府授权的辅助管理可能存在于从宏观政策制定到对具体项目的引导的多个环节，具有连续性，而如果将辅助管理延伸到项目设计环节，则是从过程控制走入结果控制的误区，可能因为过度的刚性导致市场主体的权益受损；奖项工具的对象是全英已经实施建成的设计项目，针对的是运作的末端环节，如果将该工具运用到设计过程阶段，单一的评选标准则可能造成项目设计的趋同。总体上，五个维度的非正式工具不仅在介入程度上层层递进，并且形成了闭合的循环，证明工具与知识工具会对另外三个层级工具的运用进行新的评价和总结，对介入工具的工作方式不断进行调整。从方法论的角度看，这将传统设计管理中的固化程序转变为城市设计治理的动态系统，使维度（What）、工具（How）、过程（When）三者在动态调整过程中得以协调。此外，CABE在实践过程中还逐步探索出了相对市场化

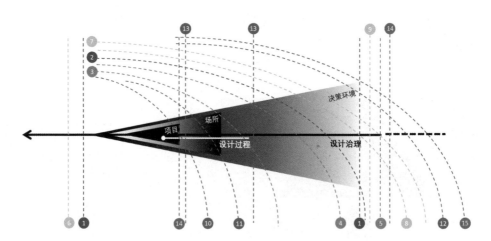

1.听证　2.研究　3.案例研究　4.实践导引　5.教育与培训　6.奖项促进　7.合作　8.运动　9.倡议　10.认证
11.设计评价　12.指标　13.竞赛　14.资金辅助　15.授权

图2-2　不同治理工具作用于城市设计运作的不同阶段

作者根据以下资料整理重绘：CARMONA M. Design Governance：the cabe experiment[M]. London：Routledge，2017.

的可持续运营方式。虽然单纯地接受资助难免使CABE受到资助方的限制与影响，但是作为政府认可的半官方组织，通过认证等业务使自身具备"造血"功能保证了CABE的独立性，并使其有能力不断拓展自身作用范围。

其中，自CABE成立之初，设计评价就是该机构重要的城市设计治理工具。每年，CABE对英国全国范围内大量开发申请进行审查，并在各地建立服务本地的评价小组（design review panel），为地方政府提供及时的专业支撑，具有很高的认同度与权威性。由于设计质量难以量化，设计审查的自由裁量有赖于高水平的专业技术人员，第三方机构参与设计评价有助于改善地方规划当局技术力量不足的普遍现状[37]。因此，有意愿提升建成环境质量的地方政府，会在对开发申请进行审查的同时，递送CABE的设计评价小组。评价小组根据所在地的现有建成环境和城市设计导引等情况，综合考虑申请中的空间设计与地方规划及其他社会经济规划的契合度，提出建议。受理申请的官员将自身审查结果与设计评价建议共同上呈地方规划委员会进行决定，并在法律框架下进行许可授权。随着受理数量的激增，面对来自全国广阔范围的背景迥异的申请以及分布广泛的不同评价小组，CABE的评价工作陷入了标准难以统一的困境。于是2009年，CABE联合皇家城镇规划协会（Royal Town Planning Institute）和英国皇家建筑和景观协会（Royal Institute of British Architects and the Landscape Institute）这两家权威机构出版了《设计评价的原则和实践》（*Design Review Principles and Practice*），该书作为重要指导性文献对全英的设计评价工作产生了深远影响[38]。

CABE的另一项代表性业务是各类建设认证，认证标准通常来自CABE的设计建议和设计导引。这些认证在英国具有相当高的影响力和含金量，部分认证在国家规划政策框架中被推荐给地方政府作为辅助城市设计治理的重要手段而获得广泛使用。截至2011年机构合并前，CABE共发布了300余项各类技术建议，覆盖了建成环境设计的各个领域，为英国城市设计运作提供了宝贵的开放式参考技术库。总体而言，CABE的技术建议可以分为"设计技术建议"和"管理技术建议"两类。设计技术建议的受众主要是以建筑师和规划师为代表的设计师群体及业主和开发商，管理技术建议则针对政府等相关管理人员。其中，设计技术建议既有针对普适性的设计原则，如包容性规划设计、绿色生态规划设计等目标导向的指南，也会针对特定功能的建筑和环境，如学校、医院、社区、街道、滨水区等不同类型空间。CABE的管理技术建议与英国现行正式制度耦合在一起，认为城市设计治理是管理的延伸。英国的城市设计正式制度强调程序控制，借助设计审查等实现法律法规和政策导引的两类引导。相关法律规定了设计要求在法定规划中的必要性[39][40]，为此，CABE于2006年发布了《设计和方式声明》（*Design and Access Statements*）手册，一方面建言规划当局如何编制更具可读性且便于实施的设计要求，另一方面帮助一般民众和开发者更好地理解法定规划中的设计要求，从被管理者角度获得如何理解刚性与弹性的划分、如何在符合规定的前提下发挥设计的创造性等信息[41]。

自主性研究是CABE的核心工作之一，体现了CABE的独立性与专业性。CABE曾自诩为英国建成环境质量的"看门人"（watching dog）[42]，10年间对400余个具体建设项目进行了相关研究，其中有由特定主体委托的设计评价和咨询服务，更多则是自发进行的独立研究。2006年，CABE发布研究报告《坏设计的代价》（*The Cost of Bad Design*），结合案例与理论深入揭示了由于政府的短视行为、开发商的成本转嫁、一般公众的无意识和技能缺乏等原因，设计质量低下对全社会造成的负面影响，以唤醒全社会对设计价值的认可[43]。2017年，设计议会CABE发布研究报告《设计：新的增长方式》（*Design: Delivering a New Approach to Growth*），将首要受众瞄准政府决策主体，试图再一次阐明城市设计运作对于当前国家经济发展策略的支撑作用，其收效如何尚有待观察[44]。CABE的种种研究立足于自身目标，同时紧密结合国家政策导向。2018年3月，英国住房、社区与地方政府部发布了最新的国家规划政策框架修编草案，其中将解决住房短缺作为工作重点之一。仅一个多月后，设计议会CABE作出了相关回应，在肯定当前政策方向的基础上，根据自身的长期研究积累指出过往大规模新建中存在的设计质量低下等问题，并给出了相应的策略建议、具体案例参照及辅助治理计划等[45]。

CABE的城市设计治理促进作用还体现在更加主动积极的各类倡议活动中，打造了"绿日"（Green Day）、"360度杂志"（360°Magazine）、"参与场所"（Engaging Place）等一系列品牌化的公益性教育与宣传活动，有针对性地在不同群体中塑造文化共识。例如"CABE教育"（Education at CABE）瞄准青少年群体，在参观中讲解建筑与空间设计的价值，并让其模拟参与设计和管理过程，从而保证文化认同可以扎根于下一代。"公共领域的设计促进项目"（Design in the Public Sector Programme）则直指设计管理者，意图实现四大目标：提升地方行政长官在公共服务中的相关设计技能水平、促进地方城市设计治理网络建设、加大设计建议和支撑服务投入、全面提升设计领导机构地位[46]。根据该目标，CABE设置了90天培训、团队工作实习、辅助支撑、沉浸式辅导等模块化子工具以帮助地方当局和合作机构提高设计领域的服务水平。此外，一些活动倡导的目标受众更为广泛，其中"绿色转变"

（The Grey to Green Campaign）致力于提升全社会的绿色基础设施投入和相关设计水平，通过倡议发布、活动宣传、政府游说、监督评价等一系列举措获得了来自民众以及其他非政府组织的大力支持[47]。相关工具涉及的各种资料全部对公众免费开放。

在土地和空间资源日益紧张的今天，城市更新对于任何一个国家与地区的可持续发展都是至关重要的。在城市更新从大拆大建走向综合环境提升、从单纯关注指标平衡走向促进长期经济社会发展、从管理结果导向走向治理过程导向的今天，如何通过设计手段使城市更新产生更大的效益成为了国内外学界的热议话题。从对相关基础性理论的梳理中可以看到，城市设计治理理念下的多方参与、正式制度与非正式制度的共建为我们描绘了未来"城市政体"的可能形态。

从对于设计控制与城市设计治理相关研究的梳理可以看到，以英国为主的国家在研究和实践层面都取得了相当大的进展。城市设计治理的理论框架已经形成，相关概念、定义、原则、方法都已明确，有待进一步拓展到诸如城市更新、新城开发等城乡发展大局中的细分工作领域。在长期实践中，英国皇家艺术委员会（RFAC）、建筑与建成环境委员会（CABE）、设计理事会（Design Council）、英格兰遗产（English Heritage，简称EH）等一批非正式机构、半正式机构不断拓展自身作用领域与方式，发展出了种类繁多、路径可行的城市设计治理工具库，具有极强的借鉴意义。虽然法律、金融、治理、开发和制度体系等要素因国家而异，甚至因城市而异，但许多城市设计治理的基本工具，却是具有通用性和相似性的。

注 释

[1] 乔恩·皮埃尔, 陈文, 史滢滢. 城市政体理论、城市治理理论和比较城市政治 [J]. 国外理论动态, 2015（12）: 59-70.

[2] 何艳玲. 城市的政治逻辑: 国外城市权力结构研究述评 [J]. 中山大学学报（社会科学版）, 2008, 48（5）: 182-191.

[3] 张庭伟. 规划理论作为一种制度创新: 论规划理论的多向性和理论发展轨迹的非线性 [J]. 城市规划, 2006（8）: 9-18.

[4] 曹海军, 黄徐强. 城市政体论: 理论阐释、评价与启示 [J]. 学习与探索, 2014（5）: 41-46.

[5] 张衔春, 易承志. 西方城市政体理论: 研究论域、演进逻辑与启示 [J]. 国外理论动态, 2016（6）: 112-121.

[6] 赵挺. 国内近10年城市治理文献综述 [J]. 北京城市学院学报, 2010（3）: 26-32.

[7] 袁政. 城市治理理论及其在中国的实践 [J]. 学术研究，2007（7）：63-68.

[8] 王佃利. 城市治理体系及其分析维度 [J]. 中国行政管理，2008（12）：74-77.

[9] 踪家峰，郝寿义，黄楠. 城市治理分析 [J]. 河北学刊，2001（11）：32-36.

[10] 王佃利. 城市管理转型与城市治理分析框架 [J]. 中国行政管理，2006（12）：97-101.

[11] 踪家峰，王志锋，郭鸿懋. 论城市治理模式 [J]. 上海社会科学院学术季刊，2002（5）：115-123.

[12] 盛广耀. 城市治理研究评述 [J]. 城市问题，2012（10）：81-86.

[13] CARMONA M. Dimensions and models of contemporary public space management in England[J]. Journal of Environmental Planning & Management，2009，52（1）：111-129.

[14] ADAMS D，TIESDELL S. Urban planning，design and development[M]. London：Routledge，2013.

[15] BARNETT J. Urban design as public policy：practical methods for improving cities[M]. New York：McGraw-Hill，1974.

[16] 唐燕. 城市设计运作的制度与制度环境 [M]. 北京：中国建筑工业出版社，2012.

[17] PAROLEK D G，PAROLEK K，CRAWFORD P C. 城市形态设计准则：规划师、城市设计师、市政专家和开发者指南 [M]. 王晓川，李东泉，张磊，译. 北京：机械工业出版社，2011.

[18] 吴晓松，张莹，缪春胜. 中英城市规划体系发展演变 [M]. 广州：中山大学出版社，2015.

[19] Ministry of Justice. Town and country planning act 1990[OL]. [2018-11-05]. http://www.legislation.gov.uk/ukpga/1990/8/contents.

[20] Ministry of Justice. Planning and Compulsory Purchase Act 2004[OL]. [2018-04-30]. http://www.legislation.gov.uk/ukpga/2004/5/contents.

[21] Ministry of Housing，Communities & Local Government. Guidance design 2014[OL]. [2018-11-05]. https://www.gov.uk/guidance/design.

[22] Ministry of Housing，Communities & Local Government. Draft revised National Planning Policy Framework 2018[OL]. [2018-11-05]. https://www.gov.uk/government/consultations/ draft-revised-national-planning-policy-framework.

[23] PUNTER J，CARMONA M. The design dimension of planning：theory，content，and best practice for design policies[M]. London：E & FN Spon，1997.

[24] 祝贺，唐燕. 评《设计治理：CABE 的实验》[J]. 城市与区域规划研究，2018，10（3）：247-249.

[25] 秦红岭. 城市设计治理：一种伦理视角的阐释 [J]. 北京建筑大学学报，2018，34（3）：73-80.

[26] 杨震，周怡薇. 英国城市设计法定化管理中非正式工具应用及启示 [J]. 规划师，2018，34（7）：149-155.

[27] 唐燕，祝贺. 英国城市设计程序管控及其启示 [J]. 规划师，2018，34（7）：26-32.

[28] 祝贺，唐燕. 英国城市设计运作的半正式机构介入：基于 CABE 的设计治理实证研究 [J]. 国际城市规划，2019（4）：110-116.

[29] CARMONA M. Dimensions and models of contemporary public space management in England[J]. Journal of Environmental Planning & Management，2009，52（1）：111-129.

[30] CARMONA M. Public space：the management dimension[M]. London：Routledge，2008.

[31] Cabinet Office. Public bodies[S/OL]. [2018-10-05]. http://webarchive.nationalarchives. gov. uk/20081211180957/http://www.civilservice.gov.uk/documents/pdf/public_bodies/public_bodies_2007.pdf.

[32] MANSFIELD J R. Developments in conservation policy：the evolving role of the commission for architecture and the built environment[J]. Journal of Architectural Conservation，2004，10（2）：50-65.

[33] CABE. Ten year review 1999-2009[R/OL]. [2018-11-05]. http://webarchive.nationalarchives. gov. uk/20110118100642/http://www.cabe.org.uk/publications/ten-year-review.

[34] Design Council CABE. Our History[OL]. [2018-10-05]. https://www.designcouncil.org.Uk /about-us/our-history.

[35] 唐燕. 城市设计实施管理的典型模式比较及启示 [C]// 中国城市规划学会. 城市时代，协同规划——2013 中国城市规划年会论文集. 青岛：青岛出版社，2013.

[36] 祝贺，唐燕. 英国城市设计运作的半正式机构介入：基于 CABE 的设计治理实证研究 [J]. 国际城市规划，2019（4）：110-116.

[37] WILLIAM R，SUMMERS J D，JOEL S. Experimental study of influence of group familiarity and information sharing on design review effectiveness[J]. Journal of Engineering Design，2010，21（1）：111-126.

[38] CABE，Royal Town Planning Institute，Royal Institute of British Architects and the Landscape Institute. Design review：principles and practice[M/OL]. [2018-05-20]. http://webarchive.nationalarchives.gov. uk/20110118110714/http://www.cabe.org.uk/files/design-review-principles-and-practice.pdf.

[39] Ministry of Justice. Planning and Compulsory Purchase Act 2004[OL]. [2018-04-30]. http://www.legislation. gov.uk/ukpga/2004/5/contents.

[40] Ministry of Justice. The Town and Country Planning（Local Development）Regulations 2004[OL]. [2018-05-20]. http://www.legislation.gov.uk/uksi/ 2004/ 2204/ contents/made.

[41] CABE. Design and access statements，how to write，read and use them[M/OL]. [2018-05-20]. http:// webarchive.nationalarchives.gov.uk/20110118100309/http://www.cabe.org.uk/publications/design-and-access-statements.

[42] CABE. My space，my base，my place 2010[M/OL]. [2018-05-20]. http://webarchive. nationalarchives.gov. uk/20110118100539/http://www.cabe.org. uk/publications/my-space-my-base-my-place.

[43] CABE. The cost of bad design[M/OL]. [2018-05-20]. http://webarchive. nationalar chives.gov. uk/20110118110506/http://www.cabe.org.uk/publications/the-cost-of-bad-design.

[44] Design Council CABE. Design：delivering a new approach to growth 2017[M/OL]. [2018-05-20]. https:// www.designcouncil.org.uk/resources/report/design-delivering-new-approach-growth.

[45] Design Council CABE. Design council response to NPPF 2018[EB/OL]. [2018-05-20]. https://www. designcouncil.org.uk/resources/publication/design-councils-response-nppf.

[46] Design Council CABE. Design in the public sector[M/OL]. [2018-05-20]. https:// www.designcouncil.org.uk/ resources/report/design-public-sector-programme-evaluation.

[47] CABE. The grey to green campaign[EB/OL]. [2018-05-20]. http://webarchive.Nationalarchives.gov. uk/20110118103911/http://www.cabe.org.uk/grey-to-green.

第3章

对三个前提性问题的回答

在研究正式展开前，有三个前提性的问题需要回答。一、源自英国的城市设计治理理论中的"治理"与我国当前语境下的"治理"含义是否一致？对该问题的辨析决定了全书的比较研究是否存在合理性。二、设计质量对于城市更新的价值何在？如何认识并计算这种价值决定了对城市设计治理和城市更新的交叉研究是否有意义。三、城市更新中设计思维和规划思维是否存在异同，以及它们的作用是什么？对二者的辨析决定了城市设计治理是当前已存在的城市规划或空间规划治理体系的一部分，还是一种全新的认识视角与方法体系？

3.1 中西语境中的"治理"特征辨析

城市设计治理的概念来源于英国实践，同时也来自于城市治理理论在规划设计领域的深化（详见2.2章节）。近年来，中国政府强调国家治理体系和治理能力现代化，"治理"成为全社会热议的关键词。开展对城市设计治理的研究，首先需要对中西方语境中"治理"一词的概念进行辨析，分析其异同，找到双方对于通过治理所希望达成目标或希望解决问题的交叉项。当目标和问题匹配时，根据这二者作为前置条件的路径、方法、工具才具有可比较和借鉴的意义。

从政治学角度看，中西语境中的"治理"具有较大差异，这在很大程度上源于政治学方法论上的"国家中心主义"与"社会中心主义"之争[1]。"国家中心主义"的国家治理的基本特点在于：第一，是否具备一整套"公共性"的政治伦理系统，以此作为合法性基础；第二，是否形成分工合理、相互约束、权责对称的组织结构，来确保权力运作和政策目标的实施；第三，是否以提供公共产品作为主要政策目标，着眼于整体社会的长远发展来制定战略规划[2]。"社会中心主义"的国家治理则否定了政府提供公共产品的垄断性，认为公共政策与公共产品是社会中政治经济关系的映射，"国家"的本质即社会各阶层、各利益群体的博弈关系。所以，二者对于政府与社会谁为国之主体具有根本上的认知差异（表3-1）。

在英文中，早期"治理（governance）"的词意与"统治"相近，较早出现在15世纪善本《英格兰的治理》（*The Governance of England*）中，并开始与结构化的制度体系相联系[3]。20世纪初以及后来的一些英国宪法历史学家都将"治理"等同于"统治所需的各项安排"。20世纪90年代后，"治理"在西方被赋予了更广泛的含义，含义的转变主要因为联合国、世界银行等组织对新词意的使用，并被

表3-1 中西语境中的"治理"特征与城市设计治理比较

	国家中心主义治理	社会中心主义治理	中国特色国家治理	城市设计治理
主体	政府	多元社会主体	政府,多元社会主体	政府赋权的结构化多元主体
媒介	正式制度	非正式制度	正式制度,非正式制度	正式制度,非正式制度
领域	公共领域	没有明确界限	公共领域,部分私人领域	与公共建成环境相关的设计领域
模式	政府扩权,提供公共产品	政府放权,社会扩权	政府向管理空白扩权,或改善,对传统管理成效不足领域放权	政府向管理空白领域中的多元主体结构化放权
不足	过度管制,多元主体利益冲突	管制不足,优势主体侵占弱势主体利益	双方容易发生矛盾,政府需高度自律	非正式主体无实质权力

经济学、政治学等学科广泛接纳。联合国教科文组织将"治理"定义为:"广义而言,治理是关于公民和利益攸关方相互交流和参与公共事务的文化和体制环境,而不仅仅是政府机关。"[4]世界银行的《2009年全球监测报告》(*The 2009 Global Monitoring Report*)将治理视为"权力关系""制定政策和分配资源的正式和非正式过程""决策过程"和"追究政府责任的机制"[5]。世界经济论坛(World Economic Forum)将治理描述为:"允许一个国家、组织或一群人处理事务的结构和决策过程。其中最明显的是管理你们国家的政府,以及确保其安全和效率的政府和团体。"[6]

而在本书的对比研究对象——英国,21世纪以来新公共治理理念逐步取代了新公共管理理念。新公共管理理念诞生于20世纪末,以撒切尔夫人为代表的保守党主张,公共部门应充分利用市场进行资源的有效配置,严格管控公共资金的投入产出效率,政府是公共服务的核心提供者,而公众则是受众[7]。企业家城市理念对此产生了较大影响,自21世纪初起,倡导在全社会各个领域的"公司化治理改革(Corporate Governance Reform)"。2005年,英国内阁办公室发布了《中央政府部门的公司化治理:良好实践的准则2005》(*Corporate Governance in Central Government Departments: Code of Good Practice 2005*),这是第一份有关公司治理的政治主张,也是对于中央政府的行为准则。这份文件指出中央政府各部门的职责,包括各部门应像商业运营般吸收专家和商业领袖作为非执行委员会的成员共同参与治理活动。2011年,该文件再次修编,其开篇指出:"公司化治理是指导和控制组织的方式,良好的公司化治理对于有效的财务和风险管理至关重要"。[8] 而新公共治理理论则强调公共服务主体的多元化、多层次和多方参与；强调公共服务系统内各组织间通过协同、沟通、互动的方式进行治理[9]。这一理念集中体现于1997年到2010年工党政府推行的"中间路线"施政纲领中，多元治理成为平衡自由市场与政府控制的出路，政府并非替代市场或完全退出市场，而是有限度地服务市场，形成凝聚各方共识的治理型政府。治理型政府不断推进部门权力、中央与地方权力、政府与企业、政府与社会组织权力的重新划分。针对过往各领域管理的特点，将政府手中的公共管理职权分配给具有更加适宜治理模式的非部门性公共组织、非政府组织、企业化运营方，以及具有民主集中制的各级基层组织等参与者。

在我国，2013年中共十八届三中全会首次明确提出：将"推进国家治理体系和治理能力现代化"作为全面深化改革的总目标。2014年1月1日，习近平总书记于《人民日报》发表题为《切实把思想统一到党的十八届三中全会精神上来》的文章，指出："国家治理体系是在党领导下管理国家的制度体系，包括经济、政治、文化、社会、生态文明和党的建设等各领域体制机制、法律法规安排，也就是一整套紧密相连、相互协调的国家制度；国家治理能力则是运用国家制度管理社会各方面事务的能力，包括改革发展稳定、内政外交国防、治党治国治军等各个方面。"[10] 由以上表述可见，我国对于治理的政策目标在于通过以政府为核心对国家发展方方面面的法制化、正式化，以提升国家实力。但是与此同时，"社会治理"得到强调，党的十九大报告提出着力形成"共建、共治、共享的社会治理格局"，将共治、共享的理念深入到过去单纯依靠政府管理难以触及的方方面面。由此可见，我国当前所倡导的国家治理与西方普遍认同的放权式治理具有显著差别，我国明显选择了一条以党和国家为主体的"国家治理"与多元主体共同参与"社会治理"并行的中间道路，如何平衡好两个方向上的工作正在考验着这个国家的政治智慧。在政策制度的制定中，如果不能清晰地认识到两种价值观取向的不同，便经常会造成目标的混乱。例如在城市更新领域，我国一些地方政府当前对天际线、街道景观等方面盲目增加管制项目，管理成效却不尽如人意。原因在于我国的治理实践——政府和社会同时扩权，并不同于西方当前普遍倡导的治理方式——政府分权，社会扩权。政府管得越来越多和越来越少都只是手段，而目标是在多与少的平衡中，管得越来越好。

本书研究的"城市设计治理"理论与我国当前的治理理念具有高度的一致性，其诞生于英国工党政府执政时期倡导的"第三条路线"，既强调正式主体对于建成环境设计这一曾经管理缺失领域的挺进，又明确了对新领域应采取正式主体引领、赋权多元主体共治的模式，根据不同主体的特点进行差异化的赋权。"城市设计治理"理论明确了"设计"既是治理的对象（政府希望改善建成环境中设计流程的成效），又是国家治理的手段，是政府达成历史保护、环境保护、教育、医疗政策的创新路径（既是客体，也是媒介）。

3.2 设计质量对于城市更新的价值判断

城市设计对于城市更新和提升城市空间质量的作用不言而喻，但是长期以来，因为难以定量或明确定性（排除其他影响要素），其在城市更新中的价值难以得到认同。所以，城市设计在各国城市更新的相关政策、制度中也就难以获得应有的明确定位，具体的制度安排存在普遍性空缺[11]。设计质量对于城市更新制度的价值判断，是进一步说明城市设计治理价值与意义的前提条件，更是判断我国未来城市更新制度建设方向的重要依据。

2014年，场所联盟（Place alliance）组织成立，作为一家由伦敦大学学院（University College London，简称UCL）巴雷特规划学院运营的非政府组织，旨在通过宣传、协作、沟通来提升空间场所的设计质量。场所联盟为此开设了"场所价值维基（Place Value Wiki）"开源网站[12]，来汇集来自全球的研究证据，以证明场所设计质量对于健康、社会、经济和环境的价值。任何研究者都可以将自己的研究成果申请上传至该开源网站，经过运营者的审查和简单编辑后成为全球相关研究者的共同资料库。本节利用该开源网站上已收集的数百篇论证设计价值的论文及延伸的相关研究进行文献综述，以说明设计质量在城市更新中的重要价值，尤其是那些量化分析的研究结论（表3-2）。现有研究主要通过四种方法对设计的价值进行证明。第一类是对真实房地产价格变动的回归分析，一般基于一段时间内的交易数据或交易衍生的税务等数据。而影响房地产价格的设计变量包含两类：一类是可以直接量化的设计参数，如连接度（空间句法）、功能混合度等；另一类是依靠指标体系或定性评价体系进行打分的设计评价标准（离散变量而非连续变量）。第二类是对设计价值的预测，这类研究通常通过假设，或在具体案例中已观察到的设计产生的影响为基数，对其他地域中设计可能产生的价值进行预测，产生的影响包括直接的房产价格、租金、税收增加，或者相对间接的零售消

表3-2 场所与设计质量的经济价值来源

经济价值	影响因素
住宅房地产价格提升	受景观、树木和开放空间、低污染、功能混合使用、步行能力、邻里特征、公共交通、外观、公共领域质量、连通性和活力的影响
零售业房地产价格提升，空置率下降	受城市绿化、步行性、公共领域质量、外观、街道连通性、临街连续性的影响
办公房地产价格提升，空置率下降	受步行性、外观、设计创新和街道连通性的影响
有效投资和城市更新效益	提高对投资的吸引力，通过差异化提高竞争力，以及加强社区对发展的支持
降低公共资金支出	通过降低道路基础设施的资本和维护成本、降低公共领域维护和管理、安全成本，支持历史建筑环境和城市重建、降低犯罪和治安成本以及降低医疗和社会保健支出
扩展税基	通过吸引新的发展，并促使企业和社区更愿意为场所服务付费
降低生活成本	通过降低汽车使用和公共交通成本（更可行/更具成本效益的公共交通），降低医疗保险成本，降低能源消耗和碳足迹（来自交通、基础设施和建筑）
提高产出	更高效的劳动力、更容易的员工招聘、更高密度的开发和更有效的土地利用、建筑物和空间随时间的更大适应性，以及避免与不良设计相关的不必要成本

资料来源：翻译并改编自"场所价值维基（Place Value Wiki）"网站。https://sites.google.com/view/place-value-wiki/economy.

费增加、公共医疗或交通出行支出减少。第三类研究通常不追求量化为货币计价的经济收益，而是采取社会学的定量方法——访谈、问卷调查，包括受访者对设计质量能否产生经济价值的态度调查、愿意为设计质量进行投资的意愿和金额调查。第四类研究不假设前提或试图量化影响的关系，而是通过实证研究，一案一议地说明设计对特定地区的影响。

在遗产保护领域，伦敦政治经济学院（The London School of Economics and Political Science，简称LSE）的学者通过对英国历史保护地区的研究，说明空间管控措施对于房地产价格的影响，其对象是20世纪60年代以来英国政府认定的9800余处保护地区的管控改造成本与收益情况，数据包含100多万笔不动产交易记录。在严格的经济统计外，还利用社会学的定量方式，对多处保护区内的居民和当地规划官员进行调查访谈，以衡量人们对保护区的看法以及这些看法与房价的关系。研究表明，当被认定为保护地区并制定相应的空间管制措施前后，房地产价格溢价平均从16.5%上升至23.1%，而因为管制区空间质量的提升，其周边50米内房产的溢价率也将提升约5%等。同时长期来看，对于被限制改造空间形态，本地居民和企业趋向于接受和认同[13]。该研究表明，面向空间设计的管制措施对于房地产价值的影响随着时间不断凸显。而非部门公共组织——历史的英格兰（Historic England）通过长期跟踪，发现对于历史环境改善的投资，平均每投入1英镑在十年内将对本地经济产生1.6英镑的回报[14]。

在商业领域，斯宾塞（Spencer Nicholas C.）和威驰（Winch Graham M.W）的研究表明，具有良好设计的建筑与建成环境对商业投资回报比的影响显著，综合比较商业客户的成本与利润，良好设计带来的产出增加可高达12.5%，反之，低劣的设计最多可能将降低12.5%的产出[15]。伊力尔·纳斯（Ilir Nase）等调查了设计质量对贝尔法斯特（英国）城市核心商业区办公物业价值的影响，他们使用特征价格模型（Hedonic Price Model，简称HPM）评估高质量城市设计对办公室租金的贡献，指定了一组城市设计变量，并与房地产交易数据进行相关性分析。研究发现，不同类型的高设计质量要求都能产生物业价值的溢价；即使在经济不景气的环境下，设计质量的影响也很显著；租户愿意付费入驻外部空间设计质量更高的物业[16][17]。排除其他诸如区位、建筑成本等干扰因素，研究证实设计质量的各个方面（如连接性、正面连续性和多样性、材料质量和体量适宜性）增加了5%至25%的房地产价值[18]。卡莫纳通过一系列的实证调查，对伦敦的地方商业街（混合街道走廊）从两个层面进行了探索，一个是对整个城市的战略贡献，另一个是对当地的影响。对商业街的设计评价既包括它们当前的状况，也包括它们未来的潜力。卡莫纳采用混合方法进行研究，包括四个关键阶段：文献和政策审查；基于地图的历史和类型分析；基于地理信息系统的现有商业街数据的制图和审查；伦敦六条本地大街的现场案例分析。他发现伦敦的商业街仅占道路网的3.6%，伦敦的商业街比中央活动区支持了更多的就业机会，并为伦敦人提供更好的生活质量福利，优先投资伦敦500公里的商业街网络可以为伦敦广大地区带来更大的经济增长和城市更新效益。商业街200米范围囊括了大伦敦总面积的22%，涉及500万人口（伦敦人口的三分之二）[19]。大伦敦政府的研究则显示，伦敦市中心以外47%的企业位于商业街上，145万员工在商业街上或距商业街200米范围以内工作，这个数字还在增长[20]。

伦敦大学学院巴雷特规划学院为英国建筑与建成环境委员会（CABE）和英国

环境、交通和区域部（DETR）进行的研究——"城市设计的价值"通过对私人和公共领域的业主、开发商、使用者的研究（文献研究、案例研究、访谈），表明城市设计具有对更高的租金水平、更低的维护成本、更强的城市更新能力和公共开发支持方面的促进作用[21]。这项研究综合使用了特征价格法（hedonic pricing method）、出行成本法（the travel cost method）、或有估价法（contingent valuation method）、德尔菲法（Delphi technique，统计支付意愿）、成本利润分析（cost benefit–analysis）、规划平衡表分析（planning balance sheet analysis）、多标准分析（multi-criterion analysis）等定性和定量方法。研究发现，具有良好城市设计引导的城市和地区，例如诺丁汉、伯明翰、索尔福德（Salford）等地的办公室出租回报率常年高于英国平均水平，以及其所在更大区域的平均水平（图3-1）。

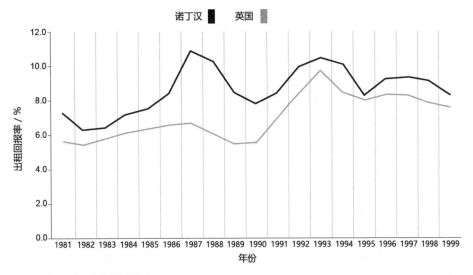

图3-1 诺丁汉办公室出租回报率

资料来源：CARMONA M，DE MAGALHAES C，EDWARDS M. The value of urban design：a research project commissioned by CABE and DETR to examine the value added by good urban design[M]. London：Thomas Telford，2001.

在住宅领域，阿斯贝尔（Paul K. Asabere）使用回归分析法验证新斯科舍省哈利法克斯的经验证据，证实了邻里街道类型会影响住宅价值的观点。这项研究比较了两类街道——死胡同和格网对住宅价值的影响[22]。而英国皇家建筑师协会（Royal Institute of British Architects，简称RIBA）在2007年开始的全球经济危机后，于2009年对良好设计在经济低迷期的作用开展研究，方式是对房地产中介和销售机构进行调研，结果显示：68%的受访者认为设计质量是重要的或十分重要，而在住宅领域，这一数字为78%；同时，74%的受访者表示，良好的设计对租金和资本价值有积极影响；75%（在住宅部门，这一数值为89%）的受访者认为设计对出租率和入住率的影响要么重要，要么非常重要[23]。英国皇家建筑师协会通过对市场经济价值最为敏感的地产中介行业的态度，来反映市场对设计价值的认同。

在绿色空间与健康领域，尼古拉斯·史密斯（Nicholas Smith）等探索了六座英国城市的社会和经济价值与城市形态之间的关系。该研究利用区级（ward）的各种公开数据，通过线性回归分析来建立城市形态和房产折旧或价值之间的相关性[24]。研究表明：在伦敦，房产附近具有较高设计水平的绿色空间可以使房屋价值增加10.6%；而在利物浦，较低设计水准的绿色空间则致使房屋价值减少7.2%。此外，有研究显示具有良好设计的绿地空间对改善生理与心理健康的潜在经济效益。据估计，英国久坐人口每减少1%（从23%降至22%），每年可减少生理医疗方面的支出高达14.4亿英镑；容易接近、有吸引力并得到良好维护的绿地与自发、频繁的体育活动，对降低所在地区的肥胖发生率具有显著影响；而被动地使用绿地空间，例如具有良好的视线通廊，同样可以为本地居民带来显著的心理健康改善[25]。萨帕塔·迪奥米（Zapata Diomedi）等人则再次证明了建筑密度、土地使用多样性、公共服务设施可达性、交通换乘距离、邻里步行设计与多种潜在疾病之间的相关性，并预测通过改善空间设计，在澳大利亚每10万名成年人每年可节约最多105 355澳币的医疗支出[26]。美国体育医学学院（The American College of Sports Medicine，简称ACSM）、国际体育科学与体育教育理事会（International Council of Sport Science and Physical Education，简称ICSSPE）以及耐克公司发布的《为运动而设计：活力城市报告》（*Designed To Move: Active Cities Report*），通过对全世界多个城市的实证研究说明有目标的环境设计对减少健康领域公共财政支出的潜力。研究证明了设计活动对城市医疗保险和税收使用具有明显的降低作用。陶德·利特曼（Todd Litman）考察了塑造良好步行环境的设计所能产生的各种经济效益，其预计在美国5000人的社区内，如果每0.5英里内道路上的交叉口数量从0.3816（较低值）增加到1.1844（较高值），对健康领域的经济益处（公共医疗支出）大约是451～6641美元[27]。

在步行环境具有的影响方面，克里斯托弗·莱因贝格（Christopher Leinberger）提供了华盛顿特区大都市地区使用步行能力测量的社区样本的经济分析，将建成环境的主要数据与各种房地产、财政、人口统计、交通和商业数据相结合，以建立适合步行的城市场所的运营定义和性能指标[28]。研究表明更适合步行的地方在经济上表现更好：步行能力提高一级（其自定义分级），意味着办公室租金溢价8.88美元，零售租金溢价6.92美元，零售销售额增加80%，住宅租金溢价301.76美元/平方英尺，住宅房屋价值溢价81.54美元/平方英尺。平均而言，在经济衰退之前的2000—2007年，步行设计良好地区的零售和办公空间每平方英尺的估价有23%的溢价。在经济衰退期间的2008—2010年，这一溢价几乎翻了一番，达到44.3%。冬乌·索恩（Dongwook Sohn）等通过考察研究步行活动的城市环境因素及其经济价值，调查可步行社区的利益如何在商业房地产市场中得到反映。在华盛顿金县（King County），房地产价值被用作经济价值的替代衡量标准，并与土地利用特征进行了分析，发现这些经济特征与街区范围内的设计特征相关[29]。享乐模型被用来探索这种关系。研究表明，更高的开发密度和更高的街道和人行道覆盖率受到零售服务业的青睐，在土地混合利用方面，零售服务用途和多家庭住宅租赁用途的混合有助于提高社区的吸引力。在2007年的一项研究中，这一因素平均可以使本地租金提高20%，同时高质量步行环境可以增加零售和商业回报率的增幅在10%～30%之间[30]。研究还发现，绿地面积每增加1%，只会导致平均房价上涨0.3%至0.5%，说明了质量相较于数量更加重要。另一项相似研究分析了波士顿、马萨诸塞州、纽约地区的建筑环境和住宅物业价值之间的关系。该研究在250米×250米的网格单元水平上计算27个建成环境变量，使用因子分析提取5个建成环境因子以减轻多重共线性，并将建成环境因子集成到特征价格模型中。该研究发现，所在地区如果步行空间设计分数增加一个标准偏差，区域内房产价值将增加1.42%左右，空间连接性得分增加1.364个标准偏差，房产价值将增加2.20%[31]。

此外，CABE调查了街道公共领域设计的改进所带来的附加值。该研究使用行人环境评估系统（pedestrian environment review system，简称PERS）对伦敦的10个案例进行了研究，该系统是衡量行人环境质量的工具，并将这一质量数据与住宅物业价值、零售租赁价值和行人支付意愿调查数据相关联。主要研究结论是良好设计的空间和场所有助于实现各种价值和利益。这些价值包括直接的、有形的经济利益，以及间接的、无形的、长期的价值，如改善公共健康或降低犯罪率。PERS街道质量等级每增加一个单点，可以计算出每年每平方米租金相应增加25英镑。这相当于每个PERS点的商店租金增加了4.9%。PERS街道质量等级每增加一个点，住宅价格就相应增加13 600英镑。每个PERS点的公寓价格上涨了5.2%。支付意愿计算显示，行人愿意通过提高市政税或公共交通票价，每年支付高达320 000英镑，以改善当地的商业街环境质量[32]。

在使用者对设计进行投资的意愿方面，2007年有研究对伦敦埃德加威尔路和霍洛韦路地区商户的纳税意愿进行访问、统计，发现在这两个地区，人们愿意每年缴纳15英镑的市政税、100英镑的租金和110英镑的公共交通税，以换取政府部门采取提高街道空间质量的行动，而改善街道质量的诉求与良好的设计质量息息相关[33]。MVA咨询在2008年进行的研究探索了来自伦敦62个地区的数据，包括对商业用户的采访。结果显示，受访者普遍认为，公共服务最明显地为私人财产增加（经济）价值的因素是带来个人安全感的空间品质、良好的街道照明、总体设计质量以及良好的维护。以上任何方面的设计质量若有显著提高，该街道住宅的销售价格就增加1.6%，商店租赁价格就增加1.22%。很大一部分企业用户愿意为提高空间质量付费。他们愿意一次性支付24.5%的年营业收入，以确保街道环境改善为高质量的步行环境[34]。

在综合影响要素和城市形态的研究方面，美国城市土地研究所（Urban Land Institute，简称ULI）对全美大城市地区进行评级，对比紧凑开发（精明设计）与分散开发地区的环境影响。研究显示，通过紧凑的开发而不是持续的城市扩张，汽车行驶里程（Vehicle Miles Traveled，简称VMT）可以减少20%～40%，交通运输二氧化碳排放总量将减少7%～10%，有害气体排放将有效减少，而基础设施的支出可以减少11%左右[35]。迪特玛尔（Dittmar）等人定义并衡量了新城市主义所提出的设计准则（土地混合使用、街道设计、步行性、环境和社会可持续发展）的空间特征，从当前总发展价值的角度审视可持续城市主义的经济特征，以及其与传统项目中其他形式的价值创造和住宅价值增长有何不同，确定了三种可持续设计方案，并评估了其与传统设计方案之间的潜在差异。研究发现，改造对象费尔福德·莱斯伯里每公顷土地价值上涨46%，多切斯特庞德伯里上涨18%，格拉斯哥皇冠街上涨30%[36]。第一太平戴维斯（Savills）研究了街道环境对房产价值的影响，将道路布局和连通性（使用空间句法分析）之间的关系与市政税级中的价值联系起来，指出街道的可到达性、与周边地区的网络连接是比房屋本身特征更重要的影响因素[37]。新西兰环境部、奥克兰大区和惠灵顿市议会发布的研究报告——《城市设计的价值：城市设计的经济、环境、社会收益》[38]，指出8项城市设计目标可以产生显著的经济价值（表3-3）。

表3-3 关于关键城市设计元素的调查结果摘要

城市设计目标	经济价值
本地特点	吸引高技能工人和新经济企业； 协助城市和地区的推广和"品牌化"； 通过提供"不同点"来提升竞争优势； 可能会增加房屋价值
连接性	提高当地服务商店和设施的生存能力； 增加场地或区域的可达性，从而提高土地价值
密度	节约土地； 提高基础设施能源利用效率； 降低通勤时间产生的经济成本； 与城市核心的知识和创新活动的集中有关
混合利用	为那些喜欢混合使用社区的人增加价值； 更有效地利用停车和运输基础设施； 提高当地服务商店和设施的生存能力； 大幅降低家庭交通支出
适应性	随着时间的推移为经济成功做出贡献； 通过保持活力和功能的正常使用来保证经济可持续性
高品质公共领域	吸引人和活动，提高经济绩效； 公共艺术有助于提升经济活力
完整决策	协调相关领域的物理设计和政策，确保良好城市设计的益处得以实现或增强
使用者参与	更有效地利用资源； 通过鼓励用户支持积极的变革来节省流程成本

资料来源：MCINDOE G，CHAPMAN R，MCDONALD C，et al. The value of urban design：the economic, environmental and social benefits of urban design[R]. Wellington：Ministry for the Environment，Wellington City Council， Auckland Regional Council，2005.

　　在其他研究者试图说明良好设计的经济价值的同时，英国建筑和建成环境委员会用一系列具体案例展示了低劣设计付出的潜在代价[39]。例如：伦敦东部达尔斯顿霍利街的一处20世纪70年代的住宅区设计得如此糟糕，以至于在预期60年设计寿命尚未到来前的第20个年头就被拆除和重建，耗资9200万英镑。与此同时，伯明翰洛泽尔的乔治公园在20世纪70年代被设计成了一个鼓励犯罪和反社会行为的地方，并成为当地居民极力回避的地方。它的重新开发共耗资120万英镑。

从上述研究可见，设计质量对于城市更新具有显著的增值效应，是平衡城市更新成本的重要价值来源之一，奠定了本书的前提条件。但是必须要看到，定量的研究虽然具有较强的解释力，但是设计增值的量化关系受到制度、文化、经济发展等多样化复杂因素的影响，并非固定不变的，难以使用相关规律去预测其他地方的投入与回报。而且量化关系不具有可转移性，在一定地域内存在的关系，无法在别处重现。同时，公共资金或私人开发者的投入带来的增值，很多时候并不能有效反哺投入方，存在受益方高度多元、收益周期较长的问题，仍需探索共赢的模式与支撑制度。所以，本书的重点并没有放在设计价值的验证上，而是将其价值作为已有认识，着力探索如何促进这种价值的生成，并合理分配这种价值，即形成可持续的城市设计治理模式。

3.3 城市更新中设计思维与规划思维差异的辨析

在本书研究的前期准备阶段，部分专家、访谈者认为城市更新中相关规划体系正在不断完善，规划引领是"重中之重"，而设计引导只是"锦上添花"，对城市设计除美学控制外的作用持怀疑态度。此外，也有从业者的思路局限在城市设计只能依托于规划体系发挥作用，比如深圳市城市更新单元规划的制度正在与原有法定规划制度协调发展，对城市设计是否应当超越法定规划体系发挥作用有疑问。本节试图从方法论出发，比较设计思维与规划思维的异同，进而说明思维模式的差异如何决定现实中设计活动与规划活动各司其职、又相辅相成地共同促进城市更新。

20世纪50年代到60年代，西方学界对设计活动的方法论进行了集中研究，研究的主要阵地是美国斯坦福大学[40][41]。相关研究的关键词包括设计方法、设计思维、创意工程（Creative Engineering）等，形成了广义设计的系统性方法论。约翰·阿诺德（John E. Arnold）最早使用了设计思维（Design Thinking）的概念来区分设计与传统工程逻辑的差异。设计思维包含了情境分析、问题的发现和解构、构思和解决方案生成、创造性思维、原型的构建、预先重现、测试与评估等核心过程[42]。设计活动也并非完全发散的创造行为，而是同样具有相对固定的逻辑化流程。在对象的选择上，设计活动被用以解决"模糊不清"、没有明确正误标准的问题；相反，针对有明确标准作为目标的问题，则应通过应用规则或技术知识加以解决。设计者面对非给定的问题，需要自行探索分析模糊问题产生的背景，并重新解释或重构给定的问题，来形成、聚焦针对当前问题的特定框架，从而提出解决方案的途径[43]。下一步则是建立以解决方案为中心的思考模式（Solution-focused thinking），在建成环境领域包括三维的思考模式、加入周期要素的四维思考模式、形态的拓扑变形思考模式等。基本逻辑是"溯因推理（Abductive reasoning）"，而不是工程技术领域通用的归纳和演绎推理模式。另一个不同于工程技术方法论的差异在于，设计思维解决问题的过程是非线性的，伴随解决方案的是问题与目标的同步演变，二者相互作用，不断围绕最初形成的问题框架进行调整。而在成果表现方面，每一个阶段都伴随将抽象概念具体化的过程，成果的表达形式也不是标准化的，适宜的表达形式是设计的重要考虑范畴，直接影响设计落实的成效。

华盛顿大学在此基础上提出了五阶段设计思维模式：共情、定义（问题）、设想、构型和测试[44]。共情是指通过观察、参与和感受他人活动来了解他们的经历和动机，并让自己沉浸在物理环境中，以便对所涉及的问题有更深的个人理解。定义是指分析观察结果并综合统筹它们，以便定义到目前为止你和你的团队已经发现的核心问题，并采用以人为中心的方式将问题定义为问题陈述。在设想阶段，基于前两阶段坚实的准备，设计者可以开始"跳出框框思考"，为创建的问题陈述找到新的解决方案，并且开始寻找其他的方法来看待问题。第四步是将抽象概念具象化形成原型，原型以简化的方式呈现，但突出关键特点与特性。最终通过测试、调整，实现设计的不断迭代。这五步之间并非一以贯之，而是如图3-2所示，呈现非线性的特点。此外哈索·普拉特尔（Hasso Plattner）等人还研究了发散思维与收敛思维的差异等，用以解释设计思维与工程技术思维在解决科学问题时的显著差异[45][46]。当前西方对设计思维的相关方法论研究已经较为成熟，但对于诸如人机交互、人工智能等特定领域中的设计思维的研究仍是热点，IDEO公司、交互设计基金会等咨询企业、非政府机构致力于科学的设计方法论的传播。

而城市规划作为一门学科的兴起，很大程度上受到现代科学方法论的影响，"老三论"（系统论、信息论、控制论）与"新三论"（协同论、耗散结构论、突变论）是现代城市规划思维的重要奠基石。系统论解释了城市作为复杂巨系统具有组织化等级层次的特性，以功能的分解与还原为前提，解释了城市与局部空间的关系。信息论研究如何运用数学理论描述和度量城市，提供了解释事物运动的新规律[47]。控制论则偏向研究各类城市系统的控制与调节规律，并衍生出了工程技术系统与社会系统控制的不同分支。"新三论"的协同论则注重完全不同于学科中存在的共同本质特征，例如城市中的工程技术系统、物质空间系统、自然生态系统、

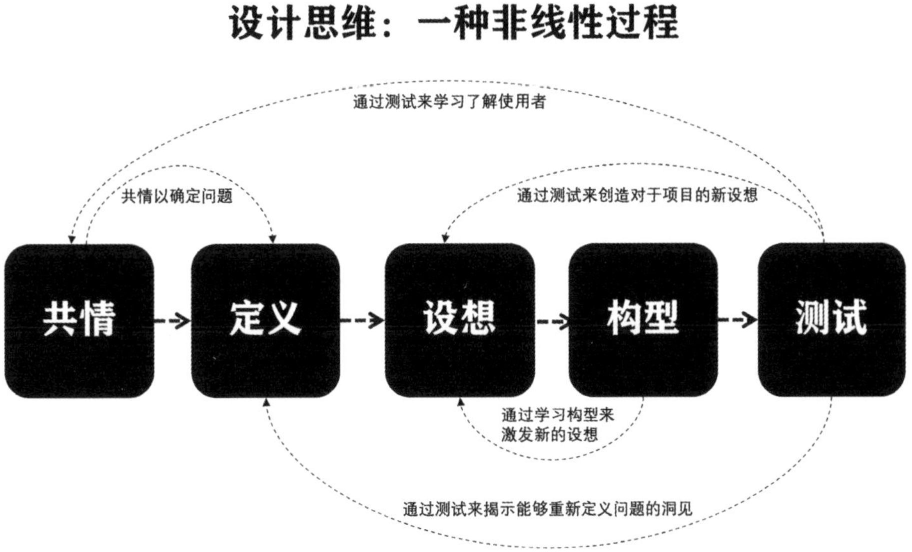

设计思维：一种非线性过程

图3-2 设计思维：非线性过程

作者根据以下资料翻译改绘：DAM R，SIANG T．5 stages in the design thinking process[OL]．Interaction Design Foundation．[2020-03-05]．https://www.interaction-design.org/literature/article/5-stages-in-the-design-thinking-process.

社会生态系统之间的协同规律。耗散结构论动态地看待城市，城市既生产各类物质流、能量流、资本流、人口流等，又消费各种流，同时流又在生产与消费中因为机制的不合理产生无贡献的耗散，主张城市应达成稳定有序的动态平衡。突变论则研究在连续动态过程中的非连续性变化（质变），并建立了可解释的数学模型，在城市中可能是技术跨代（激智现象）、创造性思维、创造性设计带来的根本性影响。

上述理论是当代系统科学的基础，城市规划学科也认同城市作为一种复杂巨系统[48]。但是在实际中可以发现，即使将城市分解成更小的单元，如在地块层面的控制性详细规划中，个体本身也并没有被简化成可以用数学量度（控制指标）完全描述的模型（规划控制体系）。这一点在城市更新中尤为显著，长时间存在的空间中产生的社会关系、权属关系、资本关系并没有因为空间尺度的缩小而有所简单化。从方法论的角度看，无法被分解和还原是规划思维无法全面应对城市更新的基本逻辑原因。当代城市规划学科同样认识到了这一点，故开始强调规划的弹性，在明确底线约束的前提下，勾勒适宜的发展区间。南加州大学的城市规划学者梅尔维尔·布兰奇（Melville Branch）早在20世纪80年代就提出了连续性城市规划

（Continuous city planning）的概念[49]。图3-3中的灰色扇形空间代表了规划给予管理者和实施者的可操作性空间，近期的扇形面积较小，规划的确定性越强，远期反之。实际的实施则是非线性的，甚至超越扇形边界得到矫正。尹稚教授在此基础上，结合中国社会经济实际探讨了当前中国规划的方法论（图3-4），指出计划经济时期的强管制规划（小扇面）和具有足够宽容度和容错机制的弱管制规划（大扇面）都是必要的，规划约束的边界和具备的反馈调节作用给予了设计运作的空间。然而如前文所述，规划空间内各点的确定并不是简单的二维坐标，而同样是多维的

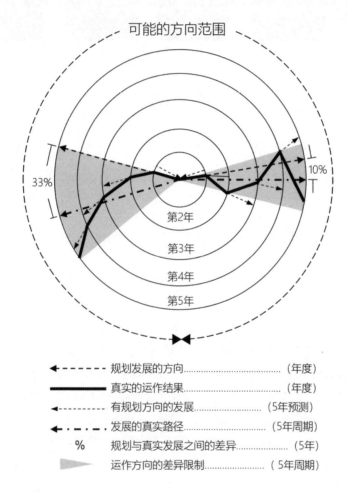

图3-3 连续性城市规划的理论产出

作者根据以下资料翻译改绘：BRANCH M. Continuous city planning: integrating municipal management and city planning [M]. New York: Jonh Wiley and Sons, 1981.

复杂系统，甚至是模糊的，相对人的认知能力具有无限维度，因而需要设计思维的不断锚定，形成一系列的具体实施指引。

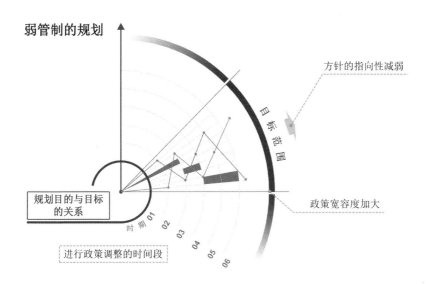

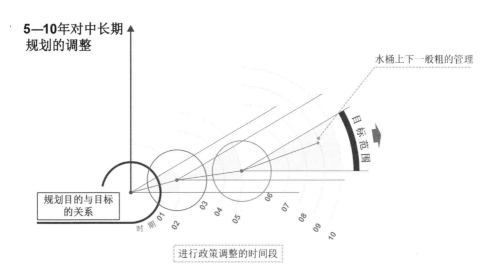

图3-4 弱管制的规划（上）5—10年对中长期规划的调整（下）

资料来源：清华同衡规划播报. 尹稚：规划未来与规划的未来［OL］.（2018-10-22）［2020-03-05］. https://mp.weixin.qq.com/s?__biz=MzA4OTMyNzIzOA==&mid=2650765468&idx=1&sn=749e633cde89733b47c11e9cdc2296f1&chksm=88174b75bf60c2630d8cb42f7c3e239420734c15700aad4356a957d6857f83fb4cbdbab69a08&scene=27#wechat_redirect.

在本书研究的前期准备过程中，部分访谈对象将城市更新中城市设计的作用简单理解为"带方案的规划"。从上述理论可见，设计和规划在方法论层面分别应对了模糊问题和相对确定的区间定位。对于规划所确定的区间内的各点，并不能简化为有限元的简单系统，设计思维有助于进一步平衡限制条件，聚焦目标和问题范围，利用创造性思维更加灵活地在区间内选择最优的锚定点。设计思维理论也表明，设计活动也不是完全发散的随机行为，而是有逻辑并对应具体工作流程的。城市设计治理理论正是意图通过多元治理的模式，提升问题和目标框架确定、平衡解决问题等关键流程的成效，利用正式或非正式制度来促进设计思维融入城市更新活动。从方法论角度看，规划思维与设计思维相辅相成，理应共同作用。

综上所述，本章首先通过对中西语境中"治理"概念的辨析，明确了西方国家相对对立的两种治理理念——国家主义治理、社会主义治理，以及我国兼具以党和国家为主体的"国家治理"与多元主体共同参与"社会治理"的中间道路，并探讨了城市设计治理理论在我国当前治理理念背景下的适应性。其次，针对国内对设计价值难以定量的普遍疑问，对城市更新中设计价值存在的虚无主义思想，通过对大量国外文献综述进行了反驳。并指出设计价值虽然能够通过定量研究进行验证，但是其规律受到大量不确定因素的影响，基本规律可作为佐证，但具体定量关系本身并不具备可转移性。因此确定了本书的研究方向不以重复的定量研究验证为主，而是将设计价值作为已有认识，探索如何促进这种价值的生成，并合理分配这种价值的治理模式。最后，从方法论角度探讨了设计思维与规划思维在城市发展与更新中的作用对象，明确了设计思维在处理城市更新复杂问题中的适用性，指出了设计与规划在城市更新中的互补作用。总体而言，本章从理论层面集中解析了各界对城市更新中设计作用存在的普遍疑问，为后续研究奠定了基本价值取向。

注　释

[1] 申剑敏，陈周旺. 现代国家的治理意涵辨析 [J]. 上海行政学院学报，2016，17（6）：46-53.

[2] 申剑敏. 治理型国家：中西比较视野下的概念范型与理论适用 [J]. 甘肃行政学院学报，2019（3）：118-125.

[3] TYNDALE W，FRITH J. The works of William Tyndale[M]. London：Ebenezer Palmer，1831.

[4] International Bureau of Education. Concept of governance[OL]. [2020-03-05]. http：//www.ibe.unesco.org/en/geqaf/technical-notes/concept-governance.

［5］The International Bank. Global monitoring report 2009[R/OL]. [2020-03-05]. http://siteresources.worldbank. org/INTGLOMONREP2009/Resources/5924349-1239742507025/GMR09_book.pdf.

［6］World Economic Forum. What do we mean by "governance"? [OL]. [2020-03-05]. https://www.weforum. org/agenda/2016/02/what-is-governance-and-why-does-it-matter/.

［7］缑小凯. 西方新公共治理理论研究评述 [J]. 现代国企研究，2018（2）：111.

［8］HM Treasury. Corporate governance code for central government departments [S/OL]. （2011-07-19）[2020-03-05]. https://www.gov.uk/ government/ publications/ corporate-governance-code-for-central-government-departments.

［9］王雍铮，陈梦，欧阳小明. 新公共治理理念下英国开放大学的质量治理研究 [J]. 湖北开放职业学院学报，2019，32（10）：33-35.

［10］辛向阳. 推进国家治理体系和治理能力现代化的三个基本问题 [J]. 理论探讨，2014（2）：27-31.

［11］CARMONA M. Place value：place quality and its impact on health，social，economic and environmental outcomes[J]. Journal of Urban Design，2019（24）：1-48.

［12］场所联盟成立于 2014 年，旨在鼓励协作、沟通和集体领导，以提高场所质量。当前，其越来越多地发挥宣传作用，并通过直接参与和向关键的政府、专业人士和社区受众传播有针对性的研究和思想领导力来做到这一点。场所联盟为其支持者提供了一个论坛——场所价值维基，讨论和努力提高国家对场所质量重要性的认识。网址：https://sites.google.com/view/place-value-wiki 本节所有相关文献都可以在该开源网站找到。

［13］AHLFELDT G，HOLMAN N，WENDLAND N. An assessment of the effects of conservation areas on value，Final Report[R/OL]. [2020-03-05]. https://historicengland.org.uk/ research/current/social-and-economic-research/.

［14］BRENNAN T，TOMBACK D. The use of historic buildings in regeneration. London，Historic England[R/OL]. （2017-04-28）[2020-03-05]. https://historicengland.org.uk/images- books/ publications/heritage-works/.

［15］SPENCER N C，WINCH G. How buildings add value for clients[M]. London：Thomas Telford，2002.

［16］NASE I，BERRY J，ADAIR A. Urban design quality and downtown office rents：a case study of Belfast City Centre[OL]. [2020-03-05]. https://eres.architexturez.net/system/files/pdf/eres2011_158.content.pdf.

［17］NASE I，BERRY J，ADAIR A. Real estate value and quality design in commercial office properties[J]. Journal of European Real Estate Research，2016，6（1）：48-62.

［18］NASE I，BERRY J，ADAIR A. Hedonic modelling of high street retail properties：a quality design perspective[J]. Journal of Property Investment & Finance，2013，31（2）：160-178.

［19］CARMONA M. London's local high streets：the problems，potential and complexities of mixed street corridors[J]. Progress in Planning，2015，100：1-84.

［20］Greater London Authority，We Made That，LSE Cities. High streets for all[R/OL]. （2017-09）[2020-03-05]. https://www.london.gov.uk/sites/default/files/high_ streets_for_all_report_web_final.pdf.

［21］CARMONA M，DE MAGALHAES C，EDWARDS M. The value of urban design：a research project commissioned by CABE and DETR to examine the value added by good urban design[M]. London：Thomas Telford，2001.

［22］ASABERE P K. The value of a neighborhood street with reference to the Cul-de-Sac[J]. Journal of Real Estate and Finance Economics，1990（3）：185-193.

［23］RIBA. Places matter：the economic value of good design [R/OL]. [2020-03-05]. https://sites.google.com/

view/place-value-wiki/economy/c5-economic-development-and-regeneration.

[24] SMITH N，VENERANDI A，TOMS K. Beyond location，a study into the links between specific components of the built environment and value[R/OL]. [2020-03-05]. http://www.createstreets.com/wp-content/uploads/2017/09/Beyond-Location-summary.pdf.

[25] WILLIS K，OSMAN L. Economic benefits of accessible green spaces for physical and mental health. [R/OL]. [2020-03-05]. https://sites.google.com/view/place-value-wiki/economy/c6-public-spending-and-savings.

[26] ZAPATA-DIOMEDI B，HERRERA A，VEERMAN J. The effects of built environment attributes on physical activity-related health and health care costs outcomes in Australia[J]. Health & Place，2016，42：19-29.

[27] LITMAN T. Economic value of walkability[J]. World Transport Policy & Practice，2004，10（1）：5-14.

[28] LEINBERGER C B，ALFONZO M. Walk this way：the economic promise of walkable places in metropolitan Washington，DC[R]. The Brookings Institution，2012.

[29] SOHN D W，MOUDON A V，LEE J. The economic value of walkable neighborhoods[J]. Urban Design International，2012，17（2）：115-128.

[30] London：Living Streets. The pedestrian pound：the business case for better streets and places[R/OL]. [2020-03-05]. https://www.livingstreets.org.uk/media/3890/pedestrian-pound-2018.pdf.

[31] DIAO M，FERREIRA J. Residential property values and the built environment：empirical study in the Boston，Massachusetts，metropolitan area[J]. Transportation Research Record：Journal of the Transportation Research Board，2010（1）：138-147.

[32] CABE Space. Paved with gold：the real value of street design[R]. London：CABE，2007.

[33] SHELDON R，HEYWOOD C，BUCHANAN P，et al. Valuing urban realm-business cases in public spaces[C]. European Transport Conference，2007.

[34] MVA Consultancy. Seeing issues clearly，valuing urban realm，report for design for London September 2008[R]. 2008.

[35] EWING R，BARTHOLOMEW K，WINKELMAN S，et al. Growing cooler：the evidence on urban development and climate change[R]. Urban Land Institute，2009.

[36] DITTMAR H，MAYHEW G，HULME J，et al. Valuing sustainable urbanism：a report measuring and valuing new approaches to residentally led mixed use growth[R]. The Prince's Foundation For the Built Environment，2007.

[37] SAVILLS. Spotlight on：development layout[R]. London：Savills Research，2010.

[38] MCINDOE G，CHAPMAN R，MCDONALD C，et al. The value of urban design：the economic，environmental and social benefits of urban design[R]. Wellington：Ministry for the Environment，Wellington City Council，Auckland Regional Council，2005.

[39] SIMMONS R，DESYLLAS J，NICHOLSON R. The cost of bad design[R]. London：CABE，2006.

[40] ARNOLD J E. Creative engineering：promoting innovation by thinking differently[M]. Maslow：University of Texas Press，2017.

[41] BRUCE A L. Systematic method for designers[M]. Council of Industrial Design，H.M.S.O，1965.

［42］CROSS N. The nature and nurture of design ability[J]. Design Studies，1990（11）：127-140.

［43］DORST K. The core of design thinking and its application[J]. Design Studies，2011（32）：521-532.

［44］DAM R，SIANG T. 5 stages in the design thinking process[OL]. Interaction Design Foundation. [2020-03-05]. https://www.interaction-design.org/literature/article/ 5-stages-in-the-design-thinking-process.

［45］PLATTNER H，MEINEL C，LEIFER L J. Design thinking：understand，improve，apply[M]. Berlin：Springer-Verlag. 2011：xiv–xvi.

［46］BROWN T，WYATT J. Design thinking for social innovation[G]. Stanford social innovation review，2010.

［47］沈玉麟. 外国城市建设史［M］. 北京：中国建筑工业出版社，2007.

［48］吴良镛. 人居环境科学概论［M］. 北京：中国建筑工业出版社，2001.

［49］MELVILLE C B. Continuous city planning：integrating municipal management and city planning［M］. New York：Jonh Wiley & Sons，1981.

第4章

中英城市更新的运作环境对比

4.1 我国国家层面的城市更新政策演进

在中国，广义的城市更新工作从未停止，从近代对传统封建城市的改造到1949年后全国范围的工业化改建，再到改革开放后房地产导向的大拆大建，国家层面的城市更新政策反映了国家宏观社会经济发展对于土地与城市空间的不同诉求。同时，中国国家层面的城市更新政策演进因为不同发展阶段和地域的特点表现出明显的政策倾斜。综合翟斌庆[1]、李建波、张京祥[2]、阳建强[3]、张平宇[4]、姜杰[5]等人对中国城市更新历史的研究和李浩对周干峙院士的访谈纪实[6]，本节将1949年以来中国国家层面的城市更新政策演进分为以下5个阶段（表4-1）。

表4-1　我国城市更新政策导向演进

阶　段	宏观环境	政策目标	更新模式	实施成效	实施主体
恢复重建期（1949—1957年）	战后重建、党的工作重心由乡村转移到城市	将消费型城市转变为生产型城市	集中力量改造少数重点城市、充分利用、逐步改造、加强维修	围绕重点工业体系的生产、生活空间改造	中央政府严格计划、直接实施，地方政府有限参与
城市化异常波动时期（1958—1976年）	盲目冒进、规划虚无思想	城市建设"大跃进"、消除城市特征	大拆大建、消除城市特征的小城镇扩改建、无规划改建和加建	城市居住环境恶化	重点项目由中央政府实施，各地方政府普遍实施
改革开放之初（1977—1988年）	拨乱反正、国家建设重回正轨	危旧房改造、补齐住房缺口	填空补实、福利房建设、政企合作建房探索	有规划引导，但因财政能力限制，进展缓慢	地方政府主导、国有企业广泛参与、私人资本试水
经济高速发展时期（1989—2008年）	以经济建设为中心，全面市场化改革、房地产调控	城市更新适应经济建设发展、土地利用守底线	政府主导大规模旧城改造、私人资本投资住宅和商业地产市场	城市面貌迅速改善、人均住房面积迅速增加，历史文化和社会结构遭到一定破坏	中央政府安排专项资金、地方政府主导、市场力量广泛参与
系统化制度探索与发展观念转型（2009年至今）	经济增速放缓、经济结构转型、高速发展时期建设集中老化、可持续发展理念深化	普遍严控增量、少数城市减量发展、人居环境改善	大规模旧城改造与渐进式更新并举，短期回报性项目和长期公益性项目并存，重视通过综合更新改善社会、环境、经济问题	局部人居环境改善，更新成本难以平衡，更新主体"吃肉吐骨头"	中央政府政策引导并安排专项资金、地方政府引导或直接主导、市场力量广泛参与

4.1.1 恢复重建期（1949—1957年）

1949年中华人民共和国成立前夕，中共七届二中全会定调战略转移方向——"党的工作重心由乡村转移到城市"[7]，指出要将消费型城市转变为生产型城市。该时期的城市更新完全由政府主导，但是无奈受制于财政资金的不足，中央政府只能在旧城改造中，倡导对旧设施充分挖掘潜力再利用，并集中力量有限发展诸如北京、包头、西安等少数工业城市，在三年恢复时期和"一五"计划期间的旧城改造政策导向为"充分利用、逐步改造、加强维修"[8]。1952年，第一次全国城市建设座谈会提出有重点地进行城市建设的方针。城市更新的对象是大规模的工业改建、扩建和配套的基础设施和工人公共住房建设。从固定资产投资的角度看，更新改造[9]的投资重点在于生产性建设，尽管中央提出"城市建设为生产服务，为劳动人民生活服务"[10]，但是明显对于人居环境的整治提升相对不足，仅有的工作包括维修改建工人住宅、新建市政基础设施、整修少数城市道路。"一五"时期，在加速工业化和苏联援建的背景下，这种倾向更加明显。

4.1.2 城市化异常波动时期（1958—1976年）

该时期"大跃进"、三年自然灾害、三线建设、"文化大革命"造成了国家政治经济的动荡与城市化异常波动，对城市更新工作造成了巨大冲击。"大跃进"时期，建工部提出"用城市建设的大跃进来适应工业建设的大跃进"[11]，在缺乏合理规划指导的情况下，大拆历史建筑、大建工厂和楼堂馆所的做法在全国蔚然成风。各地政府不顾自身财政能力盲目大规模改造旧城，其后果是城市功能结构、空间结构、经济结构、人居环境都遭到了严重破坏。1959—1961年三年自然灾害时期，对"大跃进"造成的经济失调，试图调整城市人口、下马原有项目，提出"调整、巩固、充实、提高"的方针。原有政治性城市规划造成的"四过"问题，导致了对城市规划科学性的质疑，中央提出"三年不搞城市规划"，自此旧城改造工作陷入了无计划的混乱实施状态。相较于挽救濒临崩溃的国民经济，旧城改造工作只得放下。1964年始，在国际形势的倒逼下，中央提出"三线建设"，在工业转移新建的地区采取"不要城市、不要规划的分散主义"做法。使得部分中西部小城镇得到收益，但多新辟土地进行开发，对旧城镇鲜有更新。自1966年起，"文化大革命"延续了十年，建设活动处于无政府主义的管理真空中，各地旧城中私拆乱建、违规加建、侵占公共空间的行为层出不穷，该时期建设的大量棚户区和简易住宅成为了当前难以解决的问题。总体而言，长达近20年混乱中的旧城改造并没有带来城市发展和人居环境改善。

4.1.3 改革开放之初（1977—1988年）

"文革"末期，国家重新确立了城市规划的指导地位，在改革开放后各级城市规划较好地指导了旧城改建工作。但1949年以来的长期历史欠账和薄弱的财政力量，都使城市更新的真正实施捉襟见肘。虽然全国一些城市做出了加快危旧房改造的决定，在中央指示下城乡建设环境保护部于1984年在合肥召开全国旧城改建经验交流会，但如图4-1、图4-2所示，1980年全国固定资产投资中用于住房更新改造的投资仅有8.43亿元，面对当时约2000万返城的知青和下放人员，可谓杯水车薪。当时，全国城镇居民人均住房建筑面积仅有约5.42平方米，为快速改善人民生活条件，各地普遍选择了开辟城市新区。不同于今日，彼时仍在住房改革探索时期，多数采取福利分房制度，产权公有，所以并不存在拆迁补偿高、产权收拢困难而偏好增量开发的问题。主要原因还在于迫切增加供给的诉求、增量发展的理念和对低质空间的容忍态度。在旧城中主要采取"填空补实"的策略，政府主导了工程和设计水平较低的大规模开发，缺少与周边历史环境的协调。在此期间，合肥、烟台、大连等少数城市探索了政府与企业合资建房的方式，拓宽了更新改造的资金筹措途径，但参与企业多为国企，更新所得住房部分移交政府，部分留作职工福利分房所用。

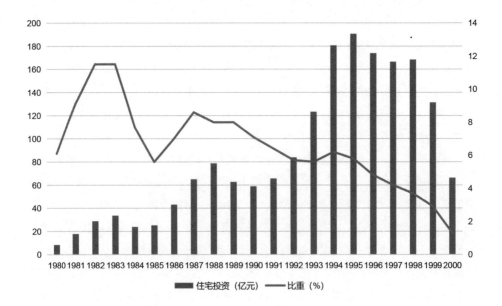

图4-1 1980—2000年我国更新改造住宅建设投资及比重

资料来源：国家统计局固定资产投资统计司. 中国固定资产投资统计年鉴2015[DB]. 北京：中国统计出版社，2015.

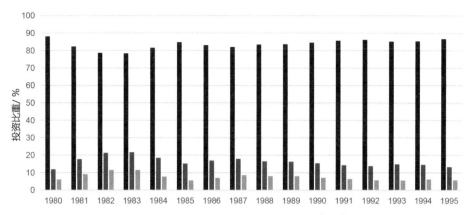

图4-2　1980—1995年我国更新改造生产性和非生产性建设投资比重

资料来源：国家统计局固定资产投资统计司. 中国固定资产投资统计年鉴1950—1995[DB]. 北京：中国统计出版社，1997.

4.1.4 经济高速发展时期（1989—2008年）

　　20世纪80年代末以来，我国国民经济经过改革开放第一个十年的积累开始加速上升，经济体制变革充分激励了私人资本参与城市更新的积极性。1988年，国务院成立了住房制度改革领导小组，并起草、推行了《关于在全国城镇分期分批推行住房制度改革的实施方案》（国发〔1988〕11号）。1991年，国务院发布《关于继续积极稳妥地进行城镇住房制度改革的通知》（国发〔1991〕30号）。经过20世纪80年代的政企合作建房探索，房地产大开发的序幕由此拉开，用于住宅更新改造的固定资产投资大幅增加。其间，相关政策因为新增建设占用大量农地，引发了中央的忧虑，故于1993年又发布了《关于加强房地产市场宏观管理促进房地产业健康持续发展的意见》（建房字〔1993〕598号），对"房地产热"造成的供给过剩、信贷坏账、房价过高进行调控。1996年发布的《国务院关于加强城市规划工作的通知》（国发〔1996〕18号）特别强调节约和合理利用土地及空间资源，倒逼房地产开发在一定程度上转向盘活旧城区存量土地。但辩证地看，大规模的新城建设也为旧城改造创造拆迁安置的腾挪空间。在除住房外的城市更新领域，经济和产业结构调整成为主要动力，在市场化背景下，第三产业逐步取代工业，开始占据城市中心用地与空间，在北京、上海等大城市，安排内城土地建设了一批商业空间[12]。2001年，中国加入世界贸易组织使中国成为了世界工厂，相较于20世纪90年代，经济发展再次加速并保持了长期高速增长。经济快速发展对土地集约化利用提出了新的要求。2000年，原国土资源部下发《关于加强土地管理促进小城镇健康发展的通知》（国土资发〔2000〕337号），通知明确"小城镇建设用地必须立足于挖掘存量建设用地潜力"，通过土地整理"做到在小城镇建设中镇域或县域范围内建设用地总量不增加"。

2003年，中央政府提出"科学发展观"，代表了国家层面的发展思路转变，要求有序可循环地利用土地与空间资源。2004年，国务院下发《国务院关于深化改革严格土地管理的决定》（国发〔2004〕28号），提出"严格控制建设用地增量，努力盘活土地存量"，成为随后长期宏观政策的开端。该时期，人均居住面积等指标明显提升，土地存量政策逐步建立，各地方政府强力主导了城市再开发。

4.1.5 系统化制度探索与发展观念转型（2009年至今）

2008年，中央责成国土资源部与广东省进行集约利用用地试点工作，广东省作为试点开展了大规模的"三旧改造"工作，标志着有制度可依循的、可操作的城市更新工作逐步展开。2013年，国土资源部印发《关于开展城镇低效用地再开发试点的指导意见》（国土资发〔2013〕3号），将相关经验向内蒙古、辽宁、上海等10个省（区、市）推广。在此期间，全国范围的大规模棚户区改造工作展开。2010年，中央全面启动了城市和国有工矿棚户区改造，此后一系列政策文件相继颁布，"棚改资金"成为地方政府旧城改造中土地一级开发的重要资金来源。2015年，中央城市工作会议提出"有序推进老旧小区综合整治"旧改计划。2019年，住建部明确"旧改"将纳入城镇性保障安居工程，给予中央补助资金，未来城市更新有望接替"棚改"成为城市建设领域国家财政新的发力点。

当前，城市更新的一个重要特征是从对土地的节约走向对城市空间的重塑，综合性的城市更新正式取代面向土地的"三旧改造"和面向特定类型的"棚改"（表4-2）。在国家宏观政策的引导下，少数地方政府开展了系统化制度建设的探索，深圳于2009年颁布全国首个《城市更新办法》，随后广州、珠海、上海、重庆等城市相继建立制度体系，北京、青岛等地正在研究出台基本制度。2013年，中央城镇化工作会议明确提出"严控增量，盘活存量，优化结构，提升效率"的城市发展总方针，并指出城市规划的作用也应由原本扩张性规划向"划边界、调结构"的工作方式转变，一系列政策将城市更新工作提高到了国家战略高度。2015年，中央城市工作会议再次指出，城市工作"要坚持集约发展，框定总量、限定容量、盘活存量、做优增量、提高质量"。2016年，国务院发布《中共中央 国务院关于进一步加强城市规划建设管理工作的若干意见》。同年，原住建部开展了全国性的"城市双修"（即生态修复、城市修补）工作。而原国土资源部则延续了"三旧改造"试点以来的政策路线，发布《关于深入推进城镇低效用地再开发的指导意见（试行）》，在全国推进城镇低效用地再开发工作。至此，土地、建设两大系统都被充分动员起来。2018年新一轮国家机构改革后，依托原国土资源部新成立的自然资源部整合了原住建部的城市规划相关责权。2020年，党的十九届五中全会上审议通过了《中共中央关于制定国民经济和社会发展第十四个五年规划和二〇三五年远景目标的建议》，明确提出实施城市更新行动，将城市更新上升为国家层面的城市发展策略。但可惜的是，时至今日，改革后的两大部委仍没有形成有效的政策协同来服务于城市更新这一跨部门公共政策。

表4-2 本节主要参考的近年来部分城市更新相关政策和法规文件

颁布时间	颁布部门	城市更新相关政策和法规文件
2007年	国务院	《国务院关于解决城市低收入家庭住房困难的若干意见》（国发〔2007〕24号）
2008年	国务院	《国务院办公厅关于促进房地产市场健康发展的若干意见》（国办发〔2008〕131号）
2008年	国土资源部	《城乡建设用地增减挂钩试点管理办法》（国土资发〔2008〕138号）
2009年	国务院	《国务院关于同意成立保障性安居工程协调小组的批复》（国函〔2009〕84号）
2010年	国务院	《国务院关于鼓励和引导民间投资健康发展的若干意见》（国发〔2010〕13号）
2011年	国务院办公厅	《国务院办公厅关于保障性安居工程建设和管理的指导意见》（国办发〔2011〕45号）
2012年	国务院	《国务院关于印发国家基本公共服务体系"十二五"规划的通知》（国发〔2012〕29号）
2013年	国务院	《国务院关于城市优先发展公共交通的指导意见》（国发〔2012〕64号）
2013年	国务院	《国务院关于加快棚户区改造工作的意见》（国发〔2013〕25号）
2013年	国土资源部	《国土资源部关于印发开展城镇低效用地再开发试点指导意见的通知》（国土资发〔2013〕3号）
2014年	国务院	《国务院关于推进文化创意和设计服务与相关产业融合发展的若干意见》（国发〔2014〕10号）

续表

颁布时间	颁 布 部 门	城市更新相关政策和法规文件
2014年	国务院办公厅	《国务院办公厅关于推进城区老工业区搬迁改造的指导意见》（国办发〔2014〕9号）
2014年	国务院	《国务院关于加快发展生产性服务业促进产业结构调整升级的指导意见》（国发〔2014〕26号）
2015年	国务院	《国务院关于进一步做好城镇棚户区和城乡危房改造及配套基础设施建设有关工作的意见》（国发〔2015〕37号）
2016年	住房和城乡建设部、财政部、国土资源部	《住房城乡建设部 财政部 国土资源部关于进一步做好棚户区改造工作有关问题的通知》（建保〔2016〕156号）
2016年	中共中央、国务院	《中共中央 国务院关于进一步加强城市规划建设管理工作的若干意见》
2016年	住房和城乡建设部、财政部、国土资源部	《住房城乡建设部、财政部、国土资源部关于进一步做好棚户区改造工作有关问题的通知》（建保〔2016〕156号）
2016年	国务院	《国务院关于深入推进新型城镇化建设的若干意见》（国发〔2016〕8号）
2016年	国土资源部	《国土资源部关于印发〈关于深入推进城镇低效用地再开发的指导意见（试行）〉的通知》（国土资发〔2016〕147号）
2017年	中共中央、国务院	《中共中央 国务院关于加强和完善城乡社区治理的意见》
2017年	国务院	《国务院关于印发全国国土规划纲要（2016—2030年）的通知》（国发〔2017〕3号）
2017年	国务院	《国务院关于印发"十三五"推进基本公共服务均等化规划的通知》（国发〔2017〕9号）
2018年	国务院办公厅	《国务院办公厅关于保持基础设施领域补短板力度的指导意见》（国办发〔2018〕101号）
2019年	全国人民代表大会常务委员会	《中华人民共和国土地管理法》（2019年修正）
2019年	自然资源部	《节约集约利用土地规定》（2019年修正）
2020年	住房和城乡建设部	《实施城市更新行动》
2020年	中共中央	《中共中央关于制定国民经济和社会发展第十四个五年规划和二〇三五年远景目标的建议》
2020年	国务院办公厅	《国务院办公厅关于全面推进城镇老旧小区改造工作的指导意见》（国办发〔2020〕23号）
2021年	中共中央、国务院	《中华人民共和国国民经济和社会发展第十四个五年规划和2035年远景目标纲要》

4.2 英国国家层面的城市更新政策演进

作为历史上最早进入工业化与城市化的国家，英国早在18世纪就开始了大规模的城市更新活动，早期无计划、无制度、无理论支撑的拆除重建，造成了城市的混乱并催生了现代城市规划学科。"二战"后，英国开启了国家层面有计划的城市更新，其后城市更新一直作为更加宏观城市政策的一部分被加以强调，成为历届执政党派施政纲领的重点之一。资本主义经济的周期性和两党派不同的执政思路为英国城市更新的政策演进带来了具有明显阶段性的差异。本节综合安德鲁·塔隆（Andrew Tallon）[13]、萨沙·特森卡瓦（Sasha Tsenkova）[14]、斯蒂芬·霍尔（Stephen Hall）[15]、凯斯·肖恩（Keith Shaw）[16]等国外学者的研究[17][18]，和《城市白皮书》[19]《迈向城市复兴》[20]等政策文件，以及英国社会与地方政府部门（Communities and Local Government Department）、家庭与社区机构（Homes and Communities Agency）等机构发布的政策说明，将近代英国城市更新的政策演进分为以下六个阶段（表4-3）。

表4-3 英国城市更新政策导向演进

阶　段	宏观环境	政策目标	更新模式	实施成效	实施主体
战后大规模重建（1945—1967年）	国家战毁严重、战后大规模重建	住宅建设、贫民窟重建、战毁重建、严控大城市蔓延	新城镇改建和扩建、政府强制购买土地进行重建、大规模公有住宅重建	物质空间建设满足住房基本需要，新城建设失败、社会性问题凸显	中央政府提供资金，制定法律支持城市开发公司代为实施
面向衰落地区的局部改造（1968—1976年）	战后经济恢复、福利国家建设与贫富差距扩大相矛盾	改善衰落内城地区和少数族裔聚集区	社区综合更新，重点包括住房、商业、教育、医疗	物质建设没有为衰落地区提供可持续的发展动力	中央政府提供专项资金，地方政府主导实施
公共政策延续与企业化运作（1977—1990年）	城市更新成为更广泛城市政策的一部分，城市政策成为执政党施政重点	改善社会不平等问题、刺激经济增长、带动衰落地区自发更新	划定企业区，施行PPP模式，减少规划限制、减免税负，提供资金和融资支持，房地产导向城市更新	企业区经济状况得到改善，围绕产业振兴的城市更新得到实施，绅士化问题严重	中央政府划定企业区、注资城市开发公司，私人资本广泛参与，地方政府和社区被排除在外

续表

阶 段	宏观环境	政策目标	更新模式	实施成效	实施主体
政策整合与央地关系重划（1991—1996年）	企业化政府管理延续，重视公共投资的回报效率，地方主义崛起	通过中央政府、全国性非部门公共组织和地方政府的重新分权促进城市更新效率的提升	整合各类与城市更新和经济扶持有关的政策与资金集中使用，地方政府竞争使用中央资金，物质建设配合人力资源培训等计划	房地产导向更新得到限制，地方政府的规划控制权力得到加强，社会性治理初步成型	中央政府引导并提供专项资金，地方政府主导，私人资本广泛参与
中间路线与城市复兴（1997—2010年）	中间路线，重新平衡公共投资、政府干预与市场化之间的关系	主张城市更新由政府投资撬动私人投资，强调设计引导下的城市复兴，以及基于研究证据的资金使用	由各类非部门公共组织参与（设计、技能、历史文化、公共服务），地方政府和社区主导的城市局部改造	设计手段促进城市中心、局部增长极的城市复兴和侧重社区的街区更新计划，公众和专业机构的参与破解了社会排斥问题	中央政府与区域机构引导并提供专项资金，地方政府与非部门公共组织合作主导，私人资本广泛参与
经济紧缩期与政策引导缺位（2011年至今）	经济危机后复苏缓慢，脱欧、难民等问题造成政治不稳定	加大住房供给、放松管制试图刺激经济增长，城市政策退出政府施政纲领核心	房地产更新计划为私人资本提供支持，非部门公共组织推动住房建设，产业补贴和税收减免政策促进企业区更新	国家只做大方向性引导的完全自下而上式城市更新政策，成效有待观察	中央政府有限引导，地方政府引导、地方企业合作组织主导

4.2.1 战后大规模重建（1945—1967年）

该时期，英国城市更新的主要目标是城市复建和限制大城市过度发展。在"二战"结束前，英国就已经开始谋划战后的大规模重建，战后第一时间启动了住房建设与贫民窟重建计划。1946—1957年间重建或新建了250万套住宅，其中约75%为国有的议会住宅房产（council housing estates）。1946年颁布的《新城法案》（*New Towns Act*）奠定了国有新城开发公司的法定地位，其负责对全国范围内的老旧小城镇进行规划、扩建、改建[21]。新城开发公司除了负责规划编制和开发控制，更重要的是拥有强制收购所划定的新城范围内任何土地的权力，可以便捷地收拢产权进行城市更新。1947年颁布的《城乡规划法》（*Town and Country Planning Act*）

规定，除了批准规划建议之外，地方当局还被赋予广泛的权力；他们可以自己重新开发土地，或者使用强制购买命令购买土地并租赁给私人开发商[22]。为了协助地方当局进行重大重建工作，该法规定了大量政府拨款，财政部将根据财政状况支付先期5年年度支出的50%至80%；在特殊情况下可以增加到8年。在遭受重大战争破坏的地区，这一比率被定为支出的90%。在这个初始阶段之后，赠款将以较低的比率（战争破坏地区为50%，其他地区各不相同）持续60年。地方当局有权筹集贷款来支付重建项目，贷款期限为60年。20%～50%的赠款可用于相关支出，例如在主要再开发区以外获得土地的费用。该法案明确了战后重建工作由地方规划当局主导，以及用以支持这一工作的国家财政支出。此外，在"二战"前，阻止以伦敦为代表的英国东南部城市的无序蔓延已经是社会共识，1935年颁布的《带状发展限制法案》（*Restriction of Ribbon Development*）在战后很长一段时间主导了全国范围内诸多城市百万公顷级的绿带建设，在很大程度上倒逼了内城的更新活动。

4.2.2 面向衰落地区的局部改造（1968—1976年）

在战后二十余年的经济稳步复苏和物质性重建过后，社会发展的不平衡问题依旧显著，城市旧区结构性的持续"劳损"难以得到彻底改观。不同于战后大规模的物质性重建工作，该阶段的旧城问题更加复杂，局部城市地区内犯罪、公共健康、教育等方面的问题显著。英国国会的讨论记录显示：维克多·柯林斯（Victor Collins）爵士指出，当时"在我们的一些城镇仍然存在严重的社会贫困地区——往往分散在相对较小的地区。他们需要特别的帮助来满足他们的社会需求，并使他们的物质服务达到适当的水平"[23]。因此，1968年，时任工党政府提议发起"城市计划（urban programme）"，意在帮助各地解决社区尺度上的社会问题，以保证国民得到平等的发展和生活机会，资金来自现有法律（1966颁布的《地方政府法》）对安置补助金的规定，以及新的专项拨款（计划4年支出2000万到2500万英镑，实际上8年内增加到了6500万英镑）。地方政府可以申请"城市计划"专项资金用以改善城市局部衰落地区的物质空间环境，并建设各种公共服务设施。此外，1969年政府开展了"国家社区开发项目（National Community Development Projects）"，项目最初预计支出500万英镑（按2016年价格计算超过7400万英镑），在全英国的经济贫困地区共建立12个试验性的地方项目，政府的主要明确目标是找到更好的方法，在一个普遍"富裕"的社会中，解决局部贫困问题[24]。从1970年开始，第一批4个项目是考文垂的希尔菲尔德、利物浦的沃克斯豪尔、伦敦南华克的纽明顿和威尔士西格拉摩根的格林科尔沃。后续又在整个20世纪70年代开展了多批次的项目，与"城市计划"的相同点是二者都试图通过对物质空间的改造解决深层次的社会问题，不同的是后者的资助对象和实施主体倾向于社区而非地方城市政府。

4.2.3 公共政策延续与企业化运作（1977—1990年）

20世纪70年代末对于物质化城市更新的一系列批评促使城市更新作为更广泛城市政策的一部分，逐步上升为国家政策而非部门政策。1977年，工党政府发布了《内城政策白皮书》（*the White Paper Policy for the Inner Cities*），重新解释了作为结构性经济变革附属产品的城市问题，与去工业化对城市劳动力和房地产市场的影响，认为必须通过加强公共部门干预来应对私营部门在城市地区的撤资[25]。1978颁布的《内城法案》（*The Inner Urban Areas Act*），引入了经修订的城市振兴方案。这是基于一种以完全来自公共部门的行为者为重点的伙伴关系方法[26]。在选定的地域，中央政府和地方当局官员将制订一项多主题计划，以刺激经济发展和改善公共服务的提供，新的施政纲领将主导权交由环境部负责城市更新的规划、住房建设和与地方政府的协作[27]。1979年，撒切尔夫人领导的保守党政府延续了《内城政策白皮书》颁布以来对于综合城市政策的高度重视，以及用综合的公共政策替代单纯物质空间更新的做法。1981年发生在布力斯顿（Brixton）的骚乱进一步推动了撒切尔政府的城市政策，显示出少数族裔社区失业率高、犯罪率高、住房条件差、没有便利设施的问题没有得到改善，《斯卡曼爵士报告》（*Scarman Report*）和1985年发布的《城市信仰报告》（*Faith in the City Report*）两项文件都指出，城市问题可能直接影响国家的稳定[28]，致使撒切尔政府开始施行"城市行动（Action for cities）"的综合计划。与工党不同的是，保守党认为过往由地方政府和官方机构主导的城市更新十分低效，故主张减少国家干预，消除土地开发的政治、融资、财税和监管障碍，企业家式运作政府理念深刻影响了该时期的城市更新政策导向（详见2.3.3章节）。

1980年颁布的《地方政府、规划和土地法案》（*The Local Government, Planning and Land Act*）重新明确了半官方机构——城市开发公司新的法定地位，授予其自主制定规划的权力。城市开发公司可强制获取或购买地方政府与私人手中的土地和房产进行大规模再开发，不仅在特定项目的开发过程中可以引入私人资本、形成PPP模式，也可以让渡股份给私人资本，鼓励其参与基础设施的建设和运营（表4-4）[29]。城市开发公司的主要对象是中央政府在各地划定的企业区（Enterprise zones）。除了以半正式机构为主体的城市更新外，政府还鼓励私人资本介入城市更新。其政策工具包括对再开发活动减免全部或部分税收、改造后落户的企业免征经营税、简化规划许可程序等。1981—1986年的5年间，英国政府向企业区投资或减少征税约3亿英镑，吸引了2800家企业落户，解决了63 000余人的就业问题[30]。

表4-4 20世纪80年代的城市开发公司

公司名称	公司成立时间	再开发土地面积/hm²
伦敦码头区（London Docklands）	1981年	709
梅西赛德（Merseyside）	1981年	394
特拉福德（Trafford）	1987年	915
泰恩和维尔（Tyne and Wear）	1987年	456
缇司塞德（Teesside）	1987年	356
黑乡（Black Country）	1987年	256
利兹（Leeds）	1988年	68
曼彻斯特中心（Central Manchester）	1988年	33
谢菲尔德（Sheffield）	1988年	235
布里斯托（Bristol）	1989年	56

资料来源：CULLINGWORTH B，NADIN V. Town and country planning in the UK[M]. 14th ed. London：Routledge，2006.

此外，三项政府拨款计划在该时期开始施行。1981年，城市发展拨款（Urban Development Grant，简称UDG）设立，用以支持地方政府与私人资本合作进行的城市开发项目。城市更新拨款（Urban Regeneration Grant，简称URG）则可以直接跳过地方政府而对私人资本加以资助。1988年，上述两项计划的资金合并为城市拨款（City Grant）。作为"城市行动"计划的主要政策工具，城市拨款变为由私人领域委员会评估并发放资助的机构，基本摒弃了政府的决策作用。该时期企业化运行的基本特点便是以资产为导向的城市更新（property-led regeneration），资本逐利性在城市更新中体现为追求规模和有选择的投资取向，建筑容量不断增加，住宅和商业等回报较高的功能类型的更新受到追捧，在政策优惠期内企业大量迁入，优惠期结束后又流向新的政策优惠地区，以撤资逼迫政府不断让步。同时，资产导向的城市更新带来了普遍的绅士化现象，并没有改善政策目标中的社会不公平等问题。

4.2.4 政策整合与央地关系重划（1991—1996年）

对于资产导向城市更新的不满和"地方主义（localism）"的崛起主导了该时期英国政府的城市政策走向。中央政府开始整合分散在各部门的各类与城市更新相关的碎片化政策和资助计划，并将城市更新的主导权重新交回地方政府。自1991年开始，英国环境部实施城市挑战计划（city challenge），首次采取公开招标的方式向地方政府和社区发放城市更新资金，中标对象是亟须更新的衰落地区和具有经济发展潜力的地区。自1993年开始，中央政府推行的单一更新预算（single regeneration budget）计划更加集中地体现了政府部门间的合作诉求以及非均等的资源分配方式，该计划仍由中央政府环境部主导，并由全国多个区域办公室直接管理，囊括了住房、基础设施、人力资源、教育、医疗等方面的城市更新资源，并由原先管理整合前计划和资金的中央政府部门派驻代表共同管理。该计划一方面面向半正式或完全的非政府机构发放资助，用以辅助政府在规划设计、经济模式、劳动力培训等领域的治理；另一方面，以竞争性发放的模式向地方政府拨款。中央政府会挑选具有良好规划设计愿景、改善社会不公平并提升公共效益、合理可行的实施计划以及可以撬动更多私人投资的计划进行投资[31]。同时，该时期体现出更加全面的治理思路，传统政府与私人资本的合作关系进一步发展为多方共治的局面，1992年，半正式机构——英国合作组织（English Partnerships）成立，成为国家层面政府在城市更新领域的代理人并一直延续至今（2008年后并入家园与社区机构），其承接了城市开发公司的部分职能，成为公共、私人、社区和其他第三方机构之间的合作平台。它单独或与私营部门开发商合作，负责土地收购、重划和重大开发项目[32]。这一时期扭转了单纯市场调节的情况，中央政府负责制订愿景与资助计划，资金竞争的方式极大地调动起了地方政府主导城市更新的积极性，他们主动与私人资本达成合作关系，政府主导也使城市更新的社会效益较上一阶段得到了一定保障。参与主体更加广泛的社会型治理逐步成型，多样的非政府组织在应对城市更新中非物质空间属性的其他问题中发挥了越来越多的作用。

4.2.5 中间路线与城市复兴（1997—2010年）

1997年，工党政府重新上台，对原保守党的新自由主义政策进行改良，选择了相对的中间路线，重新平衡公共投资、政府干预与市场化之间的关系。其城市政策拒绝国家的再分配干预，主张城市更新由政府投资担保，将城市更新的投资与高度技术官僚的管理和评估框架相联系，强调开展基于证据发挥资金价值的行动。新工党政府于1997年成立由建筑师里查德·罗杰斯（Richard Rogers）领导的城市工作组（Urban Task Force），该工作组受命于副首相和环境、区域和交通部。同年的《城市工作组报告》（*Urban Task Force Report*）、1999年的《迈向城市复兴》（*Towards an Urban Renaissance*）、2000年的《城市白皮书：我们的城镇和城市——未来》（*The Urban White Paper: Our Towns and Cities - the Future*）宣告了该时期的城市与城市更新政策取向[33][34]。其核心主张充分体现了新城市主义的影响，内容包括：以设计为导向的城市再生过程和特殊城市政策区的指定；改革城市规划体系，让当地人民参与决策和社区一级的工作；充分利用棕地进行更新；更好地利用现有住房；放宽地方规划当局关于住宅密度和间距的标准；促进住房与交通体系更好地融合；更高质量的城市设计等[35]。设计主导的城市复兴（Design-led urban renaissance）成为这一时期的主要更新方式（详见1.2.4），该政策集中了可持续发展、经济增长、住房和公共服务等主题，重点是为更好的生活质量创造空间。此外，它将这种理想的城市复兴与促进城镇和城市状态（在设计和环境方面）之间的良性关系以及包容性治理方法联系在一起，希望这种治理方法能"使当地人民与强有力的地方领导结成伙伴关系，共同实现变革"[36]。在该理念指导下，政府出台了"住房挑战者计划""街区重塑计划"等，试图将社会经济问题与物质空间质量比早期更好地联系在一起。

此外，这一时期延续并强化了自撒切尔政府以来的地方主义和社会中心主义治理导向。1998年，在《区域发展机构法》（*Regional Development Agencies Act*）的支持下，英国全国设立了八个区域发展机构，其法定目标是：促进经济发展和复兴；提高业务效率和竞争力；促进就业；加强发展和应用与就业相关的技能，并促进可持续发展。这些机构承担起了城市更新资金下发的任务，根据区域发展需要为中央多个部门（商业、创新和技能部，社区和地方政府部，能源与气候变化部，环境、食品和农村部，文化、媒体和体育部等）向地方政府拨款[37]。2008年，英国通过《住宅和更新法案》（*Housing and Regeneration Act*），将半正式机构——家园和社区机构（Homes and Communities Agency，简称HCA）设定为国家在城市更新领域的代理人，职责包括：改善英国的住房供应和质量；确保英格兰土地或基础设施的更新或发展；以其他方式支持英格兰社区的创建、更新，保证可持续发展；为实现英格兰的可持续发展和良好设计做出贡献，以满足英格兰人民的需求。该机构被赋予了如下权力：作为主体整合、提供土地的权力；参与规划许可和编制的权力；进行企业化商业开发的权力；为地方政府或社区提供服务和分配国家资助资金的权力[38]。该时期英国合作组织、建筑与建成环境委员会、历史的英格兰（Historic England）等非政府部门公共组织（Non-Departmental Public Body，简称NDPD）的力量得到加强，真正成为特定领域的全国性辅助治理机构，深度参与了各地城市更新活动，承担了诸多原政府职责。

4.2.6 经济紧缩期与政策引导缺位（2011年至今）

如表4-5所示，经济危机后重新上台的保守党联合政府将减少结构性赤字作为首要考量，对重拾经济规模增长的诉求压过了对质量的重视，伴随着大规模的规划体系改革和央地财政关系重置，城市更新从这一时期起不再占据中央政府施政纲领的中心地位。2011至2012财政年度，政府用于城市更新的总支出减少了约三分之二。这是自20世纪60年代以来，英国在城市更新领域首次出现了政策倡议、财政支持和机构资源分配国家框架的空白[39]。2011年，中央政府发布政策声明文件——《更新促进增长：政府正在做些什么来支持社区主导的复兴》（Regeneration to Enable Growth: What the Government is Doing to Support Community-led Regeneration），对过往城市更新政策的低效、不可持续和高昂的支出进行批评，提出了放松规划管制、重新重视企业区政策和"大社会"基层活动、促进邻里改善的建议。联合政府提出的引导方向在诸多学者看来是空洞的，没有实际政府责权、半正式机构参与、专项资金支持和实施计划的引导性内容，在一定程度上宣告了中央在这一领域的退出。2011年颁布的《地方主义方案》（Localism Act）实际上使地方政府真正承担起在这一时期的主导角色。这一法案赋予地方政府自主的城市更新和住房政策制定权、更加广泛的规划制定和许可流程自主权、社区作为实体购买土地和房产进行更新的权力等。此外，当前政府将产业复苏再次与城市更新联系在一起，进一步强调了20世纪80年代盛行的企业区政策，不同的是物质空间重建并不是政府的第一要务。当前政府鼓励成立"地方企业合作组织"作为企业区的核心领导，而不是原先的地方政府或国有城市开发公司，不仅为新进企业实行税收减免，而且施行了较为激进的产业补贴政策。

在城市更新理念上更为反复的是，2016年英国颁布了《房地产更新国家策略》（Estates Regeneration National Strategy）。部分学者将其看做是重回20世纪80年代政策的又一项倒退，政府计划在全国更新多达100处房地产项目，以推动大幅增加住房以及改善居民生活质量。政府计划拨出1.4亿英镑贷款，作为吸引社区积极参与和企业投资的"启动经费"，发挥"杠杆"作用。2018年，住房和更新机构被拆解

为英格兰家园（Homes England）和社会住宅管理者（Regulator of Social Housing）
两个非部门公共组织，前者负责通过向开发商供给土地和资金等方式促进住房建
设，后者负责研究制定开发策略、开发标准和各类引导性倡议[40]。由此可见，住
房和更新机构曾经主导的包括环境、基础设施、公共服务设施在内的综合性更新被
阉割，政府认定的自身职责只落在了住房一项。当前，这种国家只做大方向性引导
的完全自下而上式城市更新政策，成效如何还有待考察，但可以肯定的是在被脱欧
和经济增长放缓所困扰的英国，综合性的国家层面城市更新政策时代已经远去。

表4-5　本节主要参考的英国城市更新相关法案与政策

公布时间	类型	法案与政策名称
1935年	法案	《限制带状发展法案》（Restriction of Ribbon Development Act）
1946年	法案	《新城法案》（New Towns Act）
1947年	法案	《城乡规划法》（Town and Country Planning Act）
1958年	法案	《地方政府法》（Local Government Act）
1966年	法案	《地方政府法》（Local Government Act）
1968年	政策	《城市援助》（Urban Aid）
1972年	法案	《地方政府法》（Local Government Act）
1974年	政策	《综合社区计划》（Comprehensive Community Programme）
1977年	政策	《城市白皮书：内城政策》（The White Paper Policy for the Inner Cities）
1977年	法案	《内城地区法案》（Inner Urban Areas Act）
1978年	法案	《城市地区法案》（Urban Areas Act）
1978年	政策	《城市计划》（Urban Programme）
1980年	法案	《地方政府、规划和土地法案》（Local Government, Planning and Land Act）
1989年	法案	《地方政府和住房法案》（Local Government and Housing Act）
1991年	政策	《城市挑战》（City Chanllenge）
1993年	政策	《统一更新预算》（Single Regeneration Budget）
1998年	法案	《区域发展机构法》（Regional Development Agencies Act）
1999年	政策	《迈向城市复兴》（Towards an Urban Renaissance）

公布时间	类型	法案与政策名称
2000年	法案	《地方政府法》（*Local Government Act*）
2000年	政策	《城市白皮书：我们的城镇和城市——未来》（*The Urban White Pape: Our Towns and Cities - the Future*）
2004年	法案	《规划和强制购买法案》（*Planning and Compulsory Purchase Act*）
2007年	法案	《地方政府和公共参与医疗法案》（*Local Government and Public Involvement in Health Act*）
2007年	法案	《可持续社区法案》（*Sustainable Communities Act*）
2008年	法案	《住宅和更新法案》（*Housing and Regeneration Act*）
2010年	法案	《地方主义法案》（*Localism Bill*）
2010年	政策	《地方发展白皮书》（*Local Growth White Paper*）
2011年	政策	《城市更新保证增长》（*Regeneration to Enable Growth*）
2011年	法案	《地方主义法案》（*Localism Act*）
2012年	政策	《国家规划政策框架》（*National Planning Policy Framework*，简称 NPPF）
2018年	政策	《国家规划政策框架—修订》（NPPF *revised*）
2019年	政策	《国家规划政策框架》（NPPF）

4.3 小结：中英城市更新运作的制度环境对比

英国有着和我国迥异的社会经济制度与国家发展进程，英国超高的城镇化率决定了在其国家范围内，除"二战"后一段时期采取了大规模战后重建的模式外（图4-3），主要以渐进式的相对小规模城市更新为主，没有遇到我国早期经济薄弱和20世纪90年代经济快速发展时期无房可住、无房可用的情况。在英国，除伦敦外的其他绝大部分城市和小城镇与我国相比，具有较低的人口增长率和经济增长速度（图4-4），从而给予旧城较为充分的腾挪空间。所以英国的城市更新政策取向，以及后期更为全面的城市政策从来不是以空间供给为核心目标。英国执政党长期以来将城市更新作为应对社会和经济问题的手段，适时根据国内矛盾出台施政纲领，并在国会推动相应立法，保障各时期城市更新主体的法律地位和法定权力。从上述历史分段可见，中英城市更新政策导向的主要差别，可以从城市更新的诉求和模式两方面进行对比。值得注意的是，二者因为经济发展阶段的不同，诉求和模式并不存在优劣之分，只有在宏观情况相近时才能对双方具体做法进行相互借鉴。

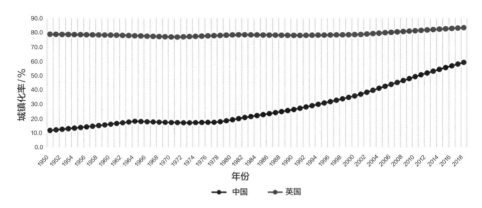

图4-3　中英人口城镇化率对比

作者根据以下资料整理改绘：United Nations Department of Economic and Social Affairs．World urbanization prospects 2018 ［R/OL］．［2020-05-05］．https://population.un.org/wup/Download/.

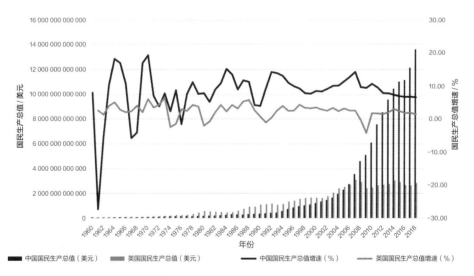

图4-4　中英国民生产总值与增速对比

作者根据以下资料整理改绘：World Bank．Databank［DB/OL］．［2020-05-05］．https://data.worldbank.org/topic/economy-and-growth?view=chart.

如图4-5所示，在城市更新演进的初始阶段，两国具有较高的相似性，我国20世纪90年代以前的城市更新都是以物质空间的供给为导向的，主要解决的是工业发展空间和人民住房的缺口，但受制于薄弱的财政能力，尽管有明确政策和规划的引导，但实施缓慢。以上海为例，上海市于1953年编制的《上海总图规划》和1959年编制的《上海市总体规划》提出"逐步改造旧市区，严格控制近郊工业区，有计划发展卫星城镇"的城市发展建设方针，但所实施的多为重点城市公共活动中心，如人民广场、人民公园等项目，以及部分棚户区改造社会住宅项目。进入城镇化异常波动时期后，由于政策决策的失误以及规划设计缺乏稳定的法律保障，城市更新反而成为城市经济结构失衡、风貌环境破坏、无序建设的推手。改革开放初期，政府仍作为主导力量，所谓政企合作建房的主要合作方也是各级国企。从模式上看，早期围绕工业建设的城市更新是以高度计划性的国家投资为支撑的，后期转向重点项目由中央主导，一般项目由地方主导的模式。该时期城市更新的方式是直接通过强制性行政命令来达成的，当时虽未建立城市更新制度，但利益矛盾、经济成本、拆迁补偿等当前城市更新工作的常见问题在计划经济时代并没有显现。而英国"二战"结束后的城市更新诉求与模式与我国基本相同，途径是战损重建、旧城改建扩建（虽然名为"新城模式"）。法律支持政府强制购买私人土地进行城市更新，尽管有着私人权属的限制，但因为存在重建国家的社会共识，通过法令强制收拢产权的过程压力不大。更新后建设的住宅多为国有或公有。在英国，这一时期只延续了10余年；而在我国，政府主导的单纯物质空间供给型城市更新一直延续到了改革开放后的很长一段时间，时长近40年。

20世纪60年代末，中英城市更新的政策导向开始分道扬镳。彼时英国仍处于建设全面福利国家的政策导向中，但是"二战"后的经济发展没有实现全民富裕，各城市普遍存在局部的犯罪率高企、教育和医疗水平落后的问题。英国政府开始实施内城政策，试图用物质空间的改造解决社会不公平等问题。但物质空间手段和政府主导的模式没有为社区带来可持续的经济发展动力，更新后的空间仍面临衰落，这为我国20世纪90年代后的棚户区改造提供了重要经验借鉴。但是我国房价的快速增长掩盖了这一点，衰落地区居民的生活改善，主要还是来自于更新前后房价引起的溢价。在当前我国稳定房价的背景下，城市更新的多元价值必须得到体现。英国政府试图平衡经济发展的尝试宣告失败，20世纪70年代中期开始，英国经历了严重的经济危机，GDP出现了两次负增长和低位徘徊，保守党政府实施了激进的经济刺激政策，试图通过为私人资本赋权和放松管制调动其积极性进而重启增长。表现在城

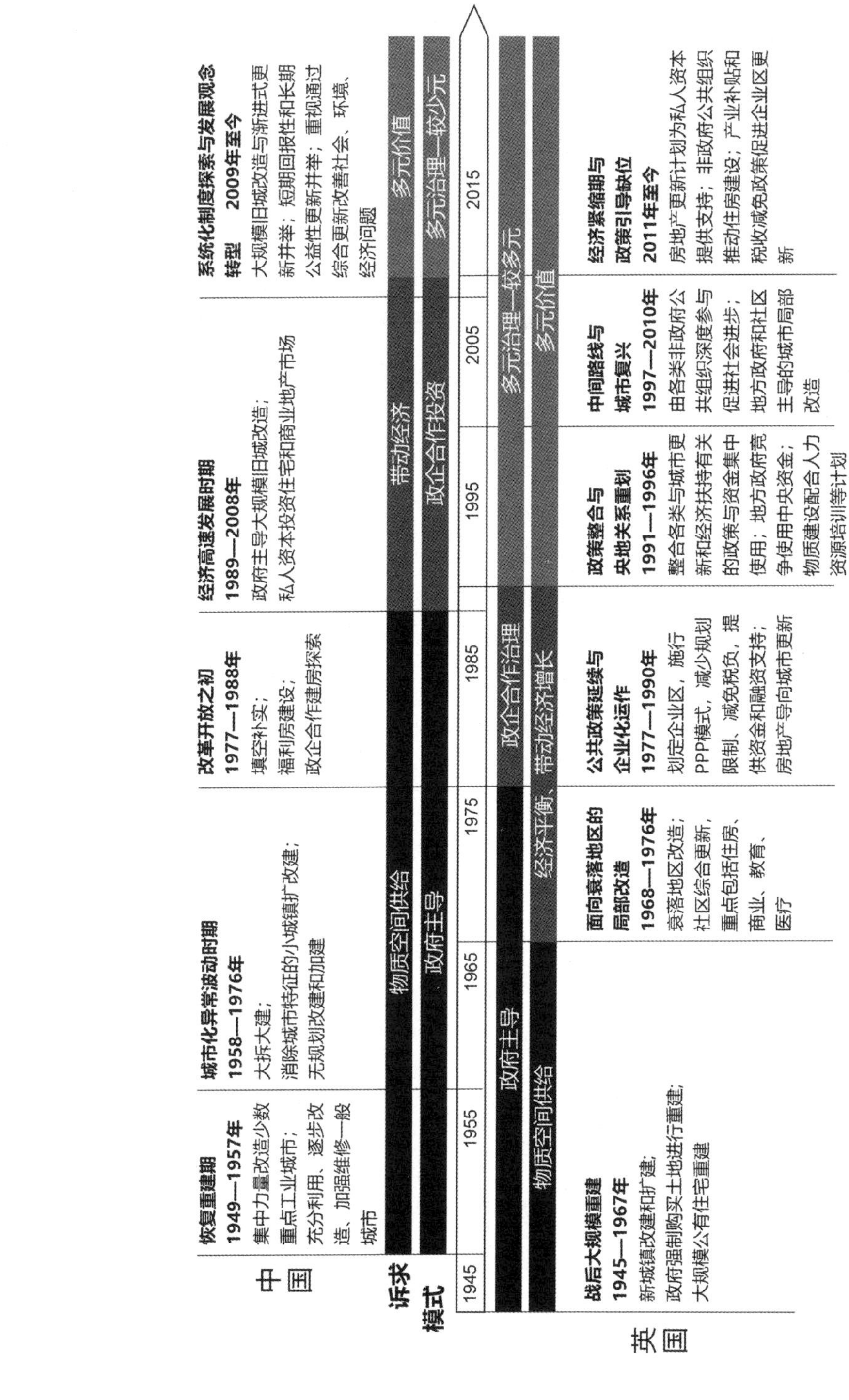

中国

诉求

- **恢复重建期 1949—1957年**：集中力量改造少数重点工业城市；充分利用、逐步改造，加强维修一般城市
- **城市化异常波动时期 1958—1976年**：大拆大建；消除城市特征的小城镇扩建；无规划改建和加建
- **改革开放之初 1977—1988年**：填空补实；福利房建设；政企合作建房探索
- **经济高速发展时期 1989—2008年**：政府主导大规模旧城改造；私人资本投资住宅和商业地产市场
- **系统化制度探索与发展观念转型 2009年至今**：大规模旧城改造与渐进式更新并举；短期回报性改造和长期公益性更新并举；重视通过综合更新改善社会、环境、经济问题

模式

- 物质空间供给
- 政府主导
- 带动经济
- 政企合作投资
- 多元价值
- 多元治理一较少元

时间轴：1945　1955　1965　1975　1985　1995　2005　2015

英国

- **战后大规模重建 1945—1967年**：新城镇改建和扩建；政府强制购买土地进行重建；大规模购买公有住宅重建
- **面向衰落地区的局部改造 1968—1976年**：衰落地区改造；社区综合更新；重点包括住房、商业、教育、医疗
- **公共政策延续与企业化运作 1977—1990年**：划定企业区，施行PPP模式，减少规划限制，减免税收，提供资金和融资支持；房地产导向城市更新
- **政策整合与央地关系重组 1991—1996年**：整合各类与城市更新和经济扶持有关的政策与资金集中使用；地方政府竞争使用中央资金，物质建设配合人力资源培训等计划
- **中间路线与城市复兴 1997—2010年**：由各类非政府公共组织深度参与，促进社会进步；地方政府和社区主导的城市局部改造
- **经济紧缩期与政策引导缺位 2011年至今**：房地产更新计划为私人资本提供支持；非政府公共组织推动住房建设，产业补贴和税收减免政策促进企业区更新

物质空间供给　政府主导　经济平衡　政企合作治理　带动经济增长　多元治理　较多元　多元价值

图4-5　中英城市更新政策的目标与实施模式对比

市更新领域便是企业区制度体系，更新的模式便是形成了充分和紧密的政企合作治理。不同于我国改革开放后引入私人资本的探索只是放宽了私人企业的市场准入，英国是基于新立法对企业广泛赋权。20世纪90年代以来，在地方政府的主导下，我国私人资本参与城市更新极大促进了城市用地功能结构的转变，进而推动了城市经济结构的转型。而在英国的企业区，企业联盟实际上已经承担起了很大一部分政府管理的职权。中国自改革开放后至今的模式只可以概括为"政企合作投资"，而英国则可以概括为"政企合作治理"，二者具有根本性的差别。另一个差异是中国在20世纪80年代末同样经历了经济下滑和房地产泡沫破裂，与英国政府放松管制的方式不同，我国中央政府收紧了经济和土地供应政策，体现出二者在治国理念上的差异。

英国在20世纪90年代初开始集中对政企合作治理的模式开展反思，认为对私人资本的过度放权推动了资产导向的城市再开发，但并没有解决社会不均衡问题，反而造成了绅士化。同时，资本的逐利性造成企业流向政策和制度更宽松的企业区，加剧了一般政府管理地区的衰落，从全国来看，总的投资规模没有实现预期的增长。在我国，同样经历了私人资本参与程度上的反复，例如1999年广州市政府在向私人资本开放城市更新市场一段时间后再度关闭大门，对私人开发商参与城市更新项目采取禁入措施，这种转变在于政府受益于20世纪90年代的经济快速发展，以及通过土地出让充实了自有财政资金，并且在与私企的合作中学习到了相关的开发和融资方式，具备了一定的独立主导更新的资本实力和操作能力。但是私人资本禁入后的一段时期，政府以非盈利或微盈利为原则开展工作，城市更新前后开发强度基本不变，资金来源于广州市、区两级财政以及改造范围内的业主出资。这种政府主导实施的做法实际效率低下，但为什么还会发生呢？究其原因，还在于权力的分配没有制度保障。

所以英国在20世纪90年代后，经历了两个阶段的权力重新分配。第一阶段是中央对城市更新相关政策的整合，收拢分散的专项资金进行统筹使用。同时重新划分央地关系，地方政府重新拥有了对本地城市更新政策和项目实施的主导权（过去企业区由中央政府划定和指派企业合作对象）。第二个阶段则是21世纪初，社会治理的兴起促使中央政府通过立法再度向半正式和非正式组织分权，这些组织充分参与了城市更新相关政策的制定，并负责专项资金的发放。多元主体的加入，尤其是对多元主体法定化赋权，使城市更新的价值取向越发广泛。在我国，自21世纪初之后，对于人居环境的重视以及土地利用的约束，使得综合性城市更新的价值取向越发得到认同。多元治理的理念也使得自下而上的公众参与更多地出现在城市更新中。但实际上在正式主体一端，尽管政策决定的价值取向相对稳定，但在非正式主体一侧，因为缺少明确制度的保障，其话语权的大小首先是没有长期保障的；其次，因为缺乏专业性的组织和机构，非正式的力量实际是分散化的。既没有明确的纲领，也没有稳定的实现途径。

当前，我国城市更新的诉求与模式实际上更加接近于英国20世纪90年代末的情况，来自社会的多元价值诉求开始凸显，国家层面的央地权责分配正在完善，政府与私人资本的结构相对稳定，对于社会其他力量的介入正在探索之中。对中英两国进行比较，可以发现尽管发展阶段的实践不同，但在各阶段的政策导向具有相似性，所以也就具有一定的借鉴意义。英国通过20世纪70年代后不断地完善治理体系、不断地调整政府与社会权力结构，已经走向相对稳定的状态。尽管当前英国经济面临挑战，政府财政收紧，但是多元价值诉求、多元力量参与的大方向没有改变。所以，从两国制度环境上看，"城市设计治理"提出的背景具有明显差异。在英国，社会治理的宏观架构较为成熟，各类非部门公共组织具有法律保障，其他领域的治理已有成熟经验，形成了"政府—私人资本—社会组织—基层民众"的稳定结构。对于建成环境设计质量这一新兴领域的治理，英国延续了其他领域的治理结构，又根据城市设计领域的特点进行了改良。而在我国，政府力量很强，私人资本力量较强，社会力量较弱且分散。尽管当前各界形成了对城市更新多元价值诉求的认同，但不同的权力结构决定了两国不同的城市设计治理体系建设模式，这也是本书力图探索的目标。在接下来的两章中，笔者将系统化归纳英国的城市设计治理实践，以及中国各地具有城市设计治理特征的实践。

注　释

[1] 翟斌庆，伍美琴. 城市更新理念与中国城市现实 [J]. 城市规划学刊，2009（3）：75-82.

[2] 李建波，张京祥. 中西方城市更新演化比较研究 [J]. 城市问题，2003（5）：68-71+49.

[3] 阳建强. 中国城市更新的现况、特征及趋向 [J]. 城市规划，2000（4）：53-55+63-64.

[4] 张平宇. 城市再生：21世纪中国城市化趋势 [J]. 地理科学进展，2004（4）：72-79.

[5] 姜杰，张晓峰，宋立焘，等. 城市更新与中国实践 [M]. 济南：山东大学出版社，2013.

[6] 李浩. 周干峙院士谈"三年不搞城市规划" [J]. 北京规划建设，2015（2）：166-171.

[7] 董鉴泓. 中国城市建设史 [M]. 北京：中国建筑工业出版社，2004.

[8] 同上。

[9] 国家固定资产投资统计中的一项，更新改造投资是在一定时期内，利用各种资金，对现有企、事业单位原有设备进行技术改造（包括固定资产更新）以及相应配套的辅助性生产、生活福利设施等工程和有关工作（不包括大修理和维护工程）的实际完成额。从构成看，分为生产性建设投资和非生产性建设投资（住宅），后者与城市更新高度相关。

[10] 董鉴泓. 中国城市建设史 [M]. 北京：中国建筑工业出版社，2004.

[11] 同上。

[12] 耿宏兵. 90 年代中国大城市旧城更新若干特征浅析 [J]. 城市规划，1999（7）：12-16+63.

[13] 安德鲁·塔隆. 英国城市更新 [M]. 杨帆，译. 上海：同济大学出版社，2017.

[14] TSENKOVA S. Urban regeneration : learning from the British experience [M]. Calgary : Faculty of environment design, University of Calgary, 2002.

[15] HALL S. The rise and fall of urban regeneration policy in England, 1965 to 2015 [M] //WEBER F, KÜHNE O. Fraktale Metropolen. Wiesbaden : Springer VS, 2016.

[16] SHAW K, ROBINSON F. Centenary paper : UK urban regeneration policies in the early twenty-first century continuity or change? [J]. The Town Planning Review, 2010, 81（2）: 123-149.

[17] COUCH C, SYKES O, BÖRSTINGHAUS W. Thirty years of urban regeneration in Britain, Germany and France : the importance of context and path dependency [J]. Progress in Planning, 2011（75）: 1-52.

[18] ADAMS D, DISBERRY A, HUTCHISON N, et al. Land policy and urban renaissance : the impact of ownership constraints in four British cities [J]. Planning Theory & Practice, 2002, 3（2）: 195-217.

[19] ODPM, DTLR. The urban white paper : our towns and cities-the future [S]. 2000.

[20] Urban Task Force. Towards an urban renaissance [S] .1999.

[21] UK Parliament. New town act 1946 [S/OL].（1946）[2020-03-05]. http://www. legislation.gov.uk/ukpga/1946/68/contents/enacted.

[22] UK Parliament. Town and country planning act [S/OL].（1947）[2020-03-05]. https://www.legislation. gov.uk/ukpga/1947/51/enacted.

[23] UK Parliament. Areas of special need : urban programme [EB/OL].（1968-07-22）[2020-03-05]. https://api.parliament.uk/historic-hansard/lords/1968/jul/22/areas-of-special-need-urban-programme.

[24] SARAH B, MICK C. Researching the local politics and practices of radical community development projects in 1970s Britain [J]. Community development journal, 2017, 52（2）: 226-246.

[25] UK Department of environment. White paper : policy for the inner cities [S]. London : H.M.S.O, 1977.

[26] UK Parliament. Inner urban areas act 1978 [S/OL].（1978）[2020-03-05]. http: //www.legislation.gov.uk/ukpga/1978/50/contents.

[27] 姜杰，张晓峰，宋立焘，等. 城市更新与中国实践 [M]. 山东：山东大学出版社，2013.

[28] SMITH O S. Action for cities : the thatcher government and inner city policy [M]. Cambridge, Eng : Cambridge University Press, 2019.

［29］UK Parliament. The Urban development corporations in England（planning functions）order 1998［S/OL］.（1998）［2020-03-05］. http://www.legislation.gov.uk/uksi/1998/84/contents/made.

［30］HALL P. Urban and regional planning［M］. 4th ed. London：Routledge，2002.

［31］RHODES J，TYLER P，BRENNAN A. The single regeneration budget：final evaluation［R/OL］.（2007）［2020-03-05］. https://www.landecon.cam.ac.uk/directory/professor-pete -tyler.

［32］English Partnerships. English Partnerships report on the financial statements 2008 to 2009［R/OL］.（2009-07-01）［2020-03-05］. https://www.gov.uk/government/ organisations/english-partnerships.

［33］安德鲁·塔隆. 英国城市更新［M］. 杨帆，译. 上海：同济大学出版社，2017.

［34］TSENKOVA S. Urban regeneration：learning from the British experience［M］. Calgary：Faculty of environment design，University of Calgary，2002.

［35］Centre for Cities. Towards a strong urban renaissance：launch of the urban task force report［EB/OL］.（2005-11-22）［2020-03-05］. https://web.archive.org/ web/20140222151510/http://www.ippr.org/events/54/6191/towards-a-strong-urban-renaissance-launch-of-the-urban-task-force-report.

［36］HOLDEN A，IVESON K. Designs on the urban：New Labour's urban renaissance and the spaces of citizenship[J]. City，2003，7（1）：57-72.

［37］UK Parliament. The Regional Development Agencies Act 1998（Commencement No.1）Order 1998［S/OL］.（1998）［2020-03-05］. http://www.legislation.gov. uk/uksi/1998/2952/contents/made.

［38］UK Parliament. Housing and Regeneration Act［S/OL］.（2008）［2020-03-05］. http://www.legislation. gov.uk/ukpga/2008/17/contents.

［39］House of Commons. Communities and local government committee-6th report regeneration［R］. London：House of Commons，2011.

［40］UK Government. Homes and Communities Agency was replaced by Homes England and Regulator of Social Housing［EB/OL］.［2020-03-05］. https://www.gov.uk/government/organisations/homes-and-communities-agency.

第5章

收缩时期英国城市更新与
城市设计治理实践

2008年后，伴随国际经济危机和英国前首相戈登·布朗（James Gordon Brown）领导的英国新工党的应对不力，2010年5月之后，英国前首相戴维·卡梅伦（David Cameron）领导保守党联合内阁重新执政，意味着英国政府的执政理念从自1997年开始的中间路线重新转向新自由主义，对英国的治理体系产生了深远影响。国家在促进城市更新及促进建成环境中设计质量的角色比工党执政期间有所淡化，政府统筹主导的地位明显下降；对各类辅助开展治理的非部门公共组织的支持力度有所减弱，大幅精简机构数量并缩减资金支持[1]。但总体而言，经过新工党时期对于建成环境质量的强调，以及国家力量不断进入并参与该领域的治理，城市设计治理已经在政府内部和全社会形成了一定的共识。尽管当前有所倒退，但治理的基本逻辑和模式没有改变，相较于1997年新工党执政前仍有大幅进步。英国学界将2010年至今的时期称为紧缩或收缩时期（age of austerity），其意义涵盖了经济发展的收缩、政府财政的收缩、政府权力边界的收缩等，较好地指明了本阶段英国政治和经济的特点，故本章对英国城市更新中城市设计治理体系的研究以当前阶段为对象。

5.1 国家层面城市更新与城市设计治理体系

在英国，中央政府使用四类城市政策作为治理手段引导城市更新与促进设计质量。第一类是综合性的城市政策，代表了英国政府一段时间内的政治主张，通常具有明确的目标、研究证据和一揽子跨部门实施的项目、计划和资金预算，如早期的内城政策和城市复兴政策等。第二类是由国家规划主管部门定期发布的《规划政策声明》（*Planning Policy Statement*，简称PPS），自2011年后被《国家规划政策框架》（*National Planning Policy Framework*，简称NPPF）所取代。这类文件明确了当前国家在规划、建设方面的主张，要求地方当局在相关事务中必须考虑到它们，与中央政策导向保持一致，并可在审查规划和开发申请时将其视为重要考虑因素。第三类是由中央政府各部门发布的政策文件，诸如住房、社区与地方政府部发布的各种《规划实践导引》（*Planning Practice Guidance*）、教育部发布的《学校设计与建设》（*School Design and Construction*）[2]。因为城市更新和设计质量在政府层面受到高度重视，所以各中央部门的政策主张普遍都有落实在物质空间环境的相关主张和表述，亦或是支持城市更新的配套行动。第四类是中央各部门非常具体的行动计划，直接面向具体的项目、规划和资金使用，例如上文提到的城市挑战计划等。

5.1.1 综合性城市政策

当前，英国政府推行的综合性城市政策为"房地产更新"，用以改善英国当前存在的住房短缺问题，该政策于2014年上升为国家层面的战略。2014年，英国住房、社区与地方政府部发布了《房地产更新国家策略：行政纲要》（*Estate Regeneration National Strategy: Executive Summary*），包括如表5-1所示的一系列子项政策声明、制度安排和实施导引。房地产更新策略的核心是通过将各种政策与再开发活动联系起来，为各地经济提供新的发展机会，在未来10～15年内提供数以万计的额外住房。通过提供高质量、设计良好的住房和经过改善的公共空间来切实提升社区和人民的生活水平。同时通过各种实践建议和政策引导，支持广泛地方合作伙伴关系的改善以及加快城市遗产的更新[3]。

表5-1　房地产更新政策体系

政策类型	政策文件名称	主要内容
政策声明	《房地产更新国家策略：行政纲要》（*Estate Regeneration National Strategy: Executive Summary*）	核心政策目标、主导机构、推进模式、分期安排、指定合作方
政策导引	《房地产更新：居民参与和保护》（*Estate Regeneration: Resident Engagement and Protection*）	指导业主、开发商和地方当局如何在整个房地产更新计划中与居民互动
政策导引	《房地产更新：地方当局的角色》（*Estate Regeneration: Role of Local Authorities*）	明确了无论是作为房地产的直接所有者、地方规划当局，还是作为召集人，地方当局在促进住房供应、委托服务、提供更广泛的基于地方的增长和更新，以及支持有凝聚力的社区方面都发挥着重要作用
政策导引	《房地产更新：财务与交付》（*Estate Regeneration: Finance and Delivery*）	为房地产更新计划融资和交付提供指导，建立强有力的伙伴关系并撬动私人投资
政策导引	《房地产更新：更好的社会效益》（*Estate Regeneration: Better Social Outcomes*）	引导政府与房地产公司合作，绘制公共支出模式图，目的是改善社会成果
政策导引	《房地产更新：合作伙伴参与》（*Estate Regeneration: Partner Engagement*）	明确与政府合作推进房地产更新国家战略的200多个组织
实践指南	《房地产更新：良好实践指南》（*Estate Regeneration: Good Practice Guide*）	阐述早期项目的考虑因素和成功更新的模型流程
实践指南	《房地产更新：可选择的方式》（*Estate Regeneration: Alternative Approaches*）	概述包括社区主导的住房在内的可选择的更新方法
实践指南	《房地产更新：案例研究》（*Estate Regeneration: Case Studies*）	突出房地产更新良好做法的案例研究

资料来源：总结自Ministry of Housing，Communities & Local Government. Estate regeneration national strategy ［S/OL］. （2016-12-08）［2020-05-05］. https://www.gov.uk/guidance/estate-regeneration-national-strategy#resident-engagement-and-protection.

虽然《房地产更新国家策略：行政纲要》的主要对象是以住宅和商业为主的公共房产或公共和私人共有房产，但是与20世纪80年代的资产导向城市更新不同的是该计划的综合性。综合的社会效益得到强调，广泛的合作关系得到加强，实现多元价值的手段得到扩展，其中设计质量成为衡量房地产更新是否成功的重要标准，形成了面向特定类型城市更新的，关于城市设计技术方法、管理方式和合作模式的一系列政策导引。

《房地产更新国家策略：行政纲要》包括11条主要声明，其中第一条（总则）便指出："房地产更新可以通过为居民提供设计良好的住房和公共空间、更好的生活质量和新的机会来改造社区。"在第九条（"国家策略的构成"）的B款（"地方当局的角色"）中，明确了"地方当局应达成更广泛的场所塑造、公共领域土地的战略性利用和高效的规划设计体系"。D款（"良好实践指南"）指出："设计方案应贯穿所有关键阶段，从最初的理念生成到建设以及最终交付；包括设计与质量的过程性清单以确保重要的事项和阶段不被忽略；提供分期实施的总体框架。"G款（"案例研究"）明确了"需说明和强调一系列计划中重要的积极因素，包括设计质量、社区参与，以及战略和创新融资"[4]。

在《房地产更新：地方当局的角色》中，中央政府首先明确了地方政府在城市更新中的职责，指出："中央政府继续表明，其致力于权力下放和赋予地方权力，以便让地方当局拥有影响其所在地区和决策的更多控制权[5]。作为地方的管理者，地方当局了解更广泛的背景、挑战和机遇。他们能够也应该确保房地产更新有助于满足当地的住房需求，让使用这些房地产的居民从更广泛的经济增长和公共服务改革中受益。他们还应该在确保居民和社区参与其所在地区的决策方面发挥关键作用。当房地产更新计划得到地方当局的支持时，它更有可能成功并充分发挥潜力。"其次，中央政府引导地方当局采取"场所塑造"的方式推进城市更新，指出："所有更新政策和计划都应该基于与社区和利益相关者的广泛接触中制定，以了解当地的需求以及建筑环境和公共服务目前对居民生活的影响。地方当局在考虑房地产更新计划如何有助于促进融合和创建更具凝聚力和韧性的社区方面，同样应当发挥关键作用。鉴于地方当局通过选区议员和官员，与社区和社区团体具有直接联系，所以它们完全有能力领导或支持高质量的社区参与。"

而"场所塑造"的主要途径便是对设计质量的保障，这也是地方当局的核心职责之一，文件指出："地方当局在确保城市更新提供设计良好的建筑和高质量空间方面负有首要责任。地方规划当局有责任通过制定规划程序，使用普遍认可的程序（工具），如设计审查、地方设计指南和可选的国家标准。每一处房地产都将是独一无二的，并有一系列的设计改进需求需要解决，包括综合再开发、强化使用、修缮或多种方法的组合。""社区参与应该有一种结构化的方法，这包括提供一系列设计选项来识别社区偏好。地方当局应确保在改造的所有设计方面征求居民的意见并让他们参与进来，包括城市形态的配置、建筑之间的空间、邻里特征和住宅外观，以及更广阔的建筑环境和公共空间。高质量的设计也有助于创造财务价值，支持这种转型可以为新住宅提供资金，并提供社区设施和新的共享空间。""运用良好的城市设计原则，可以将小区改造成连接良好、富有吸引力的社区，并与周围环境融为一体。通过提供更加多样和包容的社区，满足一系列当地住房需求，设计方法可以为所有相关人员创造价值，包括居住者、更广泛的社区和开发商。这些目标都可以通过有效的设计，例如提高建设密度和更有效的土地利用来实现。除此之外，外部环境应是高质量、可达、安全和健康的，重点是改善环境的舒适性，对象包括绿色空间等。为了确保可持续性，需要在设计和交付过程的所有阶段考虑管理安排，以确保场所未来的运行稳定。"

在明确了房地产更新中的设计原则后，该文件进一步明确了通过法定规划体系和已有制度实现良好设计的途径。首先，在发展规划文件（Development Plan Document，简称DPD），即相当于我国的总体规划中，应包括相应的长远安排。根据各地实际需要编制"地区行动计划（Area Action Plan，简称AAP）"，作为对DPD的补充，内容包括并不限于鼓励开发的规模、提供特定的商业设施、医疗设施、可负担的住房供应、基础设施和交通联系，以及如何确保社会关系改善等内容。该文件指出："地方当局对特定场地设定有关设计、密度、布局和开放空间期望的规划政策，可以转化为实际规划管理所需的各种参数。它们对后续提出开发申请的土地所有者具有很强的指导意义。然而，这些政策不应过于刚性，因为这可能会妨碍个别计划的可行性。"补充性规划文件（Supplementary Planning Documents，简称SPD）也可以作为对DPD的补充，在法律上这种规划文件更加灵活，无须通过上级政府和本地议会正式的规划审核。地方当局还可以考虑使用地方发展令（Local Development Order，简称LDO）来决定是否在特定地点放开规划管制，对特定区域内特定类型的开发活动授予规划许可。在基层社区，邻里计划（Neighbourhood Plan）或邻里发展令（Neighbourhood Development Order，简称NDO）是支持房地产更新计划的有力工具。邻里计划和邻里发展计划是由社区而不是地方当局发起的，社区具有主导权，使他们能够提出自身对某一特定地区的诉求。一旦达成一致意见（通过地方公民投票），地方当局在做出地方规划决定时必须充分考虑这些意见。地方当局还应考虑在总体规划编制阶段，鼓励、协助社区进行邻里规划的编制，以缩短自上而下不同层级规划传导及编制的周期。

　　如表5-2所示，在《房地产更新：良好实践指南》提出的20个步骤的总体行动清单中，多个步骤中涉及对设计活动的保障和治理。《房地产更新：良好实践指南》为达成不同的核心目标，为关键主体们推荐了不同的辅助治理工具，这些工具由房地产更新国家策略的非正式合作机构们提供[6]。在"设计与质量"一章中又提出了6类设计导引，包括：（1）街道和活动。采用良好的城市设计原则可以确保这些地方在社会、经济和环境上是可持续的，并与周围环境很好地融合在一起。（2）安全的环境。创造安全可靠的环境是房地产更新项目的优先事项。（3）绿色基础设施。高质量的硬质景观和软质景观，包括提供绿色或蓝色基础设施，有助于营造健康的社会环境。（4）地方特色。如果房地产的出现导致了其糟糕的城市形象，那么就需要改变策略来创造出在当前和将来都有吸引力和受居民欢迎的地方。（5）内部环境。纳入规划政策和指南的国家技术标准规定了一系列空间和无障碍选择，有助于房地产更好地满足当地居民和社区的需求。（6）可持续性。房地产更新项目提供了实现地方和国家资源环境目标的机会，例如通过减少碳排放和减少能源使用带来的贫困。

表5-2　《房地产更新：良好实践指南》中的城市设计治理导引

核心目标	与设计相关内容	关键主体	相关政策或导引
确保居民参与	选择最合适的咨询约定或"共同设计（co-design）"的方法，以便社区的所有部分都有效地参与设计过程； 居民使用"共同设计"方式形成设计准则（codes），准则通过参数约束开发行为； 使用"共同设计"、座谈和视觉偏好调查，以便确定社区特点偏好	社区、居民、承租人、出租人、商业租户、土地所有者、咨询方、规划师	BIMBY（Beauty in my back yard）住房工具箱设计参与工具； LEED（Leadership in Energy and Environmental Design）邻里规划共同设计技术集； 社区引导（community-led）设计与发展——设计理事会CABE
界定简要愿景	制定设计和表现标准	土地所有者、居民、核心团队	创造成功的总体规划；"给客户的引导"——设计理事会CABE

续表

核心目标	与设计相关内容	关键主体	相关政策或导引
集合专业团队	提升项目团队在财务、设计、社区参与方面的能力； 在项目的整个生命周期中持续进行设计领导和监督的策略	客户咨询：规划师、房产、财务咨询师 交付团队：开发管理、技术支持、融资方、法定顾问、CDM咨询公司	专业机构； 设计咨询机构； 专业顾问核定名单
房产评估	对可能限制或提供设计机会的现有基础设施进行调查； 对场地历史进行研究，以确定是否有任何特征会影响设计； 使用由设计准则（design code）和参数规划（parameter plan）支持的总体规划来促进多种形式的开发，包括定制构建和自建	社区、土地所有者、地方当局、多方机构、规划师、技术团队	场所确定（Place check）——城市设计技能（Urban design skills）组织； 场所联盟组织（Place Alliance）； 城市设计小组（Urban design group）
制定规划	通过编制当地住宅设计指南、制定其他批准的规划政策文件和设计审查流程，以提高设计质量； 在确定合作伙伴之前、期间和之后，让居民参与起草总体规划和城市设计准则； 通过包容性设计解决残疾人和老龄人口的具体需求	规划师、技术团队、居民、私营部门伙伴、规划顾问、政客和官员、雇主代理、CDM咨询公司、非居民、技术团队	创造成功的总体规划：给客户的引导——设计理事会CABE； 生命建筑12——设计师理事会CABE； 地方当局补充规划指南和地方设计指南； 创造场所和价值——皇家特许测量师学会（Royal Institution of Chartered Surveyors，简称RICS）； 设计评价：原则和实践——设计理事会CABE
后续管理	考察建筑形式、配置、使用权组合、设施、出入安排、管理维护者和其他设计事项的影响； 使用低维护性耐用材料，确保易于清洁，并使用其他设计方法，最大限度地减少未来的管理和维护	开发商、地方当局、物业管理者、居民	"为了出租建设：最佳实践指引"——城市土地研究所（ULI）

资料来源：整理自Ministry of Housing，Communities & Local Government．Estate regeneration：good practice guide［S/OL］．（2016-12-08）［2020-03-05］．https://www.gov.uk/government/publications/estate-regeneration-good-practice-guide．

　　此外，在《房地产更新：居民参与和保护》中，开篇的"透明度、房地产居民的选择与机会"一章明确了"业主、开发商和地方当局在项目全过程中应保障居民权利，居民（业主或租户）是任何更新计划的关键伙伴，尤其是在他们个人福祉受到影响时[7]。他们应该有机会参与整个过程，包括制定愿景、初步决策、方案评估、设计、采购和交付"。《房地产更新：更好的社会效益》指出了设计质量对公共健康、教育水平和犯罪率的影响[8]。《房地产更新：合作伙伴参与》显示，截至2016年，中央政府就房地产更新计划与超过200个机构组织形成了合作关系，包括70个地方当局、60个住房协会、30个慈善或社区组织、30个私人开发商、咨询机构和投资者[9]。核心目标之一便是与专家和从业人员组成工作组，讨论居民参与问题，以及权利保护和设计质量方面的良好做法。这些组织机构因为综合性政策的引导普遍认同城市更新中设计的重要性，其中表5-3中机构的主要职责便是推动城市设计在房地产更新中发挥作用，其全部或部分主张与议题和"城市设计引领城市更新"高度相关。

表5-3　推动设计作用于房地产更新的主要政府合作机构

机构名称	主体性质	机构职能
基础工作（Groundwork）	慈善组织	致力于改变英国最弱势社区生活的全国性慈善机构联合会
王子基金（The Prince's Foundation）	慈善组织	王子基金会支持人们创建社区，通过倡导一种可持续的方式来生活并建造我们的家园，教授他们传统艺术和技能，修复历史遗迹，塑造让每个人都能得到享受的地方
回到地图（Back on the map）	慈善组织	改善住房条件，提高当地人民的生活质量
城市工程工作室（Urban Engineering Studio）	咨询公司	城市工程工作室是一家从事城市设计和总体规划项目的工程咨询公司
景观机构（Landscape Institute）	会员制组织	一个促进景观实践艺术和科学的教育慈善机构，为包括景观科学家、景观规划师、景观设计师、景观经理和城市设计师在内的所有景观从业者提供一个专业的家
地方性（Locality）	会员制组织	支持本地社区组织，向会员提供专业的建议、培训，并发布共同行动纲领
皇家建筑师协会（RIBA）	会员制组织	为协会成员和社会服务，以提供更好的建筑和场所、更强大的社区和可持续的环境，秉持包容、道德、环保和协作的价值观

续表

机构名称	主体性质	机构职能
皇家城市规划师协会（Royal Town Planning Institute，简称RTPI）	会员制组织	议题涉及广泛的问题，有助于提高该行业的地位，并让人们认识到规划者对于建设可持续社区和推动经济发展的宝贵贡献
住房论坛（The Housing Forum）	会员制组织	住房论坛是一个由组织和企业组成的成员网络，它们共同发展和改善国家的存量住房，住房论坛为相关企业提供了塑造未来的机会
英国绿色建筑理事会（UK Green Building Council）	会员制组织	使命是通过改变建成环境的规划、设计、建造、维护和运营方式，从根本上提高建成环境的可持续性
伦敦城市设计（Urban Design London）	会员制组织	旨在支持伦敦的建筑环境专业人士创造设计良好的空间和场所的非营利性组织，为会员提供了丰富的培训活动、设计审查服务和资源
设计理事会CABE（Design Council CABE）	研究和咨询机构	设计理事会CABE的目的是通过设计让生活更美好，为从基层到政府各个层面工作、提供项目、进行世界级的研究并影响政策，项目涵盖建筑环境、公共部门设计和社会创新以及商业创新
为住房而设计（Design for Homes）	研究和咨询机构	"为住房而设计"是一家成立于2000年的社会性机构，该公司没有任何股东，但将任何年度盈余投资于有助于改善设计的项目
场所联盟（Place Alliance）	研究和咨询机构	场所联盟成立于2014年，它旨在鼓励协作、沟通和集体领导，以提高场所质量。它越来越多地发挥宣传作用，并通过直接参与和向关键的政府、专业人士和社区受众传播有针对性的研究和思想来做到这一点
城市设计联盟（Urban Design Alliance）	研究和咨询机构	城市设计联盟是一个由专业人士和活动组织组成的网络，成立于1997年，旨在宣传优秀城市设计的价值，联盟成员超过50万人

资料来源：Ministry of Housing，Communities & Local Government. Estate regeneration：partner engagement［S/OL］.（2016-12-08）［2020-03-05］. https://www.gov.uk/government/publications/estate-regeneration-partner-engagement.

5.1.2 国家规划政策框架

国家层面的住房、社区和地方政府部（Ministry of Housing, Communities and Local Government）不定期更新《规划政策声明》《国家规划政策框架》，对全国范围内的城乡规划和城市设计活动作出指导，在英国的城乡规划体系中具有重要地位。《国家规划政策框架》和国务大臣发布的各类指引，可以看作是对相关法律在当前社会经济背景下的再解释，帮助地方政府明确如何在法律框架下开展城市设计的相关行政工作。如果将法律法规作为开发控制程序的基本支撑，那么国家层面的政策框架和各种指引所提供的则是程序执行的依据。相较于法律法规，政策及导引具有更强的灵活性，也更加及时。

2011年后，《规划政策声明》被《国家规划政策框架》替代，出台了2012年版和2019年版两版正式《国家规划政策框架》，都对城市设计提出了政策引导，主要章节为2012年版中的"良好设计的需要"、2019年版中"实现设计良好的场所"的内容。两版《国家规划政策框架》总的政策目标是实现可持续发展，如表5-4所示，为了实现该目标，中央政府提出了多门类的政策体系。

表5-4　2012年版和2019年版《国家规划政策框架》主要内容比较

2012 年版《国家规划政策框架》主要内容	2019 年版《国家规划政策框架》主要内容
1. 建设强大、有竞争力的经济； 2. 确保城镇中心的活力； 3. 支持繁荣的农村经济； 4. 促进可持续交通； 5. 支持高质量的通信基础设施； 6. 提供多种选择的高品质住宅； 7. 良好设计的需要； 8. 促进健康社区； 9. 保护绿化带土地； 10. 应对气候变化、洪水和海岸变化的挑战； 11. 保护和改善自然环境； 12. 保护和改善历史环境； 13. 促进矿物的可持续利用	1. 提供足够的住房供应； 2. 建设强大、有竞争力的经济； 3. 确保城镇中心的活力； 4. 促进健康和安全的社区； 5. 促进可持续交通； 6. 支持高质量的通信； 7. 有效利用土地； 8. 实现设计良好的场所； 9. 保护绿化带土地； 10. 应对气候变化、洪水和海岸变化的挑战； 11. 保护和改善自然环境； 12. 保护和改善历史环境； 13. 促进矿物的可持续利用

资料来源：Ministry of Housing，Communities & Local Government. National planning policy framework[S]. 2012. Ministry of Housing，Communities & Local Government. National planning policy framework [S]. 2019.

在2012年版《国家规划政策框架》中，除原则性的引导外，对地方规划程序的建议也对城市更新活动产生了一定影响，但总体来看没有强调城市更新中城市设计的重要性，也没有强制要求地方政府在城市更新活动中加入设计控制的内容。其中第59条规定："地方规划当局应考虑使用设计准则，以帮助交付高质量的成果。然而，设计政策应避免不必要的规定或细节，并应专注于指导新开发项目相对于邻近建筑和更广泛的局部区域的整体规模、密度、体量、高度、景观、布局、材料和通道。"第64条规定："对于未能利用现有机会来改善一个区域的特性和质量及其功能的不良设计，应拒绝给予开发许可。"第65条规定："地方规划当局不应因担心与现有城市景观不相容而拒绝对促进高度可持续性的建筑物或基础设施的规划许可，前提是这些担心已通过良好的设计得到缓解（除非该担心与指定遗产资产相关，且其影响会对该资产或其环境造成物质损害，其影响不能小于该方案产生的经济、社会和环境效益）。"[10]

与旧版相比，2019年版《国家规划政策框架》更加突出了城市设计治理的理念，提出了更多的设计程序建议，对于如何提升包括城市更新在内的所有类型开发活动中的设计质量进行了政策引导[11]。第125条提出："规划应该在最合适的层面上，设定清晰的设计愿景和期望，以便申请人尽可能确定哪些设计标准是可以被接受的。设计政策应与当地社区一起制定，以反映当地的愿望，并基于对地区特征的理解和评估。邻里计划可以在确定每个地区的特殊性质和解释设计方案应如何在开发中反映这一点方面发挥重要作用。"第126条规定："为了在开发活动早期阶段最大限度地明确设计预期，规划文件或补充规划文件应使用可视化工具，如设计导引和准则，同时这些手段应保持适当的弹性。"第128条指出："对设计质量的关注应贯穿于单个方案的演变和评估过程中。申请人、地方规划当局和地方社区之间关于新方案设计和风格的早期讨论对于澄清期望以及协调地方和商业利益非常重要。申请人应与那些受其建议影响的人密切合作，开发计划应通过设计回应社区关切。能够展示，早期、主动和有效参与社区的开发申请应该比那些没有做到该要求的申请受到更好的对待。"第129条指出："地方规划当局应确保他们能够获得并适当利用评估和改进发展设计的工具和程序。其中包括让当地社区参与进来的研讨会、设计建议和审查安排，以及评估框架，如'生命建筑47'。如果在方案的发展过程中尽早使用这些技术，可以使益处实现最大化，对于大型住房和混合用途开发等重大项目尤其重要。在评估申请时，地方规划当局应考虑这些过程的结果，包括设计审查小组提出的任何建议。"

从效用上看，国家政策导引发挥了解释法律和延伸法律的作用，补充深化了管控程序建议，并可适时调整程序决策依据。在行政程序上，《国家规划政策框架》和各类导引会建议地方政府在现有程序中引入更多的辅助工具，作为对法定程序的补充。在决策依据上，地方可根据国家宏观政策导向，对设计质量的判断标准、设计应达成的社会经济目标等做出决定。从上述表述看，英国中央政府很明确地鼓励地方政府在一切开发活动中采取城市设计治理的方式。从过去由开发许可申请者和地方规划当局组成的二元管理模式走向相关利益人的共同协商。此外，治理的手段也更加多元，一些城市设计治理工具完全来自半正式和非正式组织提供的辅助管理工具，而非基于正式制度的行政工具。

5.1.3 其他全国性制度文件

作为对《国家规划政策框架》的回应，当前英国住房、社区和地方政府部（原为社区和地方政府部）还会出台多项全国性制度文件，对其具体做法进行补充和更加详细地说明。其他全国性制度文件主要分为两类，即导引（Guide）和标准（或称准则，Code），二者的主要区别在于刚性与弹性，不同的是二者都是综合性的，既有纯技术层面的内容，也有行政程序、审核标准、参与对象方面的制度性内容。2014年，为了回应2012年版《国家规划政策框架》，《设计：程序和工具》（*Design: Process and Tools*）作为"规划实践导引"一系列文件的一部分首先出台，并在2019年10月进行了更新。2019年，《国家设计导引》（*National Design Guide*）出台。2020年，根据《国家设计导引》制定的刚性技术规范——《国家设计范式准则》（*National Model Design Code*）[12]出台。《设计：程序和工具》《国家设计导引》《国家设计范式准则》三者未来将共同构成当前英国《国家规划政策框架》下的技术与制度体系，根据《国家规划政策框架》所明确的政策导向对城市设计的管理与技术做出了进一步的引导与规范。

5.1.3.1 规划实践导引

《设计：程序和工具》共分为四个主要部分，分别是"为了更好设计场所的规划（Planning for well-designed places）""关于设计的决策（Making decisions about design）""评估和提升设计质量的工具（Tools for assessing and improving design quality）""设计中更有效的社区参与（Effective community engagement on design）"[13]。

"为了更好设计场所的规划"首先回答了如何通过现有规划体系达成良好设计的场所这一问题，它鼓励地方政府在从政策和规划制定到规划申请的确定和批准后阶段的全流程中，都可以采取积极主动和协作的方法。接着指出各级规划在规划的愿景、目标和总体战略政策、地方或邻里规划中的非战略性政策、补充规划文件（如当地设计指南、总体设计方案或设计规范）这几个层级中，都应提供关于具体设计事项的更多细节。对于规划的愿景、目标和总体战略政策，政策指出其可用于阐明规划旨在实现的场所类型，如何促进该地区的可持续发展，以及如何转化为对发展和投资（设计对开发和投资的新引力）的期望。当规划包含战略性政策时，它们可以用来在一种广泛的层面上阐述这些设计期望，例如，关于城镇中心、需要进行更新的地区或面临更多变化的郊区的未来特征和作用。战略政策也可用于为战略性空间节点设定关键性的设计要求，并解释这些节点未来的总体设计方案和设计工作预期如何得到落实。而规划中的非战略性政策可用于为一个区域建立更加本地化或详细的设计原则，它们可以由地方规划当局或邻里规划小组编制（英国规划权力下放后的结果），内容包括历史、景观和城市景观特征等。非战略性政策对于明确指出地区允许的开发类型非常重要，尤其是在提供更详细的本地设计导引、总体设计方案或设计规范时，列出其他城市设计治理工具在适当情况下的预期使用方式，例如设计审查。地区行动计划（Area Action Plans）是地方规划的一种特殊形式，规划当局可以利用其为可能发生重大变化的地区提供政策框架，如城镇中心、城市更新地区和主要就业区。它们可能以总体规划的形式出现，包含明确的设计愿景和原则。

　　"关于设计的决策"首先对各地规划许可中的预申请程序进行了指导，指出预申请程序是规划许可申请前为潜在申请人和当地规划机构提供的一个深入探讨机会，可以讨论双方（甚至是地方政府、开发者、相关利益人三方）的项目预期以及如何回应设计政策和导引。中央政府认为，地方政府应在开发项目开展的早期就介入项目的设计过程，以提高开发项目的设计质量，这样的做法比在后期尝试更改设计更为有效。而在提供预申请建议时，当地规划部门可委派其自身具有适当技能和经验的员工，或者聘用外部顾问和设计审查小组承担这一工作。之后，地方政府正式的规划许可程序包含两步，即大纲性（outline）的和指标性（parameter）的申请，当局对二者分别应满足何种条件应进行明确。地方规划当局应制定"设计和使用声明（Design and Access Statements，简称DAS）"，为开发申请提供导引。大纲性和指标性的标准并非严格划分，地方当局也可以在大纲性申请程序中设定刚性条件，但总体上来看，大纲性申请原则指导的作用大于刚性控制。同时，该章节还指出地方当局应对规划委员会成员进行培训和支持，使他们能够理解相关设计政策和导引寻求实现的目标，使他们能够有效地评估规划许可申请并支持良好的设计成果。最后，这章还回答了如下问题：即地方规划当局应如何确保开发许可后，其设计质量在实施中不会大幅下降。中央政府指出，在授予规划许可后，地方规划部门可以考虑不同的策略来保证重要方案的原始设计的意图和质量不会"缩水",例如鼓励当局持续聘用审查开发申请团队中的关键设计顾问,并在适当的时间间隔使用设计审查,并现场检查项目实施是否符合当初许可时的设计条件。

"评估和提升设计质量的工具"鼓励地方政府使用不限于国家设计导引、当地设计导引和规范、设计审查、评估框架的制度工具开展工作。其中设计审查应由多学科专业人员和专家组成的小组对开发建议进行独立评估,但是其审查意见并不能取代法定顾问和咨询机构的建议,也不能取代地方当局的管理或社区参与产生的意见。

"设计中更有效的社区参与"指出,地方政府应通过发表声明的方式鼓励社区层面参与城市设计治理实践,同时设置好社区的权力范围,使其明确自身可以在什么范围内来影响正在开发项目的设计策略和方案。鼓励地方规划当局和申请人积极参与社区活动,在设计时考虑他们的意见,以提升治理的包容性、多样性。考虑最大限度地增加当地社区的参与机会,例如与社区内已建立的组织或团体合作,并在合适的时间和地点共同举办活动。地方当局应在规划编制和规划许可申请程序中使用设计工作坊、社区小组和论坛、展览和数字化方式等工具促进更好的参与。与当地社区成员的设计研讨会可以采取多种形式,地方规划当局应利用设计研讨会了解地方社区对地方规划中设计政策的看法,以及地方当局和申请人对总体规划和具体开发场地设计要素的诉求。在与利益相关方团体合作时,可以任命独立的"促进者"(非正式或半正式机构),为政府部门提供促进设计质量方面的相关培训,并通过这种组织关系帮助多方在整个设计过程中建立共识。现场访问和步行审核可用于帮助当局"绘制"当地空间问题和愿景的地图。设计研讨会应在规划过程的早期得到最有效的利用,为形成愿景或编制总体规划提供必要信息,可用于在社区成员、其他利益相关者(包括议会、议会成员和外部顾问)以及建筑环境专业人员(包括地方当局官员)组成的跨学科团队之间形成对场地机会和限制的共同理解,从而制定备选方案。社区小组或论坛也可由地方规划当局或第三方组织设立,通过辅助其制定面向本地的审查计划、政策或上诉申请来体现地方社区的意见,成员可以由居民、地方议员以及社区和公共服务机构共同组成。

5.1.3.2 国家设计导引

该文件开篇便指出了自身与《国家规划政策框架》的关系,写道:"《国家规划政策框架》明确指出,创建高质量的建筑和场所对于规划和发展进程应该实现的目标至关重要。本设计指南（国家设计导引）说明了如何在实践中实现设计良好的美丽、持久和成功的场所。它是政府规划实践指南的一部分，应与《设计：程序和工具》这一单独规划实践指南一起使用。"该导引的受众包括正在制定地方规划政策和导引的地方当局规划官员、参与规划决策的地方议员、准备提交规划许可申请的申请人及其设计团队，以及参与社区规划和设计的居民及其代表[14]。而《国家设计导引》与各地方性设计导引之间的关系应是：《国家设计导引》提供了一个可用于本地设计导引内容的框架，并解决了设计规范中的重要问题，这些规范适用于单个或多个场所的大规模开发。导引中明确的十个特质（图5-1和表5-5）反映了政府的优先考虑事项，并提供了一个共同的总体框架。然后，可以在当地制定更具体的导引和准则，以满足当地社区的优先事项。

图5-1　良好设计场所的十个特质

作者根据以下资料翻译改绘：Ministry of Housing，Communities & Local Government. National design guide［S/OL］.（2019-10-01）［2020-03-05］. https://www.gov.uk/government/publications/national-design-guide.

表5-5　良好设计场所的十个特质

良好设计场所的特质	导引中对特质的解释
背景（Context）	背景是开发的区位条件及其直接、局部和区域环境的属性
识别性（Identity）	一个地方的场所精神或特征来自建筑、街道和空间、景观和基础设施的结合方式以及人们对它们的体验。这不仅仅是关于建筑或一个地方的外观，而是它如何与所有的感官相结合。地方特色使地方与众不同。设计良好、可持续的场所具有强烈的特征，给使用者、租赁者和业主一种自豪感，有助于创建和维持社区和街区
建成形式（Built form）	建成形式是开发地块、街道、建筑和开放空间的二维模式或排列方式。正是所有这些因素之间的相互关系创造了一个有吸引力的居住、工作和旅游场所，而不是它们各自的特点。它们共同创造了建筑环境，并有助于塑造其个性和地方感
出行（Movement）	人们的出行模式是设计良好的地方不可或缺的一部分。需要考虑的要素包括步行和慢行环境、服务设施、商业设施、停车和公共交通设施等。它们有助于为人们提供高质量的娱乐场所。它们也是城市性格的重要组成部分。衡量它们成功的标准是它们如何为这个地方的质量和特色做出贡献，而不仅仅是它运作得有多好
自然（Nature）	自然有助于提升一个地方的质量以及人们的生活质量，它是设计良好的地方的重要组成部分。自然特征被整合到精心设计的开发中。它们包括自然景观和设计景观、高质量的公共开放空间、街道树木和其他树木、草、植物和水体
公共空间（Public spaces）	建筑之间的空间质量和建筑本身一样重要。公共空间是街道、广场和其他向所有人开放的空间。它们是大多数运动的环境。公共空间的设计包括其选址、融入更广泛的路线网络及其他各种元素。其中包括分配给不同类型使用者（乘坐小汽车的人、骑自行车的人和行人）的区域，用于不同的目的，如运动或停车、硬表面和软表面、街道家具、照明、标志和公共艺术
功能（Uses）	可持续发展的场所包括支持日常活动的多种用途，包括生活、工作和娱乐
住房和建筑（Homes & buildings）	设计良好的住房和建筑是实用的、无障碍的和可持续的。它们提供内部环境和相关的外部空间，支持用户和所有体验用户的健康和福祉
资源（Resources）	精心设计的场所和建筑有助于集约利用自然资源，包括土地、水、能源和其他资源。设计可以应对气候变化带来的挑战，减少温室气体排放和最大限度地减少能源消耗，同时还可以应对全球气温上升和洪水风险的增加
使用寿命（Lifespan）	设计良好的地方可以长期保持美丽。它们提高了用户的生活质量，因此，人们更有可能在他们的一生中关心这一点。设计应强调建设质量和维护的便捷性

资料来源：Ministry of Housing，Communities & Local Government. National design guide［S/OL］．（2019-10-01）［2020-03-05］．https://www.gov.uk/government/publications/national-design-guide.

对于每个特质的导引都包含四个部分：第一部分是对特质的解读，包括定义、目标、对地方发展的益处；第二部分是如何在设计中达成这些特质的方法以及地方政府需要关注的方面；第三部分是良好实践的案例；第四部分称为"进一步考虑清单"，是为使用者提供在设计中达成更高水准而非上述基本要求而列出的可能需要考虑的方面。通览全文，导引中多处回应了当前英国的《房地产更新国家策略》，在"（混合）利用"一章中，指出"房地产更新应包括新的混合出租住房、社区中心和多功能游憩区，以促进社会层面和人本层面的健康"，并以伦敦霍尔波恩（Holborn）的项目为例。在"使用寿命"一章中，指出在社区主导的房地产计划（community-led estate regeneration scheme）中可以利用屋顶为所有居民提供公共交往空间，并以伦敦南华克（Southwark）的项目为例加以说明。

5.1.3.3 国家设计范式准则

《国家设计范式准则》（*National Model Design Code*）的目标是为地方政府出台设计准则或导引提供详细的指导，而非编制一部全国层面"一刀切"的设计准则。它更加详细地解析了《国家设计导引》中规定的良好设计的十个特征如何体现在地方性设计准则和导引中，反映了中央政府在城市建设中的优先事项，并为各类设计准则的编制提供了一般性的操作流程，以及必要的内容界定。

《国家设计范式准则》明确了设计准则的一般过程，如图5-2所示，基于3个阶段，从分析阶段到愿景阶段，再到准则阶段，包含7个步骤。其中第一步分析阶段是决定设计准则所适用的地域范围，并对特定地域的基础条件进行分析，明确其属于城市中心地区还是城市外围郊区，抑或是属于待开发地区还是城市更新地区。在分析的基础上，愿景制定阶段首先明确准则所覆盖地域内不同片区的设计愿景。这种愿景一般不直接说明对物质空间开发建设的要求，而是目标性的、原则性的。之后，编制流程进入准则规划步骤，此时应基于地方规划（local plan），对区域内的大型开发场地进行标注。接下来的总体规划步骤则要求地方当局和准则制定者，与地区内的开发商和土地所有者进行合作，对基础性的规划指标、投资强度进行明确。在确定上述内容后，才真正进入准则制定阶段，准则又分为不同类型地区指引和面向全域的一般性指引。

《国家设计范式准则》除了对设计准则的一般编制流程做出规范外，如图5-3所示，其核心内容主要对设计准则在城市、场地和建筑组群三种尺度上需要明确的

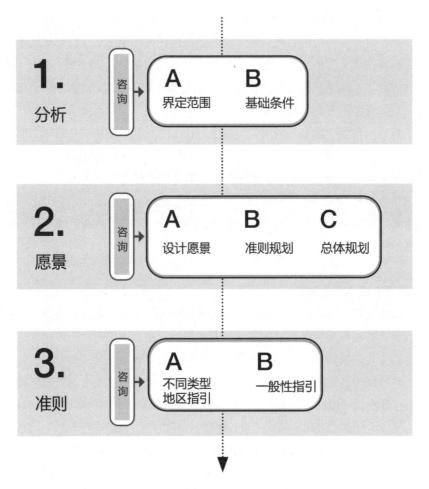

图5-2 《国家设计范式准则》提出的设计准则编制步骤

资料来源：Ministry of Housing，Communities & Local Government. National design guide［S/OL］.（2019-10-01）［2020-03-05］. https://www.gov.uk/government/publications/national-design-guide.

不同具体内容进行界定，包括环境、交通、自然、建筑形式、特征、公共空间、用地、住房与建筑、能源、生命周期在内，10个篇章的60余项规范对象。其中住房政策、能源利用和全生命周期管理的相关内容并不是一般设计准则的必要组成部分，可能是以设计政策等其他城市设计治理工具的形式发挥作用。《国家设计范式准则》全文对全部规范对象进行了释义与图解。

地域环境 / 出行 / 自然

设计范式是否适用于……		城市尺度	场地尺度	组群尺度
地域环境				
C.1.i	特征类型	✳	✳	✳
C.1.ii	周边环境	✳	✳	✳
C.1.iii	用地评估	✳	✳	✳
C.2.i	历史评估	✳	✳	✳
C.2.ii	遗产资产	✳	✳	✳
出行				
M.1.i	街道网络	✳	✳	✳
M.1.ii	公共交通	✳	✳	✳
M.1.iii	街道等级	✳	✳	✳
M.2.i	慢行系统	✳	✳	✳
M.2.ii	交叉口人行道	✳	✳	✳
M.2.iii	共用路段	✳	✳	✳
M.3.i	静态交通	✳	✳	✳
M.3.ii	自行车停放处	✳	✳	✳
M.3.iii	公共服务设施	✳	✳	✳
自然				
N.1.i	空间网络	✳	✳	✳
N.1.ii	供应系统	✳	✳	✳
N.1.iii	设计	✳	✳	✳
N.2.i	水环境	✳	✳	✳
N.2.ii	可持续排水	✳	✳	✳
N.2.iii	洪水风险	✳	✳	✳
N.3.i	水利系统	✳	✳	✳
N.3.ii	生物多样性	✳	✳	✳
N.3.iii	行道树	✳	✳	✳

建成形式 / 特征 / 公共空间 / 用地

设计范式是否适用于……		城市尺度	场地尺度	组群尺度
建成形式				
B.1.i	容积率	✳	✳	✳
B.1.ii	边界墙	✳	✳	✳
B.1.iii	类型与形式	✳	✳	✳
B.2.i	街区	✳	✳	✳
B.2.ii	建筑控制线	✳	✳	✳
B.2.iii	建筑高度	✳	✳	✳
特征				
I.1.i	本地特征	✳	✳	✳
I.1.ii	辨识度	✳	✳	✳
I.1.iii	总体规划	✳	✳	✳
I.2.i	建筑设计	✳	✳	✳
公共空间				
P.1.i	主干路	✳	✳	✳
P.1.ii	本地路/次干路	✳	✳	✳
P.1.iii	支路	✳	✳	✳
P.2.i	交往空间	✳	✳	✳
P.2.ii	多功能空间	✳	✳	✳
P.2.iii	家庭地带	✳	✳	✳
P.3.i	安全设计	✳	✳	✳
P.3.ii	反恐	✳	✳	✳
用地				
U.1.i	土地利用效率	+	+	+
U.1.ii	用地功能混合	✳	✳	✳
U.1.iii	活力临街面	✳	✳	✳
U.2.i	居者有其屋	+	+	+

用地（续） / 住房与建筑 / 资源 / 生命周期

设计范式是否适用于……		城市尺度	场地尺度	组群尺度
U.2.ii	用地类型	+	+	+
U.3.i	学校	✳	✳	✳
U.3.ii	社区服务设施	+	+	+
U.3.iii	本地服务设施	✳	✳	✳
住房与建筑				
H.1.i	空间标准		+	
H.1.ii	可达性		+	
H.2.i	采光/朝向/私密性		+	
H.2.ii	安全		+	
H.2.iii	院子与阳台		+	
资源				
R.1.i	能源结构		+	
R.1.ii	能源效率		+	
R.1.iii	邻里耗能		+	
R.2.i	能源含量		+	
R.2.ii	建造技术		+	
R.2.iii	现代建设方法		+	
R.2.iv	水资源		+	
生命周期				
L.1.i	管理计划		+	
L.1.ii	参与方		+	
L.1.iii	社区		+	

✳ 设计准则应包含的事项

+ 不包含在设计准则内，但可能体现在其他文件中的事项

图5-3 《国家设计范式准则》提出的设计准则规范对象

资料来源：Ministry of Housing，Communities & Local Government．National design guide［S/OL］．（2019-10-01）［2020-03-05］．https://www.gov.uk/government/publications/national-design-guide．

5.1.4 部门性行动计划

在英国，各项政策的落实一方面依靠中央政府层面对地方当局的政策导引，另一方面则依靠由各部门主导的具体行动计划。从早期的城市挑战计划、单一预算计划（参见4.2章节）到当前为配合《房地产更新国家策略：行政纲要》出台的"房地产更新项目（Estate Regeneration Programme）"，抑或是由半正式组织英格兰家园机构（Homes England）设立的"社区住房基金（Community Housing Fund）"，这些行动计划直接资助并实施了全英范围内的大量城市更新项目，同

时较好地凸显了城市更新中对设计质量的要求。这类行动计划多独立于现有行政程序或法定规划体系，直接由中央政府部门制定具体的实施方式、分配资金，并通过政府直属下设机构、国家级的非部门公共组织得以实施，当前其中大部分计划采取了地方政府或非正式主体竞争的方式来获取有限的资金。相较于中央政策导引、地方政府接受引导的方式，行动计划更加主动、独立、直接地使用中央资源达成政策目标。本节将着重介绍"房地产更新项目"作为一项中央政府部门性行动计划如何组织与运作[15]。但需要明确的是，英国中央政府层面各部门与城市更新相关的主要工作方式是通过物质空间更新达成，强调城市设计促进作用的行动计划还有很多，如交通部发起的"循环城市和城镇计划（Cycling city and towns programme）"、教育部发起的"城市挑战计划（City challenge programme）"、英国创新机构（Innovate UK）发起的"城市生活（Urban living）计划"等。但这些计划通常仅从自身部门核心职责的角度设定计划，虽然对城市更新与城市设计治理有所提及，但并非其主要政策目标。

2014年《房地产更新国家策略：行政纲要》出台后，中央政府提出，在2015年度至2019年度期间拨款1.5亿英镑，通过完全可收回的贷款启动和加快大型房地产项目的更新，帮助增加住房供应，提高伦敦和全国一些最破败住宅区居民的生活质量。该基金采取了组织机构投标的形式，2014年，当时的社区和地方政府部（后改组为住房、社区和地方政府部）选定家园和社区机构（Homes and Communities Agency，简称HCA）成为该计划的实际主导者。更新的对象主要是20世纪六七十年代的高层市属住宅。这些住宅初次建成之时可能暂时解决了一些社会问题，但在更多情况下，它们产生了更多顽固的社会问题，这些地方滋生犯罪、房屋质量差、价格昂贵、难以维护。所以家园和社区机构的目标包括：创建设计更优、可达性更好的混合权属社区；形成更好的社会和经济产出；更好地利用土地，创造更多优质住房，而非不受欢迎的、昂贵的塔楼。

申请由家园和社区机构管理的"房地产更新基金（Estate Regeneration Funding）"的计划，需满足对象首先应是存量的社会住宅，其次还要满足财务、产出、交付能力三方面的要求。在财务方面，申请到的款项必须按期足额偿还，但仅需支付较低的利息。竞标者必须为私人资本，并证明申请计划的可行性，包括还款计划、投资担保、投资回报比例（私人资本参与后可获取社会住宅的部分股权）。资金须用于支付与土地重划（包括收购租约）、建筑拆除、安置租户、筹备建设和其他基础设施工程相关的费用。单个项目的最低申请额度为500万英镑。每个项目都应采取PPP模式，由公共资金和私人资本共同承担，其中公共资金支出的占比需低于总投资的50%。在产出方面，应保证在更新后能够提供混合所有制的社会住房。在交付能力方面，竞争方应当展示稳健的交付计划和投资提案，保证该计划将得到当地社区的支持，计划应包括房地产更新和提高城市开发强度方面的内容；该计划应获得相关地方当局的支持（在申请中以书面形式提供），包括实物（该地区地方当局拥有的物业等形式）或对总体计划成本的财务支持；至少，在2015年获得资金时，该场地应获得规划当局原则性的许可，或被指定用于已通过规划许可的开发计划；竞争方应阐明他们将如何在整个计划中报告收入、支出、交付、风险和回报，包括定期和透明的交付报告。

在申请中，非部门公共组织——家园和社区机构会主导关联利益申明、入围选拔、尽职调查、了解客户需求、合约签订、管理和监督的全流程。在此过程中，家园和社区机构的机构特殊性和人员构成的灵活性使得它较好地补充了政府在该领域专业力量的不足。在城市更新活动中，相对于一般性的非政府组织，家园和社区机构会更好地回应了国家规划政策中有关城市更新和设计质量的相关要求，成为国家在城市更新领域的治理终端。这些部门除了回应国家政策和行动计划，还被赋予了更多常设性的职责，本书将在下一节进一步介绍这方面内容。

5.1.5 国家层面的半正式主体参与

5.1.5.1 城市更新领域的国家代理人

2008年前，英国国家层面促进城市更新的非部门公共组织（NDPB）是英国合作组织（English Partnerships），由1961年依托《新城法案1959》（*New Towns Act*）成立的"新城委员会（Commission for New Towns）"和1993年依托《租赁改革、住房和城市发展法案》（*Leasehold Reform，Housing and Urban Development Act*）成立的"城市更新机构（Urban Regeneration Agency）"两所机构合并而来。该机构接受政府拨款（主要来自当时的社区、地方政府部和副首相办公室），负责单独或与私营部门开发商合作，进行土地收购、整合土地和重大城市再开发项目。政府赋予了其在具体开发项目中自主制定规划和进行规划开发许可的权力。2008年后，该机构解散，新的《住房和更新法案》（*Housing and Regeneration Act*）支持"家园和社区机构"接替其城市更新方面的职责[16]。此外，其原有的通过城市更新项目建设促进国家发展平衡的职能被全国范围内9个区域发展机构（Regional development agency，简称RDA）所瓜分，该内容将在5.2.1

章节进行详解。

家园和社区机构帮助政府通过城市更新创造更多优质的住房和商业空间，进而塑造更好的社区环境，同时还负责帮助地方政府制定社会性住宅的建设标准，以及对全国范围内住宅市场进行监控和统计。该机构使用中央政府拨款，投资于全国各地城市、城镇和村庄的住房更新，也投资于可以创造就业的场所和其他社区设施。在一级开发中，该机构收购并重新划分土地，既包括地方政府持有的公共土地，也包括私人土地。在二级开发中，其更新后的产权单位可供出售、出租，或与地方政府、私人资本进行不动产产权股份化合作，通过灵活的收益分配模式刺激私人资本参与城市更新的积极性。在城市更新项目中，家园和社区机构与区域机构、地方当局、开发商、企业区，通过划定"城市协议计划区（City Deal area）""增长协议区（Growth Deal area）"等形式，以国家政策和地方发展目标为根本，一地一议、一事一议地形成多样的合作模式。

从家园和社区机构步入正轨后的《2013/2014年度报告和财务状况》，可以看出其所起的作用[17]。该年度的总体目标包括：实施"可支付住房计划"；帮助地方当局将冗余的公共土地推向市场，实现住房增长；通过对已有资产的再开发支持地方经济增长；通过股权、贷款和其他市场化的干预措施鼓励私营部门参与住房建设；通过有效监管保持投资者对该领域发展的信心。其全年投资额为24亿英镑，拥有900余名员工。在家园和社区机构的参与下，2013/2014年度实现了33 143套住宅的交付（原计划为30 990套），38 845套开工，其中26 325套符合政府可支付性标准，为政府在2015年达成全国17万套可支付性住宅的目标贡献了较大份额。

在通过城市更新大量交付新建筑和塑造良好建成环境的过程中，家园和社区机构的另一项职能——制定质量标准，成为英国国家层面城市设计治理体系的一部分[18]。机构中设立有独立的规范委员会（Regulation Committee），截至2015年，在其成立后的短短5年时间内，该机构就发布了200余项规范和引导性文件，包含经济性、金融模式、无障碍等各个方面，其中设计质量类的标准占据了重要地位。这些规范文件不仅指导了家园和社区机构直接参与的城市更新项目，而且对全国范围内的地方政府及区域性和地方性公共组织使用公共资金进行的城市更新和住房建设项目起到了规范作用。在2013年度家园和社区机构交付的项目中，10%的项目从建筑到外部建成环境均采用了对老年人和残障人士友好型的设计。2014—2015年，家园和社区机构对228公顷的低效利用土地进行了重新设计，建成31.5万平方米的建筑并投入使用，将其改造成设计质量较高的商业、零售和工业办公空间，以支持地方经济增长。

家园和社区机构有力地回应了中央和各地政府的城市更新议程以及设计质量的相关政策导向，并与其他一般非政府组织、非部门公共组织合作，建立了由外部专家组成的"设计和可持续发展咨询小组（Design and Sustainability Advisory Group）"，独立地向家园和社区机构的最高领导机构——委员会提供关于设计质量方面的建议，并承担相关研究任务，评估、总结优秀案例。家园和社区机构于2013年发布了第三版《城市设计纲要》（Urban design Compendium）。第一版《城市设计纲要》由上一任国家代理人——"英格兰合作组织"在2000年发布[19]。新版纲要由"城市设计原则"和"交付高质量场所"两部分组成，第一部分再次强调了设计质量的达成对于家园和社区机构总体城市更新目标的重要性，以及当前英国城市设计的关注点集中在可持续性等目标；第二部分则聚焦城市设计的运作环境，尤其是如何通过政策体系和行政流程强化包括城市更新在内的设计要素。这一文件不仅作为该机构城市更新的设计指导，更因为其全面性和专业性被欧盟和其他国家的学者和政府所使用的。此外，该机构还建立了住房质量指标体系（housing quality indicator，简称HQI）用于审查和评价工作，这一评价体系包括11项一级指标，即：区位；视觉影响、布局和景观；开放空间；路线和出行；单位尺度；单位布局；噪声、光照、服务和适应性；可达性；可持续性；外部环境。

2018年，家园和社区机构被拆分为"英格兰家园机构（Homes England）"和"社会住宅管理者（Regulator of Social Housing）"两个机构。英格兰家园机构继承了促进和实施城市更新的职能，但更加偏向于单纯的住房领域，即当前英国政府的施政要点。社会住宅管理者则继承了原有机构制定规范、引导实施的职责，对象则从包括建成环境质量在内的广泛议题，缩减到只针对社会性住宅的经济性（如租金标准、统计标准等）、技术性（如最小人均面积、配套设施要求等）以及管理方面（如申请标准、申请程序、运营和维护）的责权等内容进行规范。

英格兰家园机构成立之初，发布了《战略性规划2018/2019年度—2022/2023年度》[20]，指出自身的职责包括："我们是政府的住房'加速器'。我们有品味、影响力、专业知识和资源来推动积极的市场变化。通过向想有所作为的开发商发放更多的土地，我们使英格兰所需的新房子成为可能，帮助改善社区和发展社区。"该文件进一步说明了新机构的六项核心职能：第一，为公共和私营部门提供土地；第二，提供一系列投资产品来促进各方参与建设；第三，提高建设效率；第四，扶持较小型建设者和新参与到该领域的力量，并鼓励设计更好和质量更高的住房；第五，提供专业支撑；第六，高效交付各类住房所有权产品，提供标准化服务。由此可见，作为对《房地产更新国家策略》的回应，英格兰家园机构进行了变革，更加聚焦于政府的综合性城市策略，但对于设计质量的重视没有被抛弃。

在设计质量方面，英格兰家园机构指出，在住房开发市场被少数大型开发商垄断的情况下，设计上的千篇一律在全国范围内制约了地方的可持续发展。同时，一些小型开发商因为缺少专业技能的支撑，在规划和设计方面存在先天劣势。因此新机构从两个方面来促进住宅更新的设计质量，对与之开展合作的大型开发商提出引导要求，将设计质量的审查作为合作开展的前提，对小型开发商提供专业辅助以制定设计质量更高的规划和工程实施方案，并帮助其适应《国家规划政策框架》提出的规划程序（预申请中的设计方案探讨、规划许可中的设计审查等）。此外，它还提倡使用"生命建筑12[21]"等非政府部门推出的设计评估工具对项目方案进行建设前的预评估和实施后的后评估。在英格兰家园组织项目从立项到实施的全过程都会回应国家设计导引提出的要求，在各阶段的审查中对设计质量进行评估，新机构沿用了过往的"住房质量指标体系（HQI）"，以及"城市设计纲要"倡导的主要内容。但当前英格兰家园的主要抓手是"共享产权和可支付性家园项目（Shared Ownership and Affordable Homes Programme）"，该项目延续自家园和社区机构时期，计划从2016年到2021年累计投资13亿英镑。"共享产权和可支付性家园项目"希望通过中央政府资金，撬动更多的私人资本投入到城市更新中。通过这种公私合作，也将设计质量等政府关切广泛传达至私营资本领域，通过资本的力量实现政策引导的目标。

5.1.5.2 城市设计治理领域的国家代理人

1999年，建筑与建成环境委员会（CABE）接替皇家艺术委员会成为英国城市设计领域的国家代理人，又在2010年后因为政府对非部门公共组织财政支持的缩减而消亡（详见2.2.2），此后该机构与设计理事会（Design Council）合并成立设计理事会CABE，继续发挥中央政府城市设计治理的辅助角色。在合并前，设计理事会与建筑与建成环境委员会的地位相同，同为非部门公共组织，成立时间可以追溯到1944年，接受商业、创新和技能部（Department for Business, Innovation & Skills，简称DBIS）以及文化、媒体和体育部（DCMS）的拨款，但侧重领域不同。CABE更加关注建成环境领域的设计问题，主要是城市设计、建筑设计和景观设计，而设计理事会则偏重包括工业产品、商业空间、儿童友好等更加广泛、更加具有共性的设计领域。从2011年至今，该机构已经被排除在中央政府认定的408个公共组织之外，虽然仍接受数额不小的政府拨款，但是原先所拥有的大量治理工具和职能已经消失。新设立的设计理事会CABE在性质上从非部门公共组织转变为独立的皇家慈善机构（royal charter charity），不再接受原先给予资助的中央部门（社区和地方政府部）的直接管辖，但仍作为政府在城市设计领域的长期顾问。

建筑与建成环境委员会的运营成本来自政府拨款、合伙企业赠款和委托付费收入。其中最为核心的资金来自商业、能源和工业战略部（Department for Business, Energy & Industrial Strategy，简称BEIS）提供的赠款方案。这笔赠款的目的是要求该机构在设计未得到充分利用的经济领域证明其价值并扩大设计市场。建筑与建成环境委员会通过提供基于设计价值和影响的证据基础，并利用中央政府的职权范围向全国范围提供设计知识和见解来做到这一点。当前，新机构有四项自身定位：通过改进工艺、产品和服务的设计来促进英国工业和公共服务的发展；自然和建成环境（包括建筑）的保护、增强、改善和复兴；在这些主题以及与可持续发展和可持续生活有关的主题方面促进公众教育；促进对设计价值的研究，并积极向公众传播研究结果。由其自身定位可见，二者的合并没有改变其在城市更新领域发挥促进设计价值的功能。

新机构由理事会（Board of Trustees）领导，理事会成员实际上本身为不领取报酬的志愿者，以保证机构的公益性，即促进全社会中设计价值的实现，特别是帮助包括政府部门在内的公共部门（还包括一切使用公共资金的主体）提供具有良好设计价值或促进设计价值实现的公共产品和服务。而对于日常管理和运营，理事会任命首席执行官负责。原建筑和建成环境委员会则成为新机构下属两个主要核心部门之一，由一个独立的次级委员会领导，并由一个外部咨询委员会负责监督，该部分仍接受城市规划和建设主管部门——社区和地方政府部的捐款，机构改组之初，设计理事会全年收入为1030万英镑[22]。2011年设计理事会年度报告指出，新CABE短期内的主要任务是：通过研究和咨询回应并影响英国的住房政策和国家规划政策框架（NPPF）；通过设计审查服务（Design Review）提升全国范围内建成环境的设计质量，拨款50万英镑支持英格兰8个区域性设计审查机构；与地方当局和社区组织形成合作关系，经这些有权机构授权，参与其从策划和预评估到规划设计、再到实施和后续管理运营的任何环节；在全国范围吸纳在地工作专家参与各项工作，建立建成环境专家网络，发挥在地优势，结合机构的研究成果和治理工具扩展影响范围[23]。同时，新CABE与设计理事会内的其他部门，诸如设计应对老龄化、商业创新、设计促进经济增长等部门进行协同，并将研究如何通过建成环境领域，尤其是城市更新，回应其他部门的目标。其他部门在与政府机构、地方当局和私营部门的合作中也会使用新CABE的各类研究成果，或向合作方推荐新CABE的服务，抑或是打包成一揽子的设计促进方案提供给合作方。

从管理架构上看，自2018年起，设计理事会下属的两个独立委员会进行了合并，意味着新CABE在管理和资金使用上不再相对独立于设计理事会的其他部门，而是充分融合，资金由上级理事会统筹使用。同时，因为政府财政紧缩和脱欧等问题影响，对该机构的资助大幅缩水至252万英镑。在资金缩水的情况下，彼时由中央资金支持开展的任务就只有"国家研究项目（national research programme）"，这个项目的目的是提供设计应对社会问题和提升建成环境质量的价值证据，来辅助国家政策制定。此外，新CABE接受其他非政府直接资助的公共基金来开展工作，包括由地方政府协会（Local Government Association，简称LGA）资助开展的"公共领域的设计（Design in the Public Sector）"、由"英国产品创新支持计划（UK product innovation support programme）"资助的"设计理事会发动（Design council spark）"计划、由"先锋社会创新计划（pioneering social innovation programme）"资助的"改变老龄化（Transform Ageing）"计划等。新CABE还为中央政府和地方政府部门、公共组织和企业提供有偿服务，包括针对具体项目和规划的设计建议、针对战略和治理的设计咨询、城市设计管理和运作能力培训等。由此可见，该机构有能力承担的职能正从通过设计审查、接受授权辅助管理的深度参与治理，逐渐转变为单纯咨询与研究。

在包括城市更新在内的建成环境领域，新CABE主要提供两项保留服务，并针对三个议题开展研究和咨询。最核心的服务为设计审查，设计理事会凭借曾经作为该领域国家级公共代理人的地位，与皇家规划协会（Royal Town Planning Institute）、英国皇家建筑与景观协会（Royal Institute of British Architects and the Landscape Institute）两家权威行业协会共同编制了《设计审查：原则和实践》

（*Design Review: Principles and Practice*），该文件是当前英国设计审查的半正式规范，被各级政府所使用[24]。因为建筑和建成环境委员会长期以来的权威性、过往地位以及建立起的全国性专家网络，设计理事会的设计审查服务具有一定优势，但当前很多机构，甚至是私营部门都能够提供该服务，该领域较为市场化，地方政府更多根据成本考虑和实际需求采购服务。

新CABE的另一项职能被称为"设计支持和服务"，包括四个模块。第一，商业支持模块，包含协助私营部门客户准备设计目标概要、在全流程中加强设计质量的计划、人员架构、设计方选择和任务书制定等咨询服务。第二，设计建议模块，包含组建跨专业的设计小组，协助私营部门客户通过政府规划申请许可流程中的规划审查、预申请等流程，制定符合当局发展目标的设计方案。第三，开发支持模块，协助地方政府制定有关设计愿景的政策、地方和邻里发展规划、用地规划，辅助政府与利益相关方的谈判、组织社区研讨会等活动。第四，政策模块，辅助中央政府与地方政府的政策制定和管理流程优化。

当前开展的三项研究为"创建健康场所（Creating healthy places）""包容性环境（Inclusive Environments）""社区主导的设计和发展（Community-led design & development）"。这些研究在重视设计价值的基础上，首先明确相应设计原则和方法以及优秀实践案例，同时关注实施路径，包括如何吸引投资、平衡经济、有效的多方参与、合理的时间计划、政府管理流程优化等内容。

5.1.5.3 其他相关领域的国家代理人

英国中央政府当前支持并领导408个非部门公共组织，极大地辅助了中央政府对特定领域的治理，延伸并扩展了政府的可用工具库。除了英格兰家园作为城市更新领域的国家代理人，以及设计理事会作为城市设计领域的国家代理人外，当其他领域内的行动涉及物质空间环境时，相应领域的代理人也重视通过设计来促进其目标的实现，其中如下几个公共组织的工作和城市更新高度相关。

历史英格兰（Historic England）组织是政府在历史环境领域的法定咨询方，由数字、文化、媒体和体育部支持，在建筑与建成环境委员会存在并担任国家代理人期间，就与其保持了密切的合作关系。该机构很好地回应了国家规划政策框架和国家规划实践导引中的城市更新和设计目标，制定了"历史英格兰的场所策略（Historic England Places Strategy）"，阐述地方当局和开发者应如何利用历史建筑、街区和环境的再开发，实现经济增长、价值传递和公共利益最大化[25]。当前，该机构的合作方还有多个中央政府部门、地方当局、英格兰家园机构、设计理事会、英国皇家艺术协会等。依托强大的研究能力（接受政府巨额资助的结果），历史英格兰组织为这些合作方提供跨领域咨询、各类活动举办、技能培训、遗产更新设计、遗产管理运营等多元化的服务。其中最重要的是深度参与了各地方政府规划管理体系中对涉及历史遗产项目的审批和管理活动，尤其是对历史地区的城市更新项目进行的设计审查等行动。因为在该领域的权威性，历史英格兰组织接受了多个中央政府部门的大量资金支持，这些部门意图通过该组织进一步资助其他该领域非政府组织的运作，以拓展自身政策执行主体的范畴。对于资金的分配和使用权力让历史英格兰组织当之无愧地成为了该领域的国家代理人，对涉及历史遗产的城市更新产生了巨大影响。

由数字、文化、媒体和体育部支持的组织——英格兰体育（Sport England）则关注体育等公共服务设施的建设与规划，提出了"主动设计（Active Design）"议题来通过建成环境的设计促进国民运动与健康，与英国公共卫生（Public Health England）组织共同发布了《主动设计导引》（*Active Design Guide*）[26]。该导引的目标是改善无障碍环境、提高体育场所舒适性和提高地方政府和私营开发商通过设计改善居民健康状况的意识，对地方当局在规划体系的哪些环节，尤其是设计审查中应注意面向健康的考量要素进行详解。同时，该导引还展示了一系列可以鼓励人们参与体育活动的干预措施，包括从简单的低成本改造和对当地景观的适应，到未充分利用的设施的再利用，再到更彻底的新建或重建项目。与该机构相似的还有由交通部支持的残疾人交通咨询委员会（Disabled Persons Transport Advisory Committee），其致力于不局限于建筑在内的全部建成环境中的残疾人友好设计，并同样通过为各方提供设计导引和建设成本参考等方式，促进无障碍设计成为地方当局规划管理体系中的考量要素。

英格兰高速公路（Highways England）组织是英国交通部支持的非部门公共组织，涉及城市更新中的道路建设。该机构内设立了"英格兰高速公路战略性设计小组（Highways England Strategic Design Panel）"，该小组的目标是使景观、工程和建筑环境方面的卓越设计成为英格兰高速公路项目建设的核心考量要素。该小组力求通过安全、实用和有效的方式，对景观特征、文化遗产和社区作出积极和敏感的反应，同时遵守可持续发展原则，确保战略性公路网的建设可以达到更高的设计质量。该小组的工作是在政府更广泛的道路投资背景下进行的，其作用是就英格兰高速公路实施项目和日常运营的方法向各级政府提供独立建议。虽然该小组本身没有法定职能，但其建议和指导可以为法定审批程序提供参考[27]。该小组的成员来自设计理事会、交通关注（Transport Focus）、历史英格兰（Historic England）、皇家建筑师协会等多个非部门公共组织和行业协会。2018年，英格兰高速公路战略性设计小组发布了《良好道路设计》文件，打破了传统交通专业工程技术导向的桎梏，提出了更多城市设计的内容，提出道路设计应体现和反映所经过地方和社区的特征，并通过多方参与的方式凝结共识和选择最优方案[28]。

　　王室财产（The Crown Estate）机构由财政部（HM Treasury）支持，致力于提升王室自有资产的使用效率，主要是用于出租或合作开发的房地产物业和土地。该机构重视利用包括设计手段在内的多种途径直接对房产进行更新以提高收益，也通过引导或有条件出租、出售来影响后续使用者或拥有者对房产的城市更新方式。该机构因为在伦敦城市中心地区和全国多地拥有大量物业，管理着价值超过25亿英镑的商业和零售业物业，所以在城市更新和保障设计质量方面拥有重要的话语权。实施的典型案例包括：位于英国柴郡（Cheshire）的180栋住宅和配套公共设施以及棕地的更新方案倡导了与当地林地环境的融合；牛津西门（Westgate）地区的商业空间改造，详细规划方案由4所国际知名建筑师事务所合作完成，以体现牛津地区的本地特色。尽管该机构拥有大量资产并采取了商业化运营的模式，但是作为公共组织的特点决定了它必须回应中央政府对于建成环境设计质量的关切，并通过自身资源起到推动私营部门合作进行高设计水平城市更新的作用。

　　除上述非部门公共组织外，还有很多涉及地方经济、商业、产业、文化、卫生、体育等领域的国家代理人都提出了和城市更新与城市设计有关的举措和治理工具，在此不一一赘述。归根结底，这种普遍性是因为这些代理人在达成某种公共利益目标时，所依托的对象都难以逃离物质空间环境的支撑，而设计则是促进物质空间环境更新以达成其目标的根本手段。在这些国家代理人之外，其他全国性组织（如皇家规划师协会等行业协会），或一般非政府组织（NGO，如场所联盟等）也在全国范围的城市更新中发挥了促进设计的作用，但因为其自身属性，在本书中不纳入国家半正式主体的治理体系中。这是因为其他全国性组织对于国家政策回应的出发点是服务于从业者，尤其是入会会员；而一般非政府组织则完全不接受公共资金支持，本身不是国家主动治理的主体之一，只是参与者。

5.2 区域层面城市更新与城市设计治理体系

5.2.1 区域层面的正式主体参与

5.2.1.1 区域发展机构

区域治理一直是英国国家治理的重要组成部分，但近年来同样受到了执政党更替和经济紧缩的影响。从历史上看，英国的区域发展不平衡由来已久，以大伦敦地区为代表的英格兰东南部的发展程度远高于国家中部和北部，而在英格兰以外的北爱尔兰、威尔士、爱尔兰地区的区域差异更大。所以自20世纪50年代起，英国就试图通过新城运动（实质是老城改扩建）促进区域平衡，20世纪80年代企业区政策的目的则是打破行政边界，塑造促进经济发展的"制度特区"作为区域增长极。1997年新工党上台后，通过了《区域发展机构法案》（*Regional Development Agencies Act 1998*），在英格兰地区设置了9个区域发展机构（RDA）来解决不平衡问题，其中城市更新被作为经济腾笼换鸟的重要手段之一，而物质空间改造中的设计挑战相伴相生[29]。根据法案，曾经的国家级非部门公共组织——发展委员会（The Development Commission）和城市更新机构（Urban Regeneration Agency）的相关权责和资产被合并并分配给9个区域发展机构，包括：一个东北部（One North East）、西北区域发展机构、约克郡先锋（Yorkshire Forward）、中东部发展机构、中西部优势（Advantage West Midlands）、英格兰东部发展机构、英格兰西南部区域发展机构、大伦敦区域发展机构、英格兰东南部发展机构（图5-4）。这些机构接受中央财政部设立的单一预算计划资助，该计划支持地方发展机构的资金实际来自社区和地方政府部，环境、食品和农村事务部，文化、媒体和体育部等6个中央部门。其中，社区和地方政府部是推进城市更新和管理城乡规划体系的核心部门，其他部门也都有着促进城市更新和提升城市设计质量的相关政策和议题，从而使得这些机构成为区域层面城市更新与城市设计治理的主体。在接受资金最多的2008年度，9个机构共收到中央政府22.97亿英镑的支持；而在接受资金最少的2010年度，支持金额也有17.6亿英镑。雄厚的资金实力使其有能力在各地通过落实具体项目来贯彻中央政策。

英国财政部的《绿皮书》是对所有其他中央政府机构、地方当局、公共组织使用资金而进行的规范，明确了在其行政层级如何评估和回应中央政策，并进一步制订可行、可控、有效的资金支出和使用计划。为了引导区域发展机构合理使用资金，2004年原副首相办公室（The Office of the Deputy Prime Minister，简称ODPM）

图5-4　英格兰9个区域发展机构的分布

作者根据以下资料翻译改绘：UK Parliament. Regional development agencies and the local democracy，economic development and construction bill ［R/OL］. ［2020-03-05］. https://publications.parliament.uk/pa/cm200809/cmselect/cmberr/89/89we135.htm.

发布了4项政策文件作为《绿皮书》的补充文件，对应了中央政府对区域发展机构的4项主要职能定位。其中之一便是《评估空间干预的影响：更新、再生和区域发展》（*Assessing the Impacts of Spatial Interventions: Regeneration, Renewal and Regional Development*）。区域发展机构对城市更新（内城地区、不平等和衰落的地区、乡村地区）、城市再生（贫困邻里和住房）和区域发展的干预目标，是通过提高社会包容性水平，促进邻里更新和区域繁荣，以及塑造繁荣、包容和可持续的社区[30]。区域发展机构对上述三个领域进行干预的方式包括：一、普遍性福利计划（Universal welfare programme），即在区域范围内促进中央统筹性政策和行动计划落地（参见5.1章节），尽管可能不仅将物质空间作为政策目标，但同样会产生空间影响；二、选择性国家计划（Selectively targeted national programme），即在区域层面促进部门性政策和行动计划落地（参见5.1章节），对与特定群体相关的物质空间产生影响；三、对特定区域的倡议。发挥作用的尺度包括区域、次区域和地方三个层级。

以"中西部优势"区域发展机构为例，如图5-5所示，在其2001年成立之初就在区域内划定了6个跨行政边界的次级更新地区（Regeneration zone），目的是集中资源优先对衰落或有着明显特定问题的地区进行城市更新。在其推出的政策声明文件——《连接成功：中西部经济战略交付框架》（*Connecting to Success: West Midlands Economic Strategy Delivery Framework*）中，制定了围绕"商业、场所、人、传播声音"的行动纲领，包含22个优先事项和配套行动计划[31]。其中，与城市更新和促进设计质量关系最密切的优先事项和行动集中于"场所"这一行动纲领中，包括：

一、优先事项1：将伯明翰（Birmingham）塑造成具有竞争力的全球城市，鼓励投资和发展，提高其作为全球城市和整个地区增长极的竞争力。具体行动包括：响应"伯明翰2026愿景规划"，通过城市更新继续推进长桥（Longbridge）和阿斯顿（Aston）地区的潜在投资项目，以及其他重大项目和就业场所，如东区（Eastside）、卵石厂（Pebble Mill）科学园等；通过支持拟建赌场的开发和日本电气（Nippon Electric Company，简称NEC）竞技场的再开发，确保NEC集团继续成为城市的经济驱动力；利用伯明翰具有国际影响力的文化资产，如伯明翰皇家芭蕾舞团、伯明翰竞技场等，发展该城市的文化特色，使其在国内和国际上脱颖而出。

二、优先事项2：改善区域交通和通信，提高无障碍性、效率和竞争力。具体行动包括：制定区域交通行动计划以申请和争取来自交通部的更多区域性资金；重新开发伯明翰的新街车站，将其作为区域的门户和多种交通联运枢纽，以及城市核心南部的城市更新催化剂；协助地方当局向中央获取对伯明翰国际机场扩建的规划申请；设立区域性基础设施投资基金，促进优先建设基础设施的交付，以便及时开

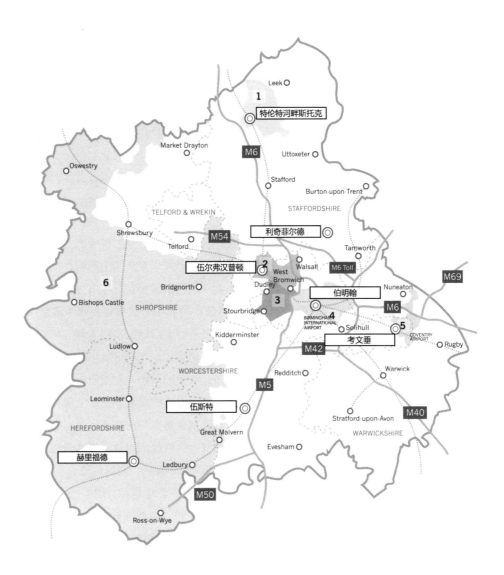

图5-5　英格兰中西部区域的6个次级更新地区分布

1. 北斯塔福德
2. 北布莱克郡和南斯塔福德
3. 南布莱克郡和西伯明翰
4. 东伯明翰和北索利哈尔
5. 考文垂和纳尼顿
6. 乡村地区

作者根据以下资料翻译改绘：West Midlands. Connecting to success：west midlands economic strategy delivery framework［S/OL］.［2020-03-05］. https://webarchive.nationalarchives.gov.uk/20090315235424/http://www. advantagewm.co.uk/Images/WMES_Delivery_tcm9-9540.pdf.

发具有重要经济价值的场地。

三、优先事项3：可持续管理和利用土地和房产。具体行动包括：对特定地区、次区域以及公共部门持有的资产，以及单独使用这些资产或通过资产工具促进经济再生和增长的潜力进行评估；开发一个面向区域内所有棕色地带的信息平台（包括棕地数据库），以满足区域发展机构的要求，并支持响应"国家棕色地带战略——棕地宣言"。

四、优先事项5：发展可持续社区，鼓励建立一个高质量、有吸引力和可持续的城乡社区网络，吸引并留住劳动力，形成多样化且繁荣的劳动力市场，为该区域的经济增长做出贡献。具体行动包括：实施次区域更新和经济发展评估；保证持续落实已有城市复兴和乡村复兴原则；解决区域住房需求，更好地理解生产力、产业用地、基础设施、农村和城市可持续性、技能和消费者需求对环境的影响，以及其他各种空间和非空间因素对经济发展问题的影响；确保最需要进行城市更新的地域继续通过内部的规划和发展政策得到支持；确保土地利用方式支持高水平经济增长、鼓励产业孵化和成长空间、扩大知识资产和吸引更多高附加值投资者，包括三条高技术走廊；推广市场城镇计划的最佳实践；实施设计标准和区域可持续性规划自查表制度，鼓励通过良好的建成环境设计创造高质量的场所，包括所有区域资助的公共建筑；制定一项提升认知的教育和培训方案，以支持提高建筑、空间和环境设计的质量标准，包括"西米德兰兹设计良好实践案例研究"的在线资源；继续支持改造和翻新闲置的建筑，并使其在农村地区恢复生产性经济用途；提高该地区劳动力的技能和能力，通过培训支持可持续城市更新方案，并推广良好做法。

五、优先事项6：对最衰落的社区进行更新。具体行动包括：持续支持"中西部区域行动（Regional Action West Midlands）"和"中西部社会企业（Social Enterprise West Midlands）"两机构的能力建设；开发区域最佳实践模型，确保更新资金得到良好利用；确保创新性地使用"工作邻里基金（Working Neighbourhoods fund）"[32]，与伯明翰、考文垂和乡村地区的城市战略保持一致；监督并保证地方当局履行竞标各类中央和区域资金项目时提出的更新目标；与合作伙伴一起制定对中央政府发布的《社区赋权白皮书》的回应；交付多个设计审查小组，以帮助提高建成环境的设计、质量和环境性能；确保区域可持续性规划自查表的实施与设计相关行政程序的融合；为不同专业的建成环境领域专业人员提供学习机会，形式包括培训、实地考察、推广良好做法的范例和研讨会；通过总体规划、创新设计和良好的咨询来满足社区更广泛的更新需求。

由中西部发展机构的战略框架可见，其推动区域城市更新的手段十分多元，在区域层面包括政策制定、基础调查、咨询研究、优秀实践推广、对中央资金再分配、为区域发展策略设立新的专项资金和计划等。在次区域和城市层面，区域发展机构直接面向地方当局和私营部门辅助政策制定、辅助规划研究、对接分配中央各类资金、直接参与对区域具有重要影响的具体项目的实施、推广各类城市设计治理工具，如设计质量评价体系等。从优先事项5和6中可见，对于城市更新中设计质量的促进，该机构通过帮助地方政府建立设计审查小组、严格保证公共资金建设项目设计质量、辅助其优化规划管理程序、辅助规划法案编制、提供专业培训、开展宣传推广活动等方式来达成这一目标。在实际中运行中，区域发展机构的专业水平并不足以支持其行动计划，更多地是通过与城市更新和城市设计领域的国家代理人合作完成的，采取以下做法：区域发展机构提出目标、搭建框架并提供资金支持，非部门公共组织提供专业支撑，甚至设立区域性次级机构（具体见5.2.2）。而上述模式，并非"中西部优势"一家区域发展机构所特有，其他机构也都有着相似却又较为适应自身区域发展特点的城市更新和城市设计治理政策和行动框架，例如古城巴斯（Bath）所在的英格兰西南部，便对如何促进区域内历史街区和建筑的更新与利用有着更多行动，在此不一一赘述。

5.2.1.2 地方企业合作组织

2011年保守党上台后，利用政界长期存在的对区域发展机构的质疑声关闭了所有区域发展机构，批评主要包括：与各级政府职能多有重叠之处；区域划分缺乏内部逻辑支撑，例如维尔特郡、多塞特郡、格罗斯特郡、德文郡、康沃尔郡在经济、产业上并没有过多联系，却被统一划入西南部，又例如在历史上因为民族或种族的不同，缺乏联系的城镇或郡县在划入同一区域后缺乏归属感等；区域机构与地方政府存在矛盾，并没有作为中央政府和地方政府之间的润滑剂，反而增加了对地方的管制。但是支持者认为：恰恰相反，区域发展机构协调了市县一级之间的矛盾，制定了促进区域发展的优先事项；同时，在经济发达地区，如东北部、西北部、约克郡和亨伯地区的地方当局和民众更加支持通过区域协调和统一领导促进区域发展一体化，进一步增强自身实力。由此可见，区域发展机构关闭的决定性因素仍是保守党的新自由主义倾向和经济以及财政紧缩。

2010年，中央政府发布政策白皮书《地方增长：实现所有场所的潜力》（*Local Growth: Realising Every Place's Potential*），宣布用地方企业合作组织取代区域发展机构，2012年所有原区域发展机构关门[33]。在社区和地方政府部以及商业、创新和技能部的共同领导下，"复辟"了20世纪80年代的企业区政策。在第一批申请的56个地方企业合作组织中，24个获准成立。截至目前，在全国范围内设置了38个跨行政边界的地方企业合作（Local enterprise partnership）组织，该组织由地方政府和私营部门共同组成（图5-6）。其主要职责包括：与政府合作明确关键投资优先事项，包括交通基础设施和相关项目；通过竞争获取和使用区域增长基金；支持高增长性商业领域的发展；参与国家规划政策的制定；规范和领导地方商业活动；战略性住房的交付，改善就业情况，利用公共资金撬动私人资本，促进可再生能源项

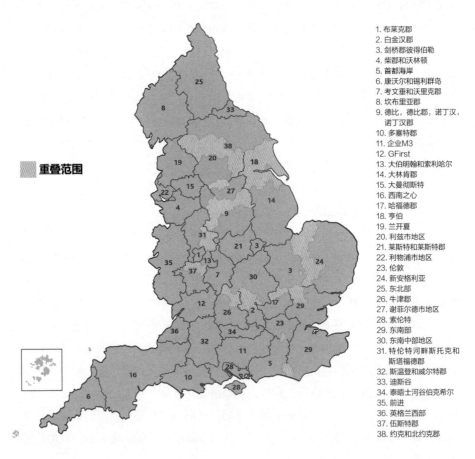

重叠范围

1. 布莱克郡
2. 白金汉郡
3. 剑桥郡彼得伯勒
4. 柴郡和沃林顿
5. 首都海岸
6. 康沃尔和锡利群岛
7. 考文垂和沃里克郡
8. 坎布里亚郡
9. 德比，德比郡，诺丁汉，诺丁汉郡
10. 多塞特郡
11. 企业M3
12. GFirst
13. 大伯明翰和索利哈尔
14. 大林肯郡
15. 大曼彻斯特
16. 西南之心
17. 哈福德郡
18. 亨伯
19. 兰开夏
20. 利兹市地区
21. 莱斯特和莱斯特郡
22. 利物浦市地区
23. 伦敦
24. 新安格利亚
25. 东北部
26. 牛津郡
27. 谢菲尔德市地区
28. 索伦特
29. 东南部
30. 东南中部地区
31. 特伦特河畔斯托克和斯塔福德郡
32. 斯温登和威尔特郡
33. 迪斯谷
34. 泰晤士河谷伯克希尔
35. 前进
36. 英格兰西部
37. 伍斯特郡
38. 约克和北约克郡

图5-6 英格兰地区38个地方企业合作组织的分布

作者根据以下资料翻译改绘：Department for Business, Innovation & Skills. Local growth: realising every place's potential [S/OL]. (2010-08-28) [2020-03-05]. https://www.gov.uk/government/publications/local-growth-realising-every-places-potential-hc-7961.

目；参与其他国家优先事项的实施，如数字基础设施政策。地方企业合作组织负责制定区域性、长期性的"地方产业战略（Local Industrial Strategy）"以及"年度交付计划和年终报告（annual delivery plan and end of year report）"，用以评价地方产业战略产生的影响、资金使用和对地方的干预情况等。成立之初，各组织向中央竞争2011年至2015年投入的32亿英镑"区域增长基金"（2016年后该计划暂无新增资金安排）[34]。2014年，各组织编制了《战略性经济规划》来竞争"地方增长协议"资金，截至2016年，73亿英镑的"地方增长协议"资金被分配给各组织。此外，中央政府还向"增长的场所基金（Growing places fund）"投入7.3亿英镑用以支持关键基础设施项目的建设，以及促进就业和住房建设。除英国中央政府的资金外，各组织还会申请使用欧盟的各类资金，因为不属于英国国家治理体系的范畴，在此不做展开。

由上述定位可见，不同于区域发展机构，地方企业合作组织的核心目标已经不再包括城市更新，城市更新被作为促进经济增长的附属品和非唯一途径。但是在实际工作中各组织仍然将大量的精力投入到了城市更新中，尤其是在和经济增长密切相关的产业、商业空间的更新以及住房的供给中。手段从物质空间导向转变为改善面向经济内生动力的综合模式。但是在此过程中，地方企业合作组织同样注重回应国家层面的规划政策框架和设计导引等导引，并通过多元化的方式加以实现。

以兰开夏（Lancashire）企业合作组织为例，自其成立以来，利用约10亿英镑推动了超过50项主要行动，其中直接涉及物质空间环境更新的行动共有7项，累计投资约9500万英镑，包括：一、兰开夏企业合作组织为南兰开斯特（South Lancaster）住房增长计划提供1625万英镑的资金，用来刺激对新开发的住房和商业用地的投资；二、为布莱克浦（Blackpool）会议展览中心提供1500万英镑的资金，在布莱克浦著名的冬季花园新建了耗资2800万英镑的会议中心和酒店，使兰开夏地区能够获得新的发展机会；三、为菲舍尔盖特（Fishergate）的市政厅剧院和普雷斯顿（Preston）汽车站周围的普雷斯顿市中心改善工程提供600万英镑的资金；四、为诺斯莱特（Northlight）提供495万英镑的改造项目资金，将彭德尔（Pendle）的布瑞尔菲尔德工厂改造成一个主要的混合用途开发项目；五、为西北伯恩利（North West Burnley）增长走廊提供489万英镑的资金，支持旨在增加帕迪哈姆住房的防洪和公共领域改善方案；六、为洛美沙耶（Lomeshaye）工业区扩建工程提供400万英镑的资金，打造新的战略性就业场所；七、为布莱克浦电车公司提供1640万英镑的资金，用以改造和整合电车和铁路网。

以另一个企业合作组织——德比市、德比郡和诺丁汉市、诺丁汉郡（Derby

Derbyshire Nottingham Nottinghamshire，简称D2N2）为例，其利用中央的"地方增长基金"设立了15项区域性资金计划，其中6项与城市更新高度相关，例如：在贝克特（Bechetwell），计划投入810万英镑用以支持该地区的商业再开发，撬动总投资2亿英镑，以帮助地方当局完成一直没有能力实现的城市更新计划。在此过程中，企业合作组织深度参与项目的策划、土地产权收拢和规划设计，对具体功能规划和商业空间设计提出了明确目标。D2N2投资448万英镑用于维苏威（Vesuvius）砖厂旧址的棕地更新，更新建筑面积36 700平方米，撬动总投资1660万英镑。建立总值1200万英镑的"我们的城市，我们的河流"计划，支持区域内滨水空间的更新。此外，还有"A61走廊""滨河商业公园""德比市中心空间提升"等计划。

从上述两个地方企业合作组织的做法来看，这类主体在城市更新和城市设计领域其改变了区域发展机构过去以区域策略制定、辅助地方当局策略和规划制定为主的做法，更加面向具体项目的实施。而在公共资金完全支持的项目和公私共同投资项目的实施中，保障了国家规划政策框架和设计质量倡议的落实。地方企业合作组织在城市更新中对设计质量之所以重视，是因为他们接受资金的来源正是国家规划政策的制定部门——社区和地方政府部，以及设计质量的另一个倡导者——商业、创新和技能部。而在对各类资金的竞争中，其需要提出回应中央政策的具体区域性策略和具体实施计划。

5.2.2 区域层面的半正式主体参与

5.2.2.1 建筑中心网络和设计网络

1999年到2011年存在期间，建筑与建成环境委员会（CABE）作为城市设计治理的国家代理人，利用公共资金建立或扶持了全国范围内区域层面的建筑和建成环境中心（Architectures and built environment center，简称ABEC）网络。该网络旨在提高英国专业人士和公众的技能、知识和机会水平，并促进年轻人和社区参与良好空间环境的塑造，提升地方当局对于高质量、可持续设计的关注。建筑与建成环境委员会下属的"场所塑造委员会（Placemaking committtee）"主导了这一网络的建设，由上级委员会委员罗宾·尼克尔森（Robin Nicholson）主持。如表5-6所示，CABE在10个区域任命了区域代表，由CABE自身员工或长期合作的专家或官员担任。此外，CABE还与其他区域性公共机构（主要为区域发展机构和中央政府的区域性派出机构，见5.2.1.2）或非政府机构合作，建立在地的建筑中心，辅助地方政府开展工作。

表5-6 区域性建成环境和建筑中心网络情况

区域	合 作 方	建筑中心	主要职能
英格兰东部	英格兰东部发展机构（East of England Development Agency）；激励东部（Inspire East）；英格兰东部政府办公室	塑造东部（Shape East）	通过研讨会、互动活动、展览、会谈、培训和在线资源，让公众参与影响当地建筑环境的问题
		密尔顿·凯恩斯-中南部建筑中心（Milton Keynes-South Midlands Architecture Centre）	通过向所有参与当地增长区域开发的人提供建议，支持更好地设计建筑、空间和场所
英格兰中东部	中东部发展机构；中东部更新（Regeneration East Midlands）；中东部政府办公室	Opun机构（中东部建筑中心）	与决策者、专业人士、社区和年轻人合作，改善该地区建筑环境的设计
		密尔顿·凯恩斯-中南部建筑中心	通过向所有参与当地增长区域开发的人提供建议，支持更好地设计建筑、空间和场所
英格兰中西部	中西部优势（Advantage West Midlands）；中西部更新（RegenWM）；中西部政府办公室	中部建筑+设计环境（Midlands Architecture+Designed Environment，简称MADE）	支持和促进卓越的环境设计，包括建筑、场所和公共空间、公园和绿地
		北斯塔福德郡城市愿景（Urban Vision North Staffordshire）	促进北斯塔福德郡大都市区内部和周围的高质量城市和建筑设计
大伦敦	伦敦发展机构；设计伦敦（Design London）；城市设计伦敦（Urban Design London）；大伦敦政府办公室	新伦敦建筑（New london Architecture）	展示伦敦当前建筑、规划和发展问题的永久性展示平台
		开放住宅（Open House）	旨在教育和激发关于伦敦卓越建筑价值的讨论，展示杰出的设计
		建筑基金会（The Architecture Foundation）	旨在推广和鼓励当代建筑的精华，并将其带给广大观众
		哈克尼建筑探索（The Building Exploratory，Hackney）	东伦敦的教育和资源中心，通过互动展览和广泛的教育方案探索建筑和当地环境
		城市设计伦敦	通过支持、培训、网络机会、最佳实践和建议，帮助伦敦当局实现更好的设计环境
		基础性（Fundamental）	教育和激励纽汉姆（Newham）的社区更多地参与建筑和社区的重建

区域	合 作 方	建筑中心	主要职能
英格兰东北部	一个东北（One North East）； 激活东北（Ignite North East）； 东北部政府办公室； 纽卡斯尔-盖茨赫德住宅市场更新探路者（Newcastle-Gateshead Housing Market Renewal Pathfinder）	北方建筑（Northern Architecture）	通过面向专业人士和公众的项目、方案和活动，在该地区推广高质量的建筑和设计
英格兰西北部	西北部发展机构； 重要场所（Places Matter！）； 西北部政府办公室； 曼彻斯特-索尔福德（Manchester-Salford）住宅市场更新探路者； 提升东兰开夏（Lancashire）住宅市场更新探路者； 奥尔德姆-罗奇代尔（Oldham-Rochdale）住宅市场更新探路者； 默西塞德（Merseyside）住宅市场更新探路者	重要场所	旨在提高该地区的建筑质量，提供支持并展示成功经验
英格兰东南部	东南部发展机构； 卓越东南部（South East Excellence）； 东南部政府办公室	肯特（Kent）建筑中心	旨在通过促进良好的建筑和设计以及提供建议、培训和教育来改善肯特郡和英格兰东南部的城市环境
		索伦特（Solent）建筑和设计中心	促进建筑环境中的高质量设计，注重教育、参与和设计宣传
		密尔顿·凯恩斯-中南部建筑中心	通过向所有参与当地增长区域开发的人提供建议，支持更好地设计建筑、空间和场所
英格兰西南部	西南部发展机构； 创造：卓越（Creating: excellence）； 西南部政府办公室	布里斯托（Bristol）建筑中心	促进整个地区更好地理解和享受建筑和设计，以及更好建成环境带来的好处
		德文和康沃尔（Devon & Corwall）建筑中心	提升德文郡和康沃尔郡的设计质量和建成环境

续表

区域	合 作 方	建 筑 中 心	主 要 职 能
约克郡和亨伯	约克郡前沿（Yorkshire Forward）；整合约克郡（Integreat Yorkshire）；约克郡和亨伯政府办公室	建筑，外壳（Arc，Hull）	促进亨伯地区建筑和公共空间的设计质量
		环境助理（Environmental Assistance）	为致力于保护和改善自然和建成环境的社区和个人提供专业知识、建议、教育和培训
		梁（机构名称，Beam）	通过学习和教育，促进好的设计，以及在公共领域富有想象力地运用艺术手段帮助人们创造更好的场所
		棚（机构名称，Shed）	与南约克郡地区的社区合作，尤其是与学校和年轻人合作，支持他们更加自信地帮助塑造、维护和打造更加美丽和可持续的建筑和场所
英格兰以外的地区	苏格兰地区：苏格兰建筑+设计（Architecture+Design Scotland）；苏格兰建筑（Scottish Architecture）		
	威尔士地区：威尔士设计委员会（Design Commission for Wales）		
	北爱尔兰地区：场所，贝尔法斯特（Place，Belfast）		

资料来源：UK web archive. CABE website history［DB/OL］.（2010-05）［2020-05-05］. https://webarchive. nationalarchives.gov.uk/20100510234125/http://www.cabe.org.uk/regions.

　　2008年至2010年间，建筑和建成环境委员会和其区域合作伙伴向各地的建筑中心网络拨款总计186万英镑，支持其运营。通过数额并不大的直接经济支持，建筑和建成环境委员会建立了高效的区域影响力窗口。在对建筑中心网络的支持中，中央政府向区域派出的办公室和地方发展机构是资金支持的主力，分别代表了中央政府的政策主张，以及地方当局和企业形成的增长同盟，建筑和建成环境委员会则起到了专业支撑的作用，三方共同构成区域层面城市设计治理的背后力量（图5-7）。在此过程中，建筑和建成环境委员会的大量研究成果、设计导引、活动倡议、治理工具（参见2.2.2章节）向区域和地方输出。一方面，这些多层次的城市设计治理工具为区域性、网络化的地方机构提供强有力的专业支撑，尤其是在那些本地专业力量薄弱的欠发达地区，这一点尤为重要。因为地方政府普遍缺乏具有专业知识的官员和行政人员，再加上区域内专业技术人员、企业、机构的空白，使得区域和地方难以回应中央政府的国家规划政策框架及其他政策主张。规划许可、设计审查等行政程序难以有效开展或者自由裁量水平较低，同时公共资金投资或政府参与的PPP项目中设计质量难以得到保证。国家代理人在区域层面建立的"网络"有效填补了这些不足，并通过宣传、多方参与活动等形式进一步提升了地方当局、企业和公众对于设计质量的意识，促使中央政策向广泛认同的社会文化转变，形成政策与实践的良性循环。

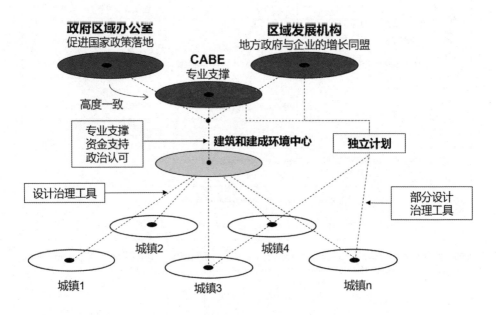

图5-7 区域层面半正式主体参与城市设计治理模型

另一方面，建筑和建成环境委员会除了依靠建筑中心网络间接开展工作，还通过自身任命的区域代表与地方当局和公共组织合作直接推进相关计划。建筑和建成环境委员会在英格兰东部地区和中东部地区推进了"区域设计行动管理计划"，该计划侧重于应对与增长和住房扩张相关的问题，与英格兰东部开发机构共同出资设立。这项工作集中在5个城市地区，通过"设计冠军"（奖项）和地方当局举办的培训活动，以及研讨会来扩大区域增长议程的影响，受众为地方官员和企业代表。建筑和建成环境委员会深度介入了多个城市更新地区的具体工作，如凯特琳东区（Kettering East）、威林伯勒镇中心（Wellingborough town centre）等。在东北部的重点地区，如迪斯谷（Tees Valley）地区增派区域代表，与地方城市更新机构"迪斯谷再生（Tees Valley Regeneration）"共同研究城市和区域相关的规划事项、住宅更新市场、总体行动规划、设计准则、案例等。在历史资源丰富的西北部，推进"兰开夏设计和遗产"计划，为地方当局提供设计建议、技能培训、历史遗产利用和再开发咨询。与"更新西北（Renew Northwest）"、区域开发机构一起，共同推进"设计利物浦"计划，帮助地方当局在中央政府的"住房市场更新倡议（Housing Market Renewal Initiative）"下促进居住区邻里的改造，建立设计审查程序。与地方发展机构在东南部建立城市设计联盟，成员包括伯克希尔（Berkshire）、牛津郡（Oxfordshire）、白金汉郡（Buckinghamshire）和密尔顿·凯恩斯（Milton Keynes），形成地方政府官员讨论最佳实践、分享挑战和应对措施、提供互助和讨论建筑环境设计问题的论坛，并提供培训和调研学习服务。在西南部成立"设计西南（Design South West）"联盟，旨在影响西南地区建成环境质量，由该联盟支持两个建筑中心向地方当局交付"设计领导"方案，并协调它们在该方案上的工作，通过咨询、培训和展示良好设计的价值，帮助那些参与城市更新的利益相关方有效地交付设计良好的建筑和公共空间。无论是第三方的区域性常设机构，还是建筑和建成环境委员会通过自身区域代表推进的计划，都对这些地区包括城市更新在内的建成环境领域城市设计治理产生了巨大影响。

进入紧缩时期，建筑和建成环境委员会和设计理事会合并后，不再代表中央政府对英格兰9个地区的区域性建筑和建成环境中心进行直接资金扶持。虽然没有了资金支持，但其中8个机构都存活了下来，并保留了设计审查、设计建议等核心服务。而建筑和建成环境委员会曾经打造的城市设计治理工具（见2.2.2），如设计评价体系、各类奖项、品牌活动等不复存在。在建筑和建成环境委员会和区域发展机构双双被裁撤的大背景下，各机构预算和职能的缩水在所难免，如"重要场所"（原英格兰西北部建筑和建成环境中心）就转投到英国皇家建筑师协会（RIBA）旗下。为了填补建筑和建成环境委员会消失带来的影响力缺失，8个机构自发成立了新的"设计网络（Design Network）"机构，用以共享研究成果、联合成员机构参与国家政策制定咨询（图5-8）。2017年，"设计网络"发布了《议员的伙伴：规划中的设计》（*Councillor's Companion for Design in Planning*），从新的角度介入城市设计治理，其受众从地方当局、开发商和一般民众，转向了各级民意代表，指导从国家到地方的各级议员如何更好地行使权力，参与各级政府（如地方规划委员会、开发公司理事会）等主体的管理活动。如何监督、督促地方当局保证良好设计？如何有效组织公众参与？有哪些国家计划和资金可以被申请用来提升空间

图5-8　英格兰8个区域性组织组成的设计网络

作者根据以下资料翻译改绘：设计网络官方网站https://designnetwork.org.uk/.

质量？有哪些治理工具可以使用和可以寻求？有哪些公共组织可以提供帮助并介入？——诸如此类来自设计网络的研究成果通过成员组织在各区域加以推广。2018年至2019年，设计网络依托其遍布全国的区域性成员组织，辅助国家住房、社区和地方政府部开展了大范围的政策咨询活动——国家设计工作坊讨论（National Design Workshop Discussions 2018-19 Report for MHCLG，MHCLG的全称是Ministry of

Housing Communities&Local Government），并形成政策建议报告。这次咨询活动向英格兰8个区域内92个地方当局的233位代表征询对于国家相关政策的意见，以及地方实践中的困难[35]。这份报告直接影响了国家层面的《规划实践导引》（*Planning Practice Guidance*，简称PPG，参见5.1.3.1章节）的修编。此外，设计网络还会根据成员需要，接受其他公共组织或非政府机构委托进行研究，并共享研究成果，避免各成员在应对普遍问题上的重复支出。例如支持"场所联盟"（参见5.1.5.3章节）研究的成果——《议员对于住宅设计的态度》（*Councillors' Attitude Towards Residential Design*）[36]。除英格兰地区外，北爱尔兰、威尔士和苏格兰地区自建筑和建成环境委员会时期就存在三所区域性设计质量促进机构——"苏格兰建筑+设计""威尔士设计委员会""场所，贝尔法斯特"。它们运行因为自始至终对建筑和建成环境委员会的依赖程度就极小，同时三地区域政府相对独立于英国中央政府行事，所以三所机构并没有因为中央财政紧缩而遭到裁撤。

5.2.2.2 地方企业合作网络

在政府治理和经济紧缩时期，与企业合作组织相伴相生了半正式机构——地方企业合作网络（Local enterprise partnership network）。作为全国范围的联合组织，它与政府、咨询方、企业、学术界、智库以及其他参与方共同对区域性的地方企业合作组织进行评估、审查，并代表所有成员组织参与国家政策制定，同时还是国家监管地方企业合作组织的信息和数据来源。作为一家非营利性机构，其运营带有强烈的多方参与色彩，当前英国38个地方企业合作组织均为其成员。而该机构的运营则由一家企业主导的企业联盟、一家国资背景财团（劳埃德银行集团）、一家咨询企业、两家社会组织提供支持。企业联盟为高盛集团主导的"英国10 000家小企业（10 000 Small Businesses UK）"组织，其旨在促进与主导者——高盛集团合作的小企业的发展，但同时也和政府组织［主要是"规模扩大工作小组（Scale up Task force）"］合作制定面向更广范围内企业的产业战略。公共组织为"伦敦卓越行政中心（The London Centre for Executive Excellence）"，其通过技能培训、咨询等方式支持企业发展。两家社会组织分别为"注册技能（Signed up Skills）"和"NOCN（National Open College Network）小组"，二者都致力于英国职业技能水平的提升和就业的改善。上述五个组织都在不同程度上利用公共资金开展活动。地方企业合作网络搭建了成员与捐赠者之间的相互作用桥梁，一方面推进了上述捐赠者的倡议（高度回应中央政策）在各区域层面的落实，另一方面对接了成员在推进自身战略中在特定领域所需的专业咨询、技术支持、资金支持、合作以扩大影响力等诉求。除捐赠者外，地方企业合作网络当前还有四家深度合作对象，他们尽管没有采取资金支持的方式，但同样通过这一"网络"放大了自身影响与实施能力。

在城市更新和城市设计领域，地方企业合作组织发挥了资源对接、政策解读与宣传、倡议引领的作用。其深度合作伙伴——环境、经济、规划和交通长官协会（Association of Directors of Environment, Economy, Planning and Transport，简称APEPT）是全国范围内与物质空间建设有关的各层级政府官员的联盟组织，其发布的《战略规划2020—2023：为繁荣社区塑造场所》（*Shaping Places for Thriving Communities Strategic Plan 2020-2023*）同样回应了国家规划政策框架，并从地方政府当局的角度提出了更多可行措施[37]。通过地方企业合作网络，该组织吸纳了更多区域内的地方政府成员，并将原来没有参与的企业合作组织成员纳入了联盟。地方企业合作网络还具有上传下达的作用，体现在辅助和协调成员组织争取"欧盟结构性投资资金（EV structural investment，简称ESI）"、代表各成员参与"国家基础设施交付计划（National Infrastructure Delivery Plan）"的制定咨询、汇总成员为争取"地方发展基金（Local Growth Funds）"而制订的战略性经济计划、参与国家层面的"战略性住房市场评估（Strategic Housing Market Assessments）"，各区域通过该组织在国家乃至欧盟层面为本地发展发声、影响政策制定，并争取政府更多的资源倾斜。在活动组织方面，地方企业合作组织举办了每年一度的"鼓舞人心的城市（Inspiring City）"国家论坛，发布指导未来十年的城市发展议程。"鼓舞人心的城市"当前已经成为颇具影响力的品牌活动，受到了区域组织成员的支持，作为宣传区域发展成就和未来愿景的窗口。总体而言，地方企业合作网络作为一家半正式机构，在中央政府和区域组织、公共资源和区域组织、社会资源和区域组织间发挥桥梁作用，但是因为国家对地方企业合作的定位转变，城市更新让位于经济更新，因此其对于促进城市设计治理的效能实际上十分有限。

5.3 城市层面城市更新与城市设计治理体系

5.3.1 地方回应国家城市更新治理体系的途径

本章前两节着重分析了中央政府如何在全国和区域层面引导城市更新活动的开展，保证设计质量的实现，并通过各类半正式的公共组织，辅助各级政府部门。本节将分析和解读的重点是国家治理体系在城市和社区层面如何延伸，和各地方城市乃至社区如何回应国家的城市更新与城市设计治理体系，以及具有代表性的城市所开展的独立的、相对自发的行动。不同的城市在城市更新和城市设计治理上表现出了较大差异。

2011年，英国中央政府社区和地方政府部发布了政策声明文件——《更新促进增长：政府正在做些什么来支持社区主导的复兴》，对城市、社区和私营部门如何回应中央政策进行了引导，包括各方的权利、可利用的政策工具、可利用的资金和计划、可以寻求帮助的公共组织。地方城市政府可以根据实际需要选择性对接这些资源。地方当局和社区可以直接获取或有条件申请城市更新资金，设计质量通常是条件的一部分，相关城市更新的资金来源如表5-7所示[38]。

表5-7　《更新促进增长》政策的回应渠道导引

	政策或资金	概　况	如何应用于城市更新	责任部门
城市层面	地方政府资源审查/商业税率保留	使本地议会提高保留税收的比例	可以让地方政府从提高商业税收保留比例中直接获得更多的财政收入，以便再投资于城市更新	社区和地方政府部
	地方政府资源审查/税收增加财政	允许地方当局根据当地的预期增长提高商业利率，以及举债的权力	可以为关键基础设施和其他资本项目提供资金，进一步支持当地推动经济增长	社区和地方政府部
	新屋奖金（New Homes Bonus）	新屋奖金用于免除未来6年为新屋和重新投入使用的长期空置房产征收的额外市政税，以及经济适用房的溢价	新屋奖金收入可以降低城市更新的附加成本	社区和地方政府部
	城市公有住房（Council Housing）自留经费	将允许地方当局保留所有来自城市公有房产租金的收入，并将其用于当地住房服务	使地方更有能力对城市公有住房进行适当的商业规划，以确保其满足当地社区的住房需求	社区和地方政府部
	社区基础设施税	一种新工具，允许地方当局对新开发项目设定强制性收费，以筹集资金，用于支持增长的基础设施建设	地方当局可以获得支持所需更新基础设施的新资金流	社区和地方政府部
	欧洲区域发展基金	帮助刺激经济发展和复兴的欧洲资助计划	支持地方复兴和刺激经济发展项目的潜在资金	社区和地方政府部

续表

	政策或资金	概　况	如何应用于城市更新	责任部门
城市层面	增长的场所基金	为"地方企业伙伴关系"拨款5亿英镑，支持地方基础设施项目，释放住房和经济增长潜力	基础设施的发展（如交通或公用事业的改善）有助于拓展更广泛的发展机会，如住房用地和经济发展项目	社区和地方政府部；商业、创新和技能部；交通部
	促进英国建设基金	4亿英镑投资基金，支持需要开发融资的建筑公司，包括中小型建筑商	将有助于激活停滞的开发场地	社区和地方政府部
	沿海社区基金	支持沿海地区当地经济发展的基金	将支持广泛的项目，包括环境、教育和卫生等领域的建设项目	社区和地方政府部；财政部
	空置住房基金/空置住房群基金	分别拨付1亿和5000万英镑，用以应对房屋空置问题	促进对空置房屋和低住房需求地区的更新	社区和地方政府部
	社会影响债券	公共部门机构和投资者之间的合同，前者承诺为改善的社会结果付费	将使贫困地区更容易吸引社会投资，以解决志愿团体、社区和社会企业部门组织根深蒂固的社会问题	公民社会办公室
社区层面	区域发展机构/家庭和社区机构资产	最大限度地利用资源开发署、住房和社区机构的土地和资产银行	通过创新区域发展机构的土地和资产管理方式促进地方的更新	社区和地方政府部；商业、创新和技能部
	社区第一	旨在使社区能够采取社会性行动以满足当地需求的小额赠款方案	将帮助邻里团体实施他们自己制定的改善社区的计划	公民社会办公室
	"大社会"资本	一家独立的金融机构，与社会投资者和社区贷款人合作，增加一线社会组织获得融资的机会	释放实现地方规划所需的资金，以支持私营部门的增长	公民社会办公室
	英格兰乡村开发项目	欧盟和英国共同资助的赠款方案，以改善农村地区的经济和社会机会	农业、林业、农村企业及社区的潜在改造资金	环境、食品和农村事务部
	社会影响债券	欧盟和英国共同资助的赠款方案，以改善农村地区的经济和社会机会	农业、林业、农村企业及社区的潜在改造资金	环境、食品和农村事务部
	欧洲区域发展基金	欧盟和英国共同资助的赠款方案，以改善农村地区的经济和社会	农业、林业、农村企业及社区的潜在改造资金	环境、食品和农村事务部

资料来源：整理自Communities and Local Government．Regeneration to enable growth：what the government is doing to support community-led regeneration［S/OL］．（2011-01）［2020-03-05］．https://webarchive.nationalarchives. gov.uk/20120919220828/ http://www.communities.gov.uk/documents/regeneration/pdf/1830137.pdf.

除资金外，地方政府和社区作为独立主体还可以按需寻求帮助的公共组织和中央政府服务如表5-8所示。

表5-8　半正式组织为《更新促进增长》政策提供的辅助服务

	政　策	概　况	如何应用于城市更新	责任部门
城市层面	资产转移小组	提供关于社区资产转移相关事宜的建议和专业知识	提供咨询	社区和地方政府部
	家园和社区机构	向当地合作伙伴提供扶持性提议，包括提供技术和专家咨询，还包括关于法律协议、复杂规划应用、投资模式和交易中介、空间和市场情报以及各种交付工具包的咨询	可以帮助制定和交付复杂的城市更新方案	社区和地方政府部
	规划咨询服务	提供咨询和专业支持、学习活动和在线资源，帮助地方当局理解和应对规划改革	可以为实践提供支持、建议和实例，为地方当局说明规划系统可以在哪些方面帮助交付更新方案	社区和地方政府部
	突破障碍	协助社区和地方当局打破官僚体系障碍	协助建立跨部门的城市更新政府部门合作关系	社区和地方政府部
社区层面	社区资产转移	将未充分利用的土地和建筑从公共部门转移给社区和其他公共管理部门所有	帮助组织再开发资产所有权结构，以提供长期的社会、经济和环境效益	社区和地方政府部
	社区共享	使社会企业能够向公众出售股份，以支持企业的社会目标，包括当地商店、可再生能源项目或公共服务设施	将使贫困地区更容易吸引社会投资。社区股份可以为社区企业提供新的投资来源	社区和地方政府部
	转移基金	1亿过渡基金，使慈善机构、志愿部门和社会企业能够适应向不同供资环境的过渡	该基金将帮助公共组织继续向全社会提供关键服务	公民社会办公室
	未来更安全的社区基金	向支持家园办公室目标的在地志愿组织、社区组织和社会企业组织提供实际支持和建议	将使组织能够成为法定部门更有效的合作伙伴，并提供更具成本效益的服务，包括参与共同设计和共同提供满足当地需求的服务	家园办公室
	邻里规划支持	协助当地团体制定邻里计划，包括免费公正的建议、实用的讲习班、量身定制的在线资源、网络工具和电话咨询热线	通过向社区提供切实可行的建议和支持，帮助他们实现对社区的愿望	社区和地方政府部

资料来源：整理自Communities and Local Government. Regeneration to enable growth：what the government is doing to support community-led regeneration［S/OL］．（2011-01）［2020-03-05］．https://webarchive.nationalarchives. gov.uk/20120919220828/http://www.communities.gov.uk/documents/regeneration/pdf/1830137.pdf.

从上述两个表格可见，中央政府期望地方政府和社区回应国家城市更新的途径分为三类，包括可以直接从中央政府各部门申请资金、通过协商有条件地获取调整本地财政政策的权力，以及寻求来自中央政府和半正式机构的各种服务来开展城市更新。三条途径的前提是地方政府和社区要满足各中央部门的政策目标，而这些目标非常明确的中央部门资金与计划，首先自身需要满足国家规划政策框架等顶层政策的基本要求，且主动回应顶层政策目标并做出拓展。这一点尤其明显地体现在社区和地方政府部所制定的各种计划中。这种做法让物质空间建设与经济社会建设政策融合在一起，真正使城市更新成为跨部门的公共政策，而对设计质量的保证是其中一条需要自始至终得到贯彻的主线。作为城市更新真正的实施者和密切的利益相关方，城市和社区中的政府、企业和民众的力量和能力通过上述资源得到了充实。同时，各级政府将资源的有条件赋予作为杠杆，撬动了更多的社会资本，并使用非强制行政命令的做法达成了自身目标。本节延续国家和区域层面政策体系，展示了地方城市和社区可以利用的多元化资源，下一节开始将以三座城市为案例，分析地方城市如何更加主动地推进城市更新与城市设计治理。

5.3.2 特大城市案例——伦敦

英国城市之间的发展水平差异较大，源于区域发展的不平衡。从经济总量上看，南部好于北部，英格兰好于苏格兰，二者又远好于威尔士和北爱尔兰。因此本节选取三座城市——伦敦、诺丁汉（Nottingham）、因弗尼斯（Inverness）进行解读，三地分别位于英格兰东南部、中部和最北部苏格兰高地，2018年常住人口分别约为890万、32.9万、6.9万，在66个自治市的人口排名中分别位列第1位、第14位、第52位，分别代表了英国特大型城市地区、中等规模城市和小城镇（除伦敦外，英国只有5个百万人口以上的大城市地区；按行政边界划分，单独城市人口超过百万的只有伯明翰市；自治市人口中位数只有约13.6万人）。

5.3.2.1 更新团队

（1）领导机构

伦敦每年贡献了全英四分之一的国民生产总值，城市综合实力稳居全国第一，也是对于城市更新与城市设计高度重视的城市。值得注意的是，在其政府网站上的16项政府事务中，城市更新独立于"住房和土地""规划"这两项与物质空间建设最密切相关的传统事务板块而自成体系（图5-9）。当前，伦敦市政府设置有伦市长城市更新团队（Regen eration Team）来代表地方企业合作组织——"伦敦经济行动合作组织（London Economic Action Partnership）"管理城市更新的财政支出，对政策和项目进行研究和评估以确保投资的有效实施。当前，伦敦市长城市更新团队的7项优先任务如表5-9所示。由七条对自身职能的表述可见，作为伦敦市政府城市更新的最高领导机构，其核心任务首先是对相关资金资源的分配与监督利用，其次才是对城市更新中设计质量的保障，以及在一定周期内对重点项目的领导，最后是突破物质空间更新的范畴，将产业、人力资源再生等非物质政策与物质空间建设绑定，推进综合性的城市更新。

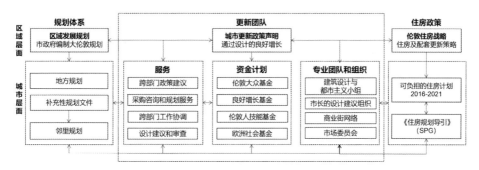

图5-9　伦敦城市更新治理体系

表5-9　伦敦市长城市更新团队的优先任务表

序号	优先任务内容简介
1	通过"伦敦大众基金（Crowdfund London）""良好增长基金（Good Growth Fund）""伦敦人技能基金（Skills for Londoners Fund）"和"欧洲社会基金（European Social Fund）"帮助市政府促进城市更新
2	根据市长的优先事项，使资金使用的影响力达到最大化
3	通过专家援助团队，和建筑、设计和城市化小组（Architecture, Design & Urbanism Panel）以及市长的设计倡议组织（Design Advocates）促进高质量的城市更新
4	为其他市政厅内的团队提供支持，以充分利用所有的城市更新机会
5	与合作伙伴合作，确保水晶宫公园有一个可持续的长期未来
6	大力投资伦敦的继续教育产业，使伦敦能够应对劳动力市场不断变化的技能需求
7	管理欧洲社会基金2014—2020计划，为伦敦年轻人和成年人提供工作和培训方面的帮助

资料来源：总结自Mayor of London．Regen team［EB/OL］．［2020-04-20］．https://www.london.gov.uk/what-we-do/regeneration/about-team.

（2）资金计划

当前，伦敦市政府有8项资金计划用于城市更新事务，其中2项为中央拨款，6项为市政府拨款。具体情况如下：

良好增长基金（Good Growth Fund）。该资金计划旨在支持具有创新模式的城市更新活动，鼓励伦敦居民积极参与当地社区和城市的更新；基于地方战略，促进伦敦的经济增长与物质空间特性相协调；从街道和城镇中心到工业区，促进多样化、无障碍的场所塑造，充分发挥地方经济的潜力。其管理的主体是伦敦市政府城市更新团队和伦敦经济行动合作组织。到目前为止，已授予超过5100万英镑的资金，帮助实现52个创新性的城市更新项目。另有42个项目获得了总计230万英镑的发展资金，以帮助确定和编制项目的规划、策划和设计方案。伦敦各行政区、次区域伙伴组织、城镇团队和商业改善区、工作空间提供者、社区团体、社会企业、中小型企业、慈善组织都可以作为主体申请使用该资金计划。资助的项目类型包括：市政基础设施、支持小企业发展、保护和创建工作空间、改善建筑技术、强化伦敦的地方经济、培养技能和就业能力、交付社区主导的城市更新、增强公共空间、促进文化发展、改善空气质量。典型项目包括南瓦克（Southwark）的蓝色市场社区主导城市更新项目，单笔投资231.25万英镑，用以改造伯曼西（Bermondsey）的历史城镇中心和街道市场。

伦敦大众基金。该资金计划旨在帮助社区组织制订社区和邻里更新相关计划、规划和设计方案并加以实施，通常为包括物质和非物质更新手段在内的综合性更新。申请主体必须为法定的地方组织并与大伦敦当局签订资助合同，具有独立组织银行账户，并有明确的组织治理声明文件，且不以盈利为目的。项目的申请标准是需要强化地方特色、以创新性方式应对地方挑战、为闲置空间赋予新的活力、促进地方经济发展、改善当地人口劳动技能水平、得到社区充分共识、为创意产业和初创企业提供可负担的工作空间、让本地居民参与共同设计过程以改善当地公共空间。当前已有超过100个申请得到资助，包括社区公共空间、都市农场、市场、工作空间、公园、口袋公园、公共艺术装置。典型项目包括威斯敏斯特（Westminster）的哈罗大街改造，共投资2万英镑用来编制邻里层面的设计导引，此外，还有哈克尼（Hackney）、旺兹沃斯（Wandsworth）等微空间改造。

其他资金计划。除上述主要资金计划外，还有"伦敦人技能基金"，它在3年里提供8200万英镑用于为伦敦的职业技能教育机构投资所需的房地产和设备，以应对雇主和学员当前和未来的技能要求，提高学员满意度、成功率并促进学员进步，支持提高有技能认证的人员数量，与雇主和当地利益攸关方建立强有力的创新伙伴关系。"委员会基金（Commissioning Fund）"为伦敦地区每个增长潜力较大的开发项目提供40万英镑资助，主要对象是具有零售功能的城镇和区域中心、居住区和商业街，其申请标准参照伦敦当局的研究报告《在城镇中心提供增长》（*Accommodating Growth in Town Centres*）。其中提供了详尽的设计导引，包括商业空间的发展趋势、空间设计原则和样式、不同业态空间的优秀案例、成本和周期估算、开发强度指引、城市设计治理工具的引介等内容。"伦敦共同投资基金（London Co-Investment Fund）"是总额为8500万英镑的公私合营风险资本基金，它帮助政府投资伦敦一些最具创新性的科技初创企业，并不局限于直接投资，也包括通过城市更新为其提供可支付的办公空间。"开发支持基金（Development Support Fund）"共150万英镑，单笔支持1万～10万英镑帮助旨在促进劳动技能的组织机构更新其设施。此外，还有支持室内环境微更新的"小项目资金（Small Projects Fund）"等计划。

除以上正在运行中的资金计划外，6项资金计划已经结束申请，进入资金下放和实施阶段后期。包括：自2011年以来为85个项目资助了总额1.29亿英镑的"伦敦更新基金（London Regeneration Fund）"，当前还有总投资2000万英镑的项目正在实施中；在2014年到2015年投入900万英镑，旨在通过良好设计重塑商业空间活力的"商业街基金（High Street Fund）"；为改善伦敦最衰落行政区设立的总投资7000万英镑的"市长更新基金（Mayor's Regeneration Fund）"；2014年耗资7000万英镑开展的旨在通过城市更新提供更多和更优质住房的"新屋奖励基金（New Homes Bouns Fund）"；与伦敦经济行动合作组织共同管理的总投资1.1亿英镑的"增长的场所基金（Growing Places Fund）"，该基金的资金来源于中央政府社区和地方政府部。

（3）建议与导引

伦敦市政府城市更新团队下设建筑设计与都市主义小组，对有关城市更新中城市设计的相关政策、计划和具体项目向市政府、市议会和住房协会提出建议，辅助正式主体决策，并对所有伦敦公共部门资助的相关项目进行审查和评价。而建议与咨询并非全部来自于该小组本身，2018年至今，政府通过该小组采购了超过100个实际规划设计项目和政策研究评价项目，支付了超过3000万英镑、涉及27个市级公共部门或组织的工作。其专业人员构成来自城市设计、住房、交通导向开发、总体规划等领域。在城市更新活动中，建筑设计与都市主义小组为伦敦政府各部门挑选优质的服务、建设供应商，填补不同部门间的专业性知识沟壑，避免重复工作以节省时间和资金，包括：为市政府各部门确定了14个类别的供应商清单，包括：城市策略、空间政策和研究；场地总体规划和灵活开发；公共领域和景观；居住和其他功能的混合利用；商业、办公、医疗、教育与公民建筑；交通设计等。

同时，建筑设计与都市主义小组还是辅助现任伦敦市长萨迪克·汗（Sadiq Khan）推进其"设计促进良好增长（Good Growth by Design）"计划的主要力量。该计划旨在利用跨部门、统一的工作方案，加强伦敦的建筑和社区设计质量[39]。这个计划的主要工作包括八方面：一、制定设计标准，通过广泛问询调查伦敦在建筑、城市设计和场所塑造中存在的关键问题，进而制定明确的政策和标准；二、建立伦敦设计审查小组，确保上述政策和标准能够通过有效的审查得以落实；三、提升大伦敦政府和各自治市（Borough）政府在促进开发建设方面的能力，对行政程序进行优化，分配更多的专业化人力资源（为特定岗位提供更高的薪酬）和可利用资金（设置更多面向项目的资金计划），尤其是针对能力相对薄弱的行政区（定期进行能力评估）；四、与各行业组织、地区组织、市民代表（不同种族、不同信仰、不同收入阶层）合作，保证多样性的城市空间；五、提高公共部门的供应商质量；六、对具有良好设计的实践进行奖励。

负责制订"设计促进良好增长"计划的是"市长的设计倡议组织（Mayor's Design Advocates）"，它包括50名跨专业的建成环境领域专家。该小组实际上是伦敦地方版的建筑和建成环境委员会，不仅向政府提供战略性咨询，也负责提供设计审查服务、组织政策咨询、推广实践案例、向公共部门提供技能培训。除了常设的50人小组承担日常性工作外，伦敦市政府还在16个领域邀请了60个机构组成了专家辅助团队（Specialist Assistance Team，简称SAT）辅助决策体系。在"市长的设计倡议组织"的推动下，伦敦市政府对于商业街、零售和批发市场、工作场所这三类重点关注的城市更新对象，拨款开展工作坊、论坛进行政策征询、宣传，发布设计和建设导引，帮助其建立非政府组织，包括成员来自居民、业主、股东、租户在内的商业街网络（High street network）、工作空间供应者网络（Open Workspace Providers network）、市场委员会（London Markets Board），以及配套的咨询小组，如工作空间咨询小组（Workspace Advisory Group）。

5.3.2.2 规划体系

除了上述自发性、主动性的施政，在法定规划体系内，伦敦编制了市政府主导

的大伦敦规划、32个自治市（行政区）主导的地方规划和地方主义法案保证的社区
规划。值得注意的是，英国的法定规划体系内只有地方规划和社区规划两级，大伦
敦规划并非国家法律强制要求的编制类型，而是依据《大伦敦当局法案（1999）》
（*Greater London Authority Act 1999*）编制[40]。本质上与我国常见的空间战略规划
相似，只有战略方向和原则，而没有对具体用地的安排。

当前正在实施的2016年版大伦敦规划，主要负责制定原则性的指引（与城市
更新团队制定的政策相协调），划定了大伦敦范围内的城市更新地区（图5-10），
提出了分区施策的城市更新策略，由行政区在地方规划中进一步编制更加详细的
规划策略、制订实施计划和如何利用伦敦市层面各种资金计划的方案[41]。对于基
于综合评价得出的高度衰落地区（如伦敦东北部地区等），通过城市更新的集中
投资和行动，特别是住房更新解决贫困和就业问题。在特殊地区——奥利匹克公

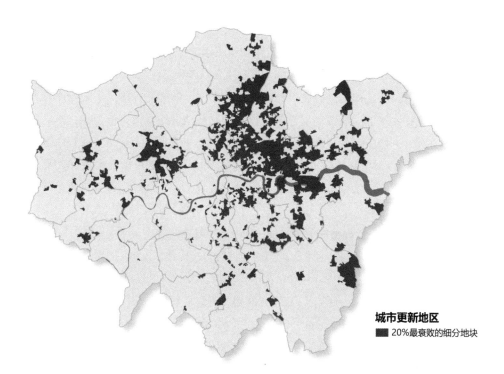

城市更新地区
■ 20%最衰败的细分地块

图5-10 2016年版大伦敦规划中划定的城市更新地区

作者根据以下资料翻译改绘：Mayor of London. London plan 2016 [S/OL]．[2020-03-05]．https://www.london.
gov.uk/what-we-do/planning/london-plan/current-london-plan.

园及周边（被市政府定位为伦敦最重要的城市更新项目），由伦敦遗产开发公司（London Legacy Development Corporation）负责制定地方规划——奥运遗产战略规划导引（Olympic legacy strategic planning guidance），并负责城市更新的实施。在大伦敦规划中，城镇中心的建设具有优先地位，各行政区应将其作为重点推进城市更新。市政府支持各行政区通过城市更新提供私营和公私合营的学生公寓、市属租赁住房、社会性基础设施等特定类型功能空间。在住房类更新中，应为周边社区保留一定比例的可支付住房。设施类更新则鼓励公共设施、私营设施及社区所有设施面向全社会的共享。各行政区应在规划编制早期阶段确定因城市更新而产生的对教育、医疗等公共服务的需求，特别是那些本来就存在短缺的地方。市政府明确推进遗产导向的城市更新（Heritage-led regeneration），地方政府在规划决策中应充分评估遗产对于城市更新的作用（如格林威治地区等），并充分利用伦敦市层面和国家层面的城市景观遗产倡议、遗产彩票基金、遗产经济再生计划或风险建筑赠款等计划在促进历史地区更新方面发挥作用，同时保证遗产资产的维护和管理。指定和发展文化区，以容纳新的艺术、文化和休闲活动，使它们能够更有效地促进城市更新。通过交通基础设施带动城市更新，例如从肯辛顿（Kensington）向巴特西（Battersea）延伸轨道线路，以支持沃克斯豪尔（Vauxhall）的2万套住房和容纳25 000个工作岗位的城市更新项目。在位于郊区的行政区，鼓励建设具有高质量设计水平的大型或高层建筑，以带动这些地区的城市更新。推进皇家码头等重点公共开放空间的更新。此外，大伦敦规划中还划定了对全市或行政区具有重要意义的38个机会地区和17个优化地区。为了对特定目标、地域和功能空间进行进一步引导，大伦敦规划还会在编制并获准后，不断通过补充性规划导引（Supplementary planning guidance）进行完善。当前通过的文件超过20项，绝大多数与城市更新相关，并提出了明确的设计标准或引导性内容。

地方规划和社区规划分别由行政当局和社区自行因地制宜编制，本书以伦敦卡姆登（Camden）行政区地方规划和区内卡姆利街（Camley Street）社区规划为例进行简要介绍[42]。如图5-11所示，在地方规划中明确了4个城市更新片区作为社区投资项目（Community Investment Program，简称CIP），4个片区计划供应3050套住房，投资1.17亿英镑建设或更新53处学校或儿童中心，新增9000平方米的社区设施和空间。以更新片区之一——福音橡树（Gospel Oak）为例，地方规划指出，作为行政区内的一个主要居住区，由于相对贫困程度高和住房方面的重大挑战，它被确定为优先领域。设计质量差、过度拥挤和建筑老化意味着许多住房需要大量投资才

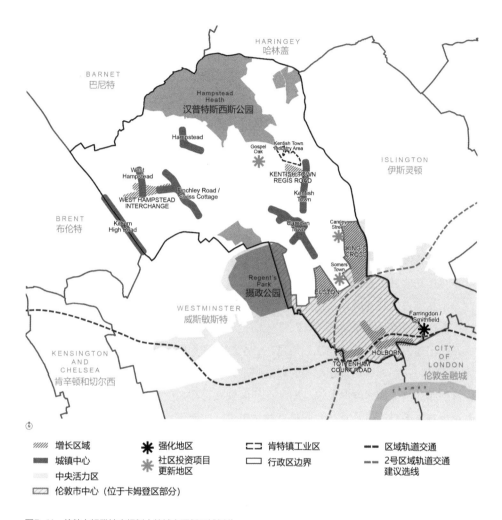

图5-11　伦敦卡姆登地方规划中的城市更新区域划分

作者根据以下资料翻译改绘：The London Borough of Camden．Camden local plan 2017［S］．2017.

能达到基本住房标准。通过与当地居民、企业和社区团体的协商，规划明确了通过街道设计改善社区安全水平、重建皇后新月建筑（Queen's Crescent）、扩建现有小学、改善开放空间质量等目标。由上述可见，行政区级别的地方规划除了原则性的引导，还包括具体的项目实施计划。此外，各类补充性规划导引同样存在于地方规划层面，卡姆登当局编制的《设计》[43]《公共开放空间》[44]《城镇中心与零售》[45]等导引成为社区规划和具体项目设计和审查的依据。

如图5-12所示，卡姆利街邻里区规划制定了更加详细的空间格局和设计要求。设计质量是六项核心政策中的一项，指出所有开发申请应根据概述的设计原则对现有的邻里规划作出适当回应。工业方面的申请应确保现有地区转变成一个成功的、新的混合用途社区。基于这一目标，需要考虑创新的建筑类型，这有助于保证混合用途开发的质量。住宅方面的申请需确保现有居民的环境质量得到保护和提高。因此，任何新的开发都应该通过遮荫等方式来防止眩光、外部光线或暴露隐私。交通方面应确保新的和现有的场所可以与道路网络有效连接，并确保交通流沿着直接、可渗透、安全和清晰的行人和自行车路线移动。路线应满足所有用户的要求。必须尽最大可能将区域连接到战略性公路、铁路、公共汽车和自行车网络，并改善关键路段行人和骑自行车者的使用体验。新开发项目的布局形式、质量和高度应适合场地的城市性质，并与东部的国王十字车站、东北部的少女巷和北部的阿加尔格罗夫的开发项目所提供的新兴环境相协调。保留现有的正式和非正式的绿色和开放空间，并努力提高其质量和连通性。探索加强该地区生物多样性的机会，并引入新的、整合良好的开放和绿色空间。

由上述三个层面的法定规划可见，各个层级规划会不断细化城市更新区域、目标、项目、计划，而与设计相关的要求则是贯穿始终的，并通过补充性规划导引在各自层面提出更加详细的要求。即使在社区规划这样尺度较小的区域中，这些设计要求也有别于我国描绘具体空间形态的城市设计，而是抽象的、非指标控制的。但这些较为弹性的设计要求，最终会通过自由裁量的开发许可程序等行政程序和社区投票、上诉（公示后本地居民可以请求获得完整的施工图纸）等健全的公共参与程序得以实施。

5.3.2.3 住房政策

作为英国人口规模最大、住房供应最紧张的城市之一，伦敦高度重视回应国家层面的《房地产更新国家策略》，于2018年发布了《伦敦住房战略》（*London Housing Strategy*）。该战略包括五项策略，即加大供给、交付可负担的住房、高质量家园和包容性的社区、对于租户更公平的契约、应对无家可归问题。其中"高质量和家园和包容性的社区"明确了通过城市更新进行的住房供给中保证设计质量的必要性[46]。

该策略指出，伦敦一半以上的房屋是在第二次世界大战前建造的。当前伦敦需要在这样一个假设下开展住房建设工作，即建造的房屋需要能够持续一个多世纪。

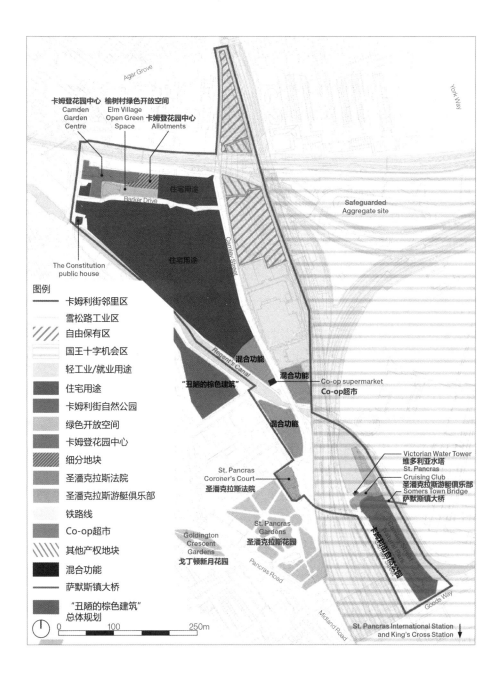

图5-12　伦敦卡姆利街邻里发展规划

作者根据以下资料翻译改绘：The London Borough of Camden. Camley street neighbourhood development plan 2019-2034［S］. 2019.

鉴于伦敦在2050年将达到建设的天花板，所以还需要做更多的工作来改善现有的存量住房。尽管长期以来伦敦的住房质量得到了很大改善，但糟糕的设计和质量仍然存在。要通过更新和修缮使伦敦现有公有住房满足基本维修需求，那么总费用估计约为54亿英镑，私人租赁部门的旧房也需要大量投资。为了达成设计良好、安全和高质量的住房，市政府将采取如下行动：市政府将和议会及产业部门共同工作，保证建设规范系统（Building regulations system）关注质量和安全性；提高住房设计标准（design standards）并纳入新的规划文件，包括具有良好设计的高密度开发范例；通过50名市长的设计建议组织成员，协助市政府推进"通过设计的良好增长"计划；制定关于住房设计的补充规划指南，以支持议会在伦敦规划草案中实施相关的新政策，包括优化密度指南、小场地上更多住宅的设计规范等；开办新住房博览会，以展示和推广私营领域在住宅设计和实践上的良好做法；制定更加全面的设计审查流程，对超过一定密度和高度的开发申请进行二次设计审查；支持在议会工作人员中纳入更多与规划、设计和城市更新相关专业人士的比例，通过短期雇佣专业人士在岗来提升议会中其他工作人员的专业水平。

在具体实施层面，市政府推进了"可负担的住房计划2016—2021（Affordable Homes Programme 2016-2021）"，耗资21.7亿英镑，计划建设6万套住房，其"资助指南（Funding guidance）"要求所有项目必须符合大伦敦规划中的补充规划导引——《住房规划导引》（*Supplementary Planning Guidance*，简称SPG），并指出这些标准不存在于《国家规划政策框架》中，而是伦敦的地方性政策[47]。内容包括环境标准、空间和可达性标准、安全和通道标准、其他专业标准四部分。具体包括达到无障碍设计标准的住房比例、人均公共空间面积、阳台和其他私人外部空间进深等。此外，相关考虑要素还有建筑群体布局对提高能源利用效率的作用与历史风貌的协调等内容。

5.3.3 中型城市案例——诺丁汉

作为一座中型城市，诺丁汉市在资金和专业人员方面与伦敦有很大的差距，所以没有成立专门的团队负责城市更新工作，更多的是通过规划体系进行引导（图5-13）。直接投资城市更新项目的资金计划由上级地方企业合作组织负责，而不是像伦敦由合作组织与城市更新团队共同管理。但是诺丁汉高度重视城市更新和设计质量，依托现有规划体系并创新规划编制种类，形成了可行的城市更新计划和与之配套的设计导引系列成果。

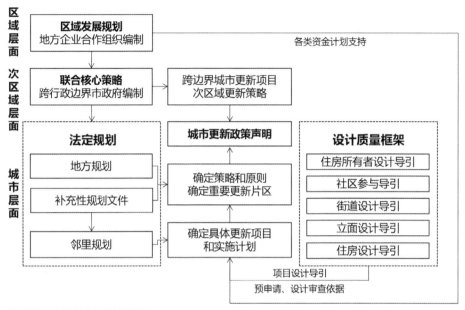

图5-13 诺丁汉城市更新治理体系

　　诺丁汉市在地方规划之外配合企业区编制的战略性规划，形成了跨行政区的联合核心策略（Aligned Core Strategies）用以指导三地的地方规划编制，在成熟的城市化地区协调各地法定规划与区域发展规划的对接[48]。大诺丁汉（Greater Nottingham）由布罗克斯托韦（Broxtowe）、埃雷沃什（Erewash）、格德林（Gedling）、诺丁汉市（Nottingham City）和拉什克里夫（Rushcliffe）行政区以及阿什菲尔德组成。这些独立的地方当局在德比郡和诺丁汉郡议会的支持下，一直在合作制定一套关于2011年至2028年城市地区如何发展的统一政策和原则。所以，有别于上一节中介绍的地方规划和社区规划，布罗克斯托韦、格德林和诺丁汉市共同编制了次区域规划——"联合核心策略"。该策略在城市更新方面明确了3个市议会辖区内6个主要城市更新片区的功能定位，以及如何服务于跨行政边界的周边地域。例如：划定的诺丁汉市滨水城市更新区横跨了2个独立的行政单位，所以共同规划了服务特伦特盆地（Trent Basin）和草甸巷（Meadow Lane）新的混合使用社区。伊斯特克罗夫特附近的一个新商业区将被开发，与一个升级的运河边公共区域相连。形成特伦特河北岸横跨该河通往市中心和周围社区的连续行人通道和自行车通道。上述发展将有助于加强东西向交通联系，并完成特伦特巷至马场道的联系道路。此外，三地联合规划还强调成功的城市更新需要建立伙伴关系，鼓励多方主体的参与，让所有与该领域相关的机构参与进来。因此，三地政府将与住房和社区机构、德比、德比郡、诺丁汉郡（D2N2）地方企业伙伴关系、诺丁汉更新有限公司、其他相关市议会、交通和基础设施提供商、土地所有者和开发商以及当地团体和居民合作，确保最佳更新结果。"联合核心策略"指出，鉴于所有权分散、土地成本和不确定性，以及市场准入性和其他基础设施问题，在某些情况下可能会要求政府采取更加积极的土地重划策略加以应对，包括动用强制购买权来推动城市更新等方式。地方当局应当基于对基础设施能力、资金来源和交付时间表的客观评估，将基础设施交付计划与统一的核心战略结合起来考虑，在战略中提供与开发时间和阶段相关的进一步深化安排。

对于"联合核心策略"中确定的重点城市更新区域，诺丁汉市首先在地方规划中对开发目标、功能、优先事项、设计原则等进行了深化。其后，通过补充性规划文件（SPD）统筹规划和城市设计相关内容，进一步细化面向实施的规划许可管理程序（作为规划许可和设计审查的重要依据）[49]。同时，虽然诺丁汉市没有专职的城市更新团队，但市政府同样发布了城市更新的政策声明文件——《诺丁汉的更新2018：城市的机会》（*Regeneration in Nottingham 2018: City of Opportunity*）[50]。不同于伦敦发布的《通过设计的良好增长》，该文件更加面向具体实施，更像是对重点城市更新项目的介绍集锦，为市民、企业和潜在的移民、投资提供良好的愿景（图5-14）。

此外，规划主管部门下属的"遗产和城市设计团队"还正在不断完善法定规划体系之外的"设计质量框架（Design Quality Framework）"，该系列文件是地方层面对国家规划政策框架中设计原则的回应。长期有效的设计质量框架也是对具有周期性、时效性的地方规划和邻里规划的补充，避免依附于地方规划的补充性规划文件在失效后无法发挥作用。该框架包含的各种导引旨在通过在规划过程的早期阶段（预申请程序）向申请人和设计师提供必要信息和确定性来解决设计质量问题，并通过简单、易懂的方式描述政府所期望的空间形态的核心设计原则，克服社区和专业人员之间的沟通障碍。当前已经发布了《住房所有者设计导引》（*Householder Design Guide*）、《社区参与导引》（*Community Engagement Guide*）、《街道设计导引》（*Street Design Guide*）、《立面设计导引》（*Facades Design Guide*）、《住房设计导引》（*Housing Design Guide*）等五部分内容，并仍在不断充实该框架。在人口仅30余万的城市建立较为完善的城市设计导引体系离不开地方政府对设计质量的重视与专业力量的投入。诺丁汉在国家财政紧缩的大趋势下，市议会反而扩大了

BUILDING
A BETTER NOTTINGHAM

CITY CENTRE
MAGNETIC DESTINATION: CITY CENTRE NORTH

City Centre North is an already well-established area with significant civic, university and shopping buildings and open spaces. We are working with partners to keep the best of what's there but also to create new jobs, living and leisure opportunities where we can.

① VICTORIA CENTRE

Work was completed in 2015 on the £40m upgrade of the Victoria shopping centre. The aim of the operators, intu, is for the new centre to specialise in fashion stores and to bring in new restaurant experiences. Planning permission was granted for a major expansion of the shopping centre, which would increase its size by 55,000 sq m.

⑤ NOTTINGHAM TRENT UNIVERSITY

NTU, with 28,000 students, is a very important partner and investor in the city centre. For example, it has redeveloped its student union building to create 900 student flats, an event space and offices. Previously, it commissioned nationally known architects to bring together some of its most distinctive but disparate landmark buildings. In this way, over the last ten years NTU has completely transformed its city centre campus, taking maximum advantage of its position on the NET system and within easy reach of all major city centre facilities.

④ THEATRE ROYAL & CONCERT HALL

The Royal Transformation Project was a £3.4m investment aimed at enabling the venue to flourish as a daytime facility, open for a wide variety of activities and users. This will supplement its current, predominantly night time offer and make a greater contribution to the economy of the city centre. It has restored the frontage to South Sherwood Street, creating a better foyer, rehearsal and meeting spaces, cafe and outdoor seating. The project is due to complete by March 2018.

③ ANGEL ROW LIBRARY

The City Council has plans to replace the City's existing central library, currently situated in outdated premises with an exciting modern new space in the City centre. The redevelopment of the Angel Row site will also provide over 100,000 sq. ft. of Grade A office space to meet business demand and support jobs for the City. The 0.6 ha site has excellent transport links and is conveniently situated with frontages to Angel Row, Mount Street and Maid Marian Way.

② GUILDHALL AND SITE

This is one of the most important development sites in the city, next to Nottingham Trent University and the Theatre Royal and Concert Hall. The site, owned by the City Council, includes the refurbishment of the listed Guildhall (suitable for a high quality hotel and restaurant) and 25,000 sq m associated new development (mainly Grade A offices). Purchase terms have been agreed with the developer, Miller Birch.

- Project Completed
- Project in Progress
- Opportunity Site

- HOUSING
- COMMERCIAL
- MIXED USE/LEISURE
- ACADEMIC
- CULTURAL
- OTHER
- Lighter shades indicate complete buildings

⑥

图5-14 《诺丁汉的更新2018：城市的机会》中的诺丁汉市中心北部城市更新场所分布图

资料来源：Nottingham City Council. Regeneration in Nottingham 2018：city of opportunity［S/OL］. ［2020-03-05］. https://www.nottinghamcity.gov.uk/information-for-business/planning-and-building-control/building-a-better-nottingham/regeneration/.

遗产和城市设计团队的规模，承认"场所质量"是支撑城市未来发展的重要动力。凭借综合性内部团队在遗产、考古、保护、资金来源、历史、城市设计、建筑和社会可持续性方面的专业知识，使良好设计的价值成为一种重要商业模式的驱动力，该模式可以帮助诺丁汉充分利用其资产，并确保长期的财务可持续性。为此，诺丁汉规划当局现在还会向外部合作伙伴提供建筑设计和住房布局的技能培训和咨询服务。2017年，城市设计小组（Urban Design Group）和场所联盟（Place Alliance）对英国地方当局的设计技能进行了一项调查，诺丁汉市议会参与了这项调查。当时的诺丁汉已经成立了由9位专家组成的城市设计咨询团队以及全职设计审查小组，而当时全英国只有10%和30%的地方政府拥有该类配备。

5.3.4 小城镇案例——因弗尼斯

因弗尼斯位于苏格兰北部，2000年后才设市，是当前英国最北部的自治城市，人口仅6.9万人，受苏格兰高地议会管辖，代表了英国小城市和较大城镇。与伦敦和诺丁汉不同，因弗尼斯的城市更新主要依托于地方规划、行动计划和直接面向个体项目实施的开发纲要（Development Brief）进行管控，从顶层规划到实施的中间环节较少，没有大量的补充性规划文件和设计导引。地方规划明确愿景和重点项目；行动计划明确实施主体和利益相关方的角色，以及开发周期；项目开发纲要一方面承接上位规划制定更加详细的原则和物质空间形态管制方案，另一方面量化各种经济指标（图5-15）。

与诺丁汉市不同，因弗尼斯市自身不设议会（council）而受苏格兰高地议会管辖。苏格兰高地议会是英国辖区最大的议会，其辖区内除因弗尼斯市外还有多个城镇。因此由苏格兰高地议会主持编制两级地方发展规划，即"苏格兰高地地方发展规划（Highland-wide Local Development Plan）"和3个片区的地方规划，因弗尼斯市属于其中内莫拉费兹（Inner Moray Firth）片区[51]。苏格兰高地地方发展规划类似于诺丁汉的联合核心策略，是对区域内各市、镇、村的总体规划和协调，与我国的县域城镇体系规划相似。其中在城市更新方面划定了重要的城市更新区域，如因弗尼斯市的朗曼（Longman）棕地更新区等。这些区域被确定为规划框架地区（Planning Framework Area），编制规划纲要和设计导则（图5-16）。对于这些区域，议会会形成跨部门的政策支持，如提升更新区与城市中心区的公共交通联系并在更新区优先使用各级资金计划建设可支付性住房等一揽子行动。

内莫拉费兹地方规划承接上位地方发展规划，提出通过城市更新形成紧凑并

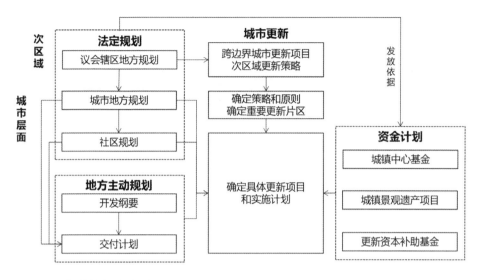

图5-15　因弗尼斯城市更新治理体系

富有活力的因弗尼斯城市中心[52]。这一层级的地方规划因为尺度较小，实际上已经编制了地块层级的规划指标，如面积、功能用途、容量、退线以及城市设计要求等，与以诺丁汉为代表的中型城市的地方规划有较大区别，与其社区规划的内容多有重叠之处。为监督和实施该规划，尤其是明确市政府在其中的责权，高地议会编制了《内莫拉费兹交付计划》（*Inner Moray Firth Delivery Programme*）[53]，其中涉及连片城市更新区3个。以因弗尼斯市中心城市更新片区（图5-17）为例，它依据《因弗尼斯城市中心开发纲要》（*Inverness City Centre Development Brief*）编制，包括3项核心目标，即更新关键场地来提升旅游和文化吸引力、提供290套住房、提升学院街（Academy Street）和周边的物质空间水平。相关规划内容包括具体行动、时间周期、总成本、市议会预算、其他资金来源（开发商、公共组织、地方企业合作组织等）、基础设施要求、合作方、当前状态等内容。因弗尼斯市中心城市更新包括：3项交通类项目，如投资400万英镑通过附属购物功能扩容，升级因弗尼斯火车站；11项开发类更新项目，如投资300万英镑更新市中心历史建筑和周边广场空间；1项公共艺术类项目，即投资75万英镑的尼斯河（Ness River）美化行动。

　　此外，诺丁汉利用的各级资金计划主要由区域层面的地方企业合作组织管理。而因弗尼斯市人口、财政规模较小，政府管理的专业水平也与伦敦、诺丁汉相距甚

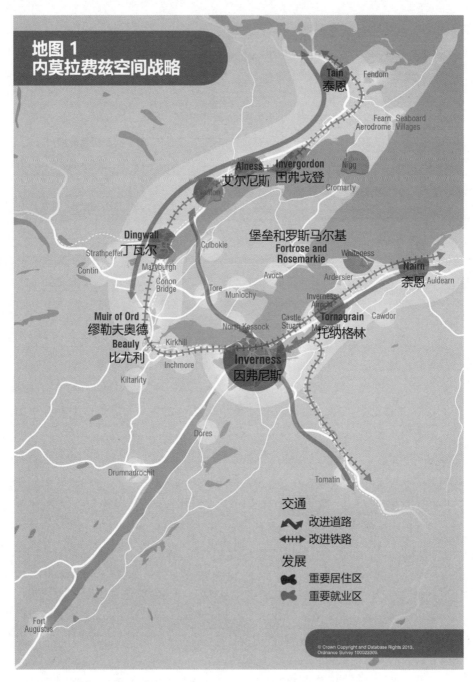

图5-16　内莫拉费兹空间战略规划

作者根据以下资料翻译改绘：Highland Council．Highland-wide local development plan［S］．2017.

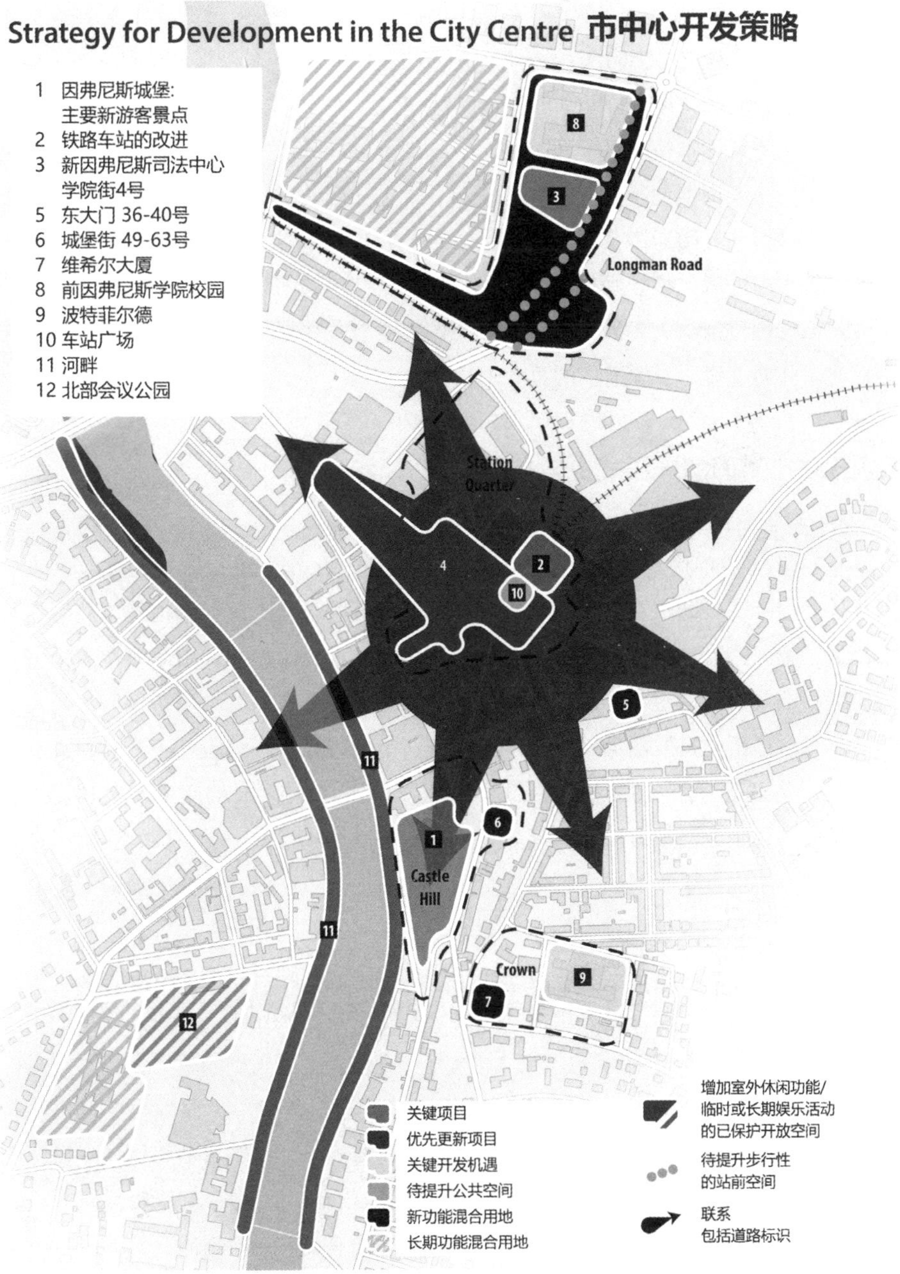
Strategy for Development in the City Centre 市中心开发策略
1 因弗尼斯城堡:
主要新游客景点
2 铁路车站的改进
3 新因弗尼斯司法中心
学院街4号
5 东大门 36-40号
6 城堡街 49-63号
7 维希尔大厦
8 前因弗尼斯学院校园
9 波特菲尔德
10 车站广场
11 河畔
12 北部会议公园
Longman Road
Station Quarter
Castle Hill
Crown
关键项目
优先更新项目
关键开发机遇
待提升公共空间
新功能混合用地
长期功能混合用地
增加室外休闲功能/
临时或长期娱乐活动
的已保护开放空间
待提升步行性
的站前空间
联系
包括道路标识

图5-17　因弗尼斯市中心城市更新范围

作者根据以下资料翻译改绘：Highland Council. Inner Moray Firth delivery programme［S］. 2019.

远，并没有专业的城市更新或城市设计团队。但因弗尼斯自发成立了两项资金计划——城镇中心基金（Town Centre Fund）、因弗尼斯城镇景观遗产项目（Inverness Townscape Heritage Project），直接由市议会管理。此外，它还与苏格兰区域当局合作成立了"更新资本补助基金（Regeneration Capital Grant Fund）"。上述三项资金计划使用的主要依据便是包含了种种设计要求的各级法定规划。以因弗尼斯为代表的英国小城市和城镇通常具有较好的历史环境和设计质量，多为典型的欧洲小城镇景观，城市在近现代很少经历过大开发。所以这些小城市和城镇当前城市更新与城市设计治理的重点与大中城市有很大的不同，主要工作通常在于延续并严格保护历史环境，并通过设计引领遗产的再利用。

5.3.5 城市层面的半正式主体参与

5.3.5.1 国有企业主体

从20世纪90年代开始，在罗杰斯爵士的《城市工作小组报告》的建议下，英国各地成立了诸多城市更新公司，采取了不同形式的公司治理架构，地方政府在其中占据了不同的股份比例。部分企业虽然完全由私人资本控制，但本质上为采取公司化运营的非盈利性组织。城市更新公司作为由各地政府作为信用担保的半正式主体开展城市更新的开发活动，包括产权收拢、土地重划、规划设计、开发建设、销售出租、策划运营的全流程参与，以及不同程度地参与政府的政策制定和规划。这些半市场化企业与地方政府和代表中央政府的国家代理人——英国合作组织、家园和社区机构保持了紧密联系，英国合作组织与地方政府共同成立的城市更新公司就超过20个。它们不仅通过市场化的开发模式盈利，同时善于利用各层级政府的资金计划和优惠政策，在帮助地方政府达成相关政策和规划目标的同时，平衡成本与收益，保证国有资产的保值、增值。然而，这些企业在2010年英国进入紧缩期后相继消亡，很大程度上是因为全国范围内地方企业合作组织制度的建立，地方企业合作组织的综合更新职能囊括了前者的物质更新职能。此外，各地方企业合作组织所覆盖的地域较原先区域发展机构对应的范围大幅缩小，就不再需要区域—城市两级的运作体系。这些企业很多被地方企业合作组织兼并，部分职能和相应人员则纳入地方政府雇员。本节将以全英第一家城市更新公司——利物浦愿景（Liverpool Vision）近20年的工作历程为例，对这类半正式主体进行解析。

利物浦愿景成立于2000年，成立之初便发布了《战略性更新框架》（*Strategic Regeneration Framework*，简称SRF）作为参与利物浦市城市更新的行动路线[54]。

具体目标包括：创造高质量的安全城市环境，吸引投资者、雇主、居民和游客，给城市带来自豪感；通过当代的设计方案，以城市中心丰富的历史特色为基础，建立一个能够与其他欧洲城市竞争的经济体，为利物浦人民创造新的就业前景；建立包容性社区和有技能、适应性强的劳动力群体，能够促进和分享可持续经济增长的惠益；打造设施完善的公共景点，并将利物浦建成世界级的旅游目的地；将市中心重新定位为主要的区域性购物目的地，创建一个可持续的、充满活力的城市中心，支持吸引外来投资者和未来潜在居民的优质生活方式；通过提供学习机会和有竞争力的职业前景来吸引和留住年轻人，最终确立利物浦作为欧洲核心城市的身份。该企业由一个委员会领导，设置全职委员会主席，委员构成包括来自利物浦市议会、市议会劳工组织、西北区域发展机构的领导人，以及来自利物浦约翰·穆雷斯（John Moores）大学、企业界、传媒领域的代表。

　　《战略性更新框架》不是建设项目的总体规划，而是一个灵活的框架，用以评估各项举措并制定投资标准，从而在更广泛的城市背景下创造可持续的就业机会。其他地方政府和区域机构据此框架可以制订详细的行动计划来实施干预措施。以框架中对利物浦中心区的规划为例，利物浦城市更新公司确定了7个项目（图5-18），其中码头区的核心策略包括重新设计滨海路径、重新设计包含一个地下停车场的码头花园、建设多功能混合利用的渡轮码头建筑等，总成本约1.63亿英镑（图5-19）。在物质空间建设之外，利物浦城市更新公司还举办城市中心区关键利益相关者论坛，宣布更新方案吸引共同投资，并协助政府基于该方案制定总体规划，促进从企业方案到法定规划的转译。在对具体项目的规划中，利物浦城市更新公司高度重视利用策划和设计来使更新实施的效益实现最大化。为弥补法定规划体系中对设计质量保障的不足，公司主动承担较低的设计成本，并将方案提供给政府作为未来开发管控的依据，确保其他开发者能够同样提供高质量的空间，消除整体项目的不确定性以保障自身投资。

　　在具体项目中，利物浦城市更新公司会主动编制总体规划和城市设计，并代替政府承担起组织协调的角色，在项目策划阶段与潜在投资方协商达成框架性的共识，避免了空有蓝图型的愿景而无人实施的尴尬。它重视将自身的《战略性更新框架》与地方当局编制的各类规划文件相结合，编制特定地区的设计导引。如图5-20所示，利物浦城市更新公司依据《利物浦城市设计导引》（*Liverpool Urban Design Guide*）与政府共同编制了《城市中心设计导引》（*City Centre Design Guidance*），并进一步编制了《公共领域实施框架》（*Public Realm Implementation Framework*）[55]。

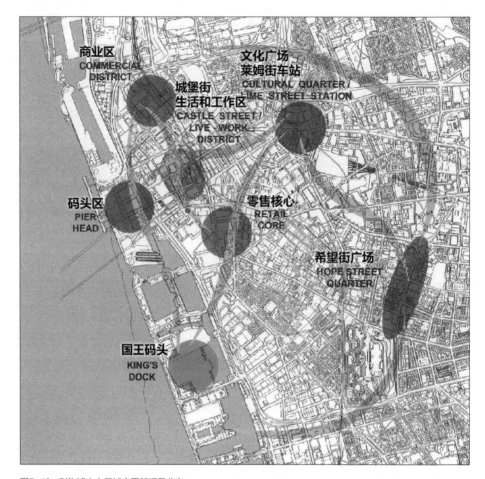

图5-18 利物浦中心区城市更新项目分布
作者根据以下资料翻译改绘：Liverpool Vision．Strategic regeneration framework[S]．2000．

这一框架明确了地方政府的建设目标以及与私人资本各自的责任边界，如地方政府
在该区域内对高质量步行体系、公共艺术、城市照明、城市绿化、城市家具的建设
方案（图5-21）。这种做法的本质是地方政府对半正式企业和市场企业在管理和投
资方面的承诺，避免政府责任范围内的空间被缺乏特色和设计低劣的建设填充，进
而影响依托于公共空间的私人投资开发空间。在具体规划和设计要求外，该框架还
明确了后续的管控程序——设计审查，主动承诺所有公共领域项目都会依据本框架
进行设计审查，而非只是对私人开发项目申请进行审查。

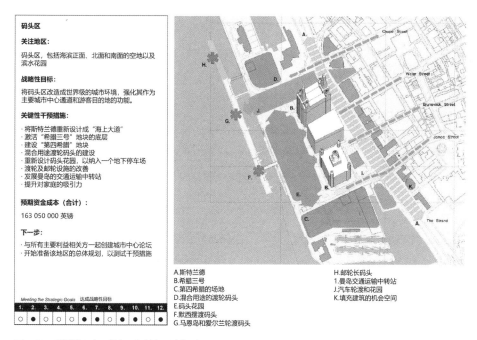

码头区

关注地区：

码头区，包括海滨正面、北面和南面的空地以及滨水花园

战略性目标：

将码头区改造成世界级的城市环境，强化其作为主要城市中心通道和游客目的地的功能。

关键性干预措施：

· 将斯特兰德重新设计成"海上大道"
· 激活"希腊三号"地块的底层
· 建设"第四希腊"地块
· 混合用途渡轮码头的建设
· 重新设计码头花园，以纳入一个地下停车场
· 渡轮及邮轮设施的改善
· 发展曼岛的交通运输中转站
· 提升对家庭的吸引力

预期资金成本（合计）：

163 050 000 英镑

下一步：

· 与所有主要利益相关方一起创建城市中心论坛
· 开始准备该地区的总体规划，以测试干预措施

Meeting the Strategic Goals 达成战略性目标

1.	2.	3.	4.	5.	6.	7.	8.	9.	10.	11.	12.
○	●	○	●	○	●	●	●	●	●	●	○

A.斯特兰德　　　　　　　　　　　H.邮轮长码头
B.希腊三号　　　　　　　　　　　I.曼岛交通运输中转站
C.第四希腊的场地　　　　　　　　J.汽车轮渡和花园
D.混合用途的渡轮码头　　　　　　K.填充建筑的机会空间
E.码头花园
F.默西摆渡码头
G.马恩岛和爱尔兰轮渡码头

图5-19　利物浦码头区城市更新城市设计指引

作者根据以下资料翻译改绘：Liverpool Vision．Strategic regeneration framework[s]．2000．

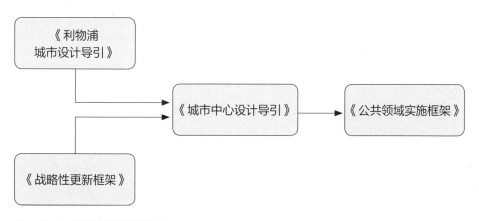

《利物浦城市设计导引》

《战略性更新框架》

《城市中心设计导引》

《公共领域实施框架》

图5-20　企业策略与政府规划的关系

作者根据以下资料翻译改绘：Liverpool Vision，Liverpool City Council．Public realm implementation framework［S］．2003．

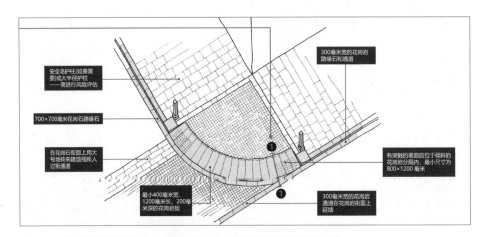

图5-21 《公共领域实施框架》中对具有历史特色人行道路铺装的具体设计要求

作者根据以下资料翻译改绘：Liverpool Vision，Liverpool City Council. Public realm implementation framework［S］. 2003.

尽管利物浦城市更新公司在存在期间对具体项目和利物浦的整体城市更新活动起到了巨大的促进作用，但在政府整合财政支出、缩减各类公共组织和国资企业的大背景下，以及从物质空间更新到综合经济更新的理念转型中，2008年其与利物浦土地开发公司和商业利物浦（Business Liverpool）组织合并成立了利物浦经济发展公司（Economic Development Company）。此后，该公司虽然还参与具体物质空间更新项目，但是规划设计的能力和向政府提供相关咨询的职能减弱，而在劳动力培训、商业融资等领域的辅助功能得到强化。2019年，该企业被地方企业合作组织——"利物浦城市区域（Liverpool city region）"代替，城市更新不再是其主要议题，而是从属于区域增长策略（Growth Strategy）的手段之一。利物浦城市更新公司代表了这一类半正式主体的发展历程，机构兼并和资产划转成为了最终命运。自新工党政府执政以来，通过良好设计引导城市更新已经不再是新机构的口号，但是对设计质量的重视并没有消失，而是更加自发地融入政府和半正式主体的日常工作中。

5.3.5.2 市场化主体

除伦敦、伯明翰、曼彻斯特、格拉斯哥等城市外，英国城市的人口规模都较小（100万人以下），因为城镇化已经相对完善，地方建设活动有限。此外，在地方层面设立半正式机构参与城市设计治理成本较高，所以各参与城市设计治理的机构多服务于区域或次区域层面，抑或是跨区域与地方当局建立合作关系。在CABE存在期间，其支持成立的建筑和建成环境中心部分服务于区域或次区域，在较大规模城市则只服务于本地。而在当前设计审查等辅助治理活动渐趋市场化的今天，地方当局自发选择采购辅助治理服务更加常见，非公共组织（如行业协会、私人咨询公司、设计公司等）都参与了该市场的竞争（表5-10）。通过政府聘用的形式，外派人员在城市层面组成设计审查小组、设计咨询小组、政策咨询小组，抑或是特定外聘职位，进而成为代表公共利益的半正式主体。

表5-10 英国地方层面设计审查服务提供者

类　型		运作方式	例　子
普通设计审查	公共	在其行政区域范围内运作的地方当局小组	伦敦勒维萨姆区（Borough of Lewisham）设计审查小组，或托贝（Torbay）议会下属设计审查小组
	第三方	服务当地（通常是城镇或城市）并具有一定权力的非营利组织	梁（机构名称，Beam）为维克菲尔德提供设计审查和其他设计服务，或由设计理事会CABE管理的皇家格林威治审查小组
	私人次级承包	公共部门在其行政区域范围内运作，但服务分包给私营或非盈利组织	哈林盖质量审查小组，由伦敦哈林盖区框架项目私人咨询公司管理，或由富通公司管理的伦敦遗产开发公司质量审查小组
	私人	由私人公司组织、资助和管理的私人小组，以审查特定地点或区域内的计划	缪斯（MUSE）开发公司支持的路易斯翰大门审查小组
专业设计审查	公共	公共提供者侧重于特定类型的项目，例如交通或基础设施	家园办公室的质量小组，重点是警察大楼；哈克尼住房（Hackney Housing，哈克尼住房管理局），重点是自己的社会住房项目；伦敦交通的设计审查小组，专门关注伦敦的道路及公共领域方案
	私人次级承包	公共或准公共部门组织侧重于特定类型的项目，例如运输或基础设施，但小组管理运营分包给私营或非营利组织	HS2独立设计小组，重点关注高速铁路的基础设施及其影响，由私人咨询公司"框架项目（Frame Project）"为HS2有限公司管理
	私人	私营公司内部专门为本企业服务的审查小组	巴拉特之家的设计审查小组审查了其所有方案，作为内部质量计划的一部分，旨在提高公司发展的质量

资料来源：整理自CARMONA M. Marketizing the governance of design: design review in England[J]. Journal of Urban Design, 2018, 24:4, 523-555.

以"城市设计伦敦（Urban Design London）"组织为例，它不仅服务于伦敦市政府，还服务于达科姆镇（Dacorum）、沃特福德镇（Watford）、贝赫特福德郡、斯劳镇等地，2018年四地人口规模分别约为15.4万、9.6万、13.3万、16.4万。"城市设计伦敦"为其提供设计审查服务，配备具有相关经验和专业知识的小组参与各地规划管理体系中的设计审查环节，向伦敦和其他城市的开发人员和设计人员提供关于方案的建设性反馈，并为地方建立设计审查的相关标准和流程，为设计审查小组的治理结构提供咨询（如成员利益方构成、专业领域构成、工作模式等）。"城市设计伦敦"建立了住房设计质量认证——"为生活而建设（Building for Life）"，形成具有政府背书的半正式标准，获得认证的建设项目实际上意味着获得该机构权威性与专业性的担保，更容易赢得一般民众或物业业主的认可。这种外部性效益促使开发商更加积极地申请认证，并在设计过程中遵循政府和非正式机构的设计导引。机构则在认证工作中收取费用，以支持进一步的标准制定研究和宣传、游说，实现这一类治理工具的可持续运作。"城市设计伦敦"可以帮助地方政府制定关键政策或指导说明，提供关于地方规划、补充规划文件、公共空间设计和旅游策略的建议，代表性工作包括撰写了《大伦敦补充性规划导引》《全球设计城市倡议》《环球街道设计导引》等。最后，它可以提供培训和指导服务，为地方议会、政府和专业机构主持、管理和指导了广泛的辩论、讨论和研讨会，住房、社区和地方政府部、英国皇家建筑师学会、特许公路和运输学会（Chartered Institution of Highways and Transportation，简称CIHT）和全国城市交通协会都是其服务对象。

在市场化背景下，城市设计治理服务的范畴之广早已突破了辅助政府传统管理职能的界限，进而向公民教育等领域拓展，意图通过公信力而非公权力来影响城市更新和城市设计的运作。以"新伦敦建筑（New London Architecture）"组织为例，其正式主体的核心合作者包括伦敦市政府、伦敦金融城（City of London）、威斯敏斯特议会两级政府和伦敦交通（Transport for London，简称TFL）等实权部门。然而这些部门交托给"新伦敦建筑"的职责却大多都是"软性"的治理工具，包括多个设计奖项、线上优秀设计案例库和多种线下展览和活动。其中"新伦敦奖（New London Awards）"旨在表彰首都在建筑、规划和发展方面的最佳表现，包括所有建成环境领域的新项目和拟建项目。"别动！提升！（Don't Move! Improve!）"奖则更加倾向于对城市更新项目的奖励，每年还会根据政府的政策导引调整所包含的具体奖项，如2020年就设置了"7.5万英镑以下最佳项目奖（Best Project under £75K）"用以表彰利用较低成本却对城市品质产生巨大价值的项目。

此外，还有"年度城市绿洲奖""年度紧凑设计奖"等。在展览和活动方面，"新伦敦建筑"运营着位于伦敦金融城和金丝雀码头的两所城市模型展示厅，每周定期为一般公众和专业团体举行"模型讨论（Model Talk）"活动，对本地建设发展和政策进行宣传。民众还可以申请参加由"新伦敦建筑"的专业人士带领的名为"城市旅行（City Tour）"的定期现场调研活动，对象包括国王十字地区、落煤场（Coal drop yard）、奥林匹克地区等重点城市更新项目。由此可见，随着城市设计治理理念在正式主体中不断得到认可，其鼓励的治理手段也越发多元，可谓"软硬兼施"。从主体上看，除了这些在大城市，甚至是全国范围内都享有盛誉的半正式机构和组织，在各地方甚至是社区层面发挥作用的半正式主体更是多不胜数，各级正式主体通过复杂的资助方式（直接资助、间接资助、交叉资助、非现金资助、非实物资助），如为机构提供免费工作场所等，将有志于促进城市设计质量提升的团体都纳入共同治理的体系中。可以说在建筑和建成环境委员会裁撤后，其最大的遗产就是为英国打造了一个不仅仅只有甲方、乙方的巨大设计服务市场。

5.4 小结

当前一段时期，英国城市更新与城市设计治理表现出体系相对完善且灵活的基本特点。如图5-22所示，英国在国家、区域和城市三个层面都有着城市更新的核心领导者（正式主体），以及参与治理的半正式主体。这一多方参与体系的建立并非一蹴而就，而是经历了长时间的调整而形成的，在调整过程中主体的性质多有改变。比如在区域层面，早期的区域发展机构是公职人员组成的行政机构，与地方政府、企业等参与方开展合作，该机构后被地方企业合作组织代替，新机构完全由地方政府和各非政府参与方共同组成，但被中央法令赋予了特定权力，进而发挥作用。此外，英国现行城市更新治理体系在纵向上并不存在一一对应的管制关系，并非"中央政府与地方政府"或"中央部门与地方派出部门"的上下级关系。

在国家层面，城市更新长期以来都是执政党的施政要点之一，因此成为跨部门的公共政策，空间规划和设计政策、产业政策、公共服务领域政策等都为其服务。规划和建设主管部门通常作为牵头部门统筹政策，其推出的"国家规划政策框架"是物质性城市更新的核心指导性文件，当其他中央部门的各种城市更新相关政策、资金计划和行动计划涉及物质空间时，均需对其做出回应。而到了区域层面，

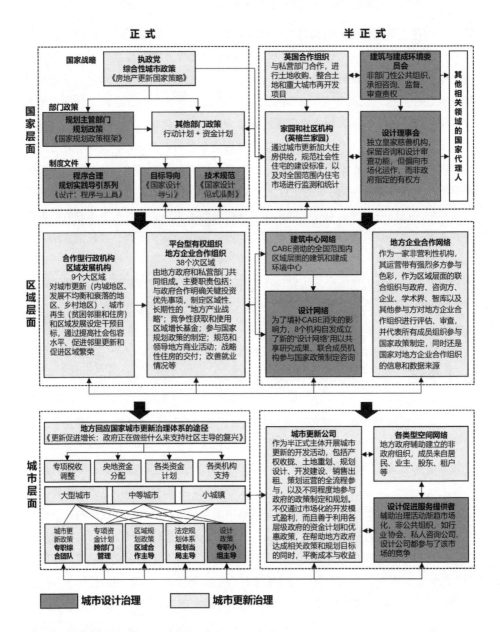

图5-22 英国城市更新与城市设计治理体系

区域发展机构和地方企业合作组织都倡导物质空间与非物质空间的综合性更新，并不直接隶属于任何中央部门。在地方企业合作组织出现前，区域发展机构还会主导制定次区域的发展策略。但无论是区域还是次区域的发展策略，城市更新都是过去和当前的主要工作之一，具有战略意义的城市更新片区或是项目得以确定，并且在区域层面得到协调与统筹。而包括设计策略、人力资源策略等在内的综合策略则是城市更新的必备配套内容。在城市层面，因为各地议会具有较大的自主权，城市更新因地制宜地依附于具有差异性的行政体系，可能由专门成立的城市更新行政机构（如伦敦）主导，也有可能主要通过法定规划体系得以实施，抑或是独立委员会或多部门的资金计划。总体而言，三个层级的正式与半正式主体各司其职但性质迥异，尽管不存在通过层层行政命令加以管制的关系，但各自之间职能并没有出现明显冲突，且形成了有效协同和目标的传导。这主要是因为成立之初对各自的明确定位，并通过定期职能审查、理事会监督等形式保证了运作中自身职能不异化。对于不适宜当前社会经济特点的机构，通过彻底裁撤、局部兼并、性质变更等方式进行调整。半正式和非正式主体间则存在复杂的、互相支撑的协同网络，既包括复杂的资金等支撑关系，也包括在行动和议题上的关联。不同主体在自身擅长领域或具有资源优势的领域处于主导地位，同时又在其他相关领域支持其他主体作为议题的领导者行事，共同做大社会力量的影响力。故其治理体系不是我国常见的层层嵌套的"金字塔式"结构，即各机构并没有向下延伸出分支，而是"矩阵式"的。

注　释

[1] 徐瑾，顾朝林. 英格兰城市规划体系改革新动态 [J]. 国际城市规划，2015（6）：78-83.

[2] Department for Education. School design and construction [S/OL]．（2019-06-11）[2020-03-05]. https://www.gov.uk/government/collections/school-design-and-construction.

[3] Ministry of Housing，Communities & Local Government. Estate regeneration national strategy [S/OL].（2016-12-08）[2020-03-05]. https://www.gov.uk/gui dance/estate-regeneration-national-strategy#resident-engagement-and-protection.

[4] Ministry of Housing，Communities & Local Government. Estate regeneration national strategy：executive summary [S/OL]．（2016-12-08）[2020-03-05]. https://assets.publishing.service.gov.uk/government/uploads/system/uploads/attachment_data/file/575602/Estate_Regeneration_National_Strategy_-_Executive_Su mmary.pdf.

[5] Ministry of Housing，Communities & Local Government. Estate regeneration：role of local authorities [S/OL]．（2016-12-08）[2020-03-05]. https://www.gov. uk/government/publications/estate-regeneration-the-role-of-local-authorities.

[6] Ministry of Housing，Communities & Local Government．Estate regeneration：good practice guide［S/OL］．（2016-12-08）［2020-03-05］．https://www.gov.uk/ government/publications/estate-regeneration-good-practice-guide.

[7] Ministry of Housing，Communities & Local Government．Estate regeneration：resident engagement and protection［S/OL］．（2016-12-08）［2020-03-05］．https:// www.gov.uk/government/publications/estate-regeneration-resident-engagement-and-protection.

[8] Ministry of Housing，Communities & Local Government．Estate regeneration：better social outcomes［S/OL］．（2016-12-08）［2020-03-05］．https://www.gov.uk/ government/publications/estate-regeneration-better-social-outcomes.

[9] Ministry of Housing，Communities & Local Government．Estate regeneration：partner engagement［S/OL］．（2016-12-08）［2020-03-05］．https://www.gov.uk/government/publications/estate-regeneration-partner-engagement.

[10] Ministry of Housing，Communities & Local Government．National planning policy framework [S]．2012.

[11] Ministry of Housing，Communities & Local Government．National planning policy framework [S]．2019.

[12] 该准则将为地方规划当局在审批规划开发申请时提供一个统一的基准。但中央政府仍期望地方当局可以根据国家标准进一步制定本地准则，以适应当地的需求和环境。国家级准则的编制由"更好的建设和更美的建设委员会（Building Better, Building Beautiful Commission）"承担。该委员会是住房、社区和地方政府部指定的独立第三方咨询机构。其存在的目的是收集相关证据，辅助政府决策，提升全英城市和乡村建设的设计质量。

[13] Ministry of Housing，Communities & Local Government．Guidance design 2014 [EB/OL]．[2020-03-05]．https://www.gov.uk/guidance/design.

[14] Ministry of Housing，Communities & Local Government．National design guide［S/OL］．（2019-10-01）［2020-03-05］．https://www.gov.uk/government/public ations/national-design-guide.

[15] Ministry of Housing，Communities & Local Government．Guidance：estate regeneration fund［S/OL］．（2019-10-01）［2020-03-05］．https://www.gov.uk/gov ernment/publications/estate-regeneration-fund.

[16] RHODES J，TYLER P，BRENNAN A．The single regeneration budget：final evaluation［R/OL］．（2007）［2020-03-05］．https://www.landecon.cam.ac.uk/directory/professor-pete -tyler.

[17] Homes and Communities Agency．Homes and communities agency annual report and financial statements 2013/14［R/OL］．（2014）［2020-03-05］．https://assets. publishing.service.gov.uk/government/uploads/system/uploads/attachment_data/file/329381/HCA_Annual_Report_2013-14_tag.pdf.

[18] Homes England．Homes England Frame Document．［S/OL］．（2018-10）［2020-03- 05］．https://assets. publishing.service.gov.uk/government/uploads/system/uploads/attachment_data/file/754034/Homes_England_Framework_Document_2018.pdf.

[19] Homes and Communities Agency．Urban design compendium［R/OL］．（2000-08-01）［2020-03-05］．https://www.gov.uk/government/publications/urban-design-compendium.

[20] Homes England．Strategic Plan 2018/19–2022/23［S/OL］．［2020-03-05］．https:// assets.publishing.service.gov.uk/government/uploads/system/uploads/attachment_data/file/752686/Homes_England_Strategic_Plan_AW_REV_150dpi_REV.pdf.

[21] 2012 年，为生活而建设（Building for Life）机构发布的设计质量评估框架，旨在为地方规划当局提供设计审查辅助工具，用以有效评价开发申请的设计质量，同时也为开发商的设计活动提供参考依据。

[22] Design Council. Design Council Annual Report 2009-10 [R/OL]. [2020-03-05]. https://www. designcouncil.org.uk/sites/default/files/asset/document/DCAnnualReport_2009-10.pdf.

[23] Design Council. Design Council Annual Report 2011-12 [R/OL]. [2020-03-05]. https://www. designcouncil.org.uk/sites/default/files/asset/document/Design%20Council%20Annual%20Report%202011-12.pdf.

[24] Design Council. Design review : principles and practice [S/OL]. (2013-01-08) [2020-03-05]. https:// www.designcouncil.org.uk/resources/guide/design-review -principles-and-practice.

[25] Historic England. Historic England places strategy [S/OL]. (2013-01-08) [2020-03-05]. https:// historicengland.org.uk/content/docs/planning/he-places- strategy-2019/.

[26] Sport England. Active design guide [S/OL]. [2020-03-05]. https://www. sportengland.org/how-we-can-help/facilities-and-planning/design-and-cost-guidance/active-design.

[27] Highways England. Highways England Strategic Design Panel [EB/OL]. (2019-11-05) [2020-03-05]. https://www.gov.uk/government/collections/highways- england-strategic-design-panel.

[28] Highways England. Good road design [EB/OL]. (2018-01-11) [2020-03-05]. https://www.gov.uk/ government/publications/the-road-to-good-design-highways-englands-design-vision-and-principles.

[29] UK Parliament. The Urban development corporations in England (planning functions)·order 1998 [S/OL]. (1998) [2020-03-05]. http://www.legislation.gov.uk/uksi/1998/84/contents/made.

[30] Office of the Deputy Prime Minister. Assessing the Impacts of Spatial Interventions : Regeneration, Renewal and Regional Development 'The 3Rs guidance' [S/OL]. (2018-01-11) [2020-03-05]. https://assets. publishing.service. gov.uk/government/uploads/system/uploads/attachment_data/file/191509/Regene ration__renewal_and_regional_deveopment.pdf.

[31] West Midlands. Connecting to success : West Midlands Economic Strategy Delivery Framework [S/OL]. [2020-03-05]. https://webarchive.national archives.gov.uk/20090315235424/http://www. advantagewm.co.uk/Images/WMES_Delivery_tcm9-9540.pdf.

[32] "工作邻里基金"是由社区和地方政府部发起的中央财政资金计划，支持全国范围内 65 个地方当局应对劳动力短缺、劳动技能水平低和地区衰落问题。

[33] Department for Business, Innovation & Skills. Local growth : realising every place's potential [S/OL]. (2010-08-28) [2020-03-05]. https://www.gov.uk/ government/publications/local-growth-realising-every-places-potential-hc-7961.

[34] WARD M. Briefing paper : local enterprise partnerships [R]. House of Commons Library, 2019.

[35] Design Network. National Design Workshop Discussions 2018-19 Report for MHCLG [R/OL]. (2019-08-11) [2020-03-05]. https://designnetwork.org. uk/library/national-design-workshop-discussions-201819-report-mhclg/.

[36] Place Alliance. Councillors' attitude towards residential design [R/OL]. (2019-04) [2020-03-05]. https:// indd.adobe.com/view/99f9a67b-ac8c-4bb5-99fa-1c4c 05bcb834.

[37] ADEPT. Shaping places for thriving communities strategic plan 2020-2023 [S/OL]. [2020-03-05]. https:// www.adeptnet.org.uk/sites/default/files/users/ HLeach/ADEPT%20Strategic%20Plan%202020-2023%20 final%20compressed.pdf.

[38] Communities and Local Government. Regeneration to enable growth : what the government is doing

to support community-led regeneration [S/OL]. (2011-01) [2020-03-05]. https://webarchive. nationalarchives.gov.uk/20120919220828/http://www.communities.gov.uk/documents/regeneration/ pdf/1830137.pdf.

[39] Mayor of London. Good growth by design [S/OL]. [2020-03-05]. https:// www.london.gov.uk/sites/ default/files/good_growth_web.pdf.

[40] UK Parliament. Greater London Authority Act 1999 [S]. 1999.

[41] Mayor of London. London Plan 2016 [S/OL]. [2020-03-05]. https://www. london.gov.uk/what-we-do/ planning/london-plan/current-london-plan.

[42] The London Borough of Camden. Camden Local Plan 2017 [S]. 2017.

[43] The London Borough of Camden. Camden Planning Guidance : Design (CPG) [S]. 2019.

[44] The London Borough of Camden. Camden Planning Guidance : Public open space (CPG) [S]. 2018.

[45] The London Borough of Camden. Camden Planning Guidance : Town centres and retail (CPG) [S]. 2018.

[46] Mayor of London. London housing strategy [S/OL]. (2018-08) [2020-03-05]. https://www.london.gov. uk/what-we-do/housing-and-land/tackling-londons-housing-crisis.

[47] Mayor of London. Affordable Housing Capital Funding Guide [S/OL]. [2020-03-05]. https://www.london. gov.uk/what-we-do/housing-and-land/increasing- housing-supply/affordable-housing-capital-funding-guide.

[48] Broxtowe Borough Council, Gedling Borough Council, Nottingham City Council. Aligned Core Strategies Part 1 Local Plan [S/OL]. [2020-03-05]. https:// www.nottinghamcity.gov.uk/information-for-business/ planning-and-building-control/planning-policy/the-local-plan-and-planning-policy/.

[49] Nottingham City Council. Supplementary Planning Document Adopted June 2019 Waterside Nottingham [S/ OL]. [2020-03-05]. https://www.nottingham city.gov.uk/information-for-business/planning-and-building-control/planning-policy/the-local-plan-and-planning-policy/adopted-supplementary-planning-documents-and-guidance/.

[50] Nottingham City Council. Regeneration in Nottingham 2018 : City of opportunity [S/OL]. [2020-03-05]. https://www.nottinghamcity.gov.uk/information-for -business/planning-and-building-control/building-a-better-nottingham/regeneration/.

[51] Highland Council. Highland-wide Local Development Plan [S]. 2017.

[52] Highland Council. Inner Moray Firth Local Development Plan [S]. 2015.

[53] Highland Council. Inner Moray Firth Delivery Programme [S]. 2019.

[54] Liverpool Vision, Liverpool City Council. Strategic Regeneration Framework [S]. 2000.

[55] Liverpool Vision, Liverpool City Council. Public Realm Implementation Framework [S]. 2003.

第6章

中国城市更新中的
城市设计治理探索

前文对于英国城市更新与城市设计治理体系的剖析以2008年后社会经济与政府财政的收缩期为对象。在中国，有系统化制度保障和引导的治理探索同样源自2008年，彼时国土资源部与广东省开展的"三旧"改造可以视为城市更新正式化、综合化的发端，此后广州、深圳、上海等城市纷纷开始尝试建立自身的核心正式制度体系，并在不同程度上不断寻求非正式和半正式主体的共同参与。但时至今日，国家层面尽管在2016年出台了全国性的政策引导——《关于深入推进城镇低效用地再开发的指导意见（试行）》，但尚没有具体的制度安排。各地根据指导意见的精神结合自身实际开展制度建设，不过进展相对缓慢，甚至在北京这样的一线城市，仍处于有指导意见和领导讲话精神而无正式制度的状态。同时，城市设计作用于城市更新的途径并不明确，缺乏正式制度的保障，多方参与的城市更新与城市设计治理体系仍难寻踪迹。在当前空间规划体系改革的阶段，城市设计尚未与法定规划体系进行有效整合。在国家层面，2017年颁布的《城市设计管理办法》指出的依托总体规划一同报批总体城市设计，依托控制性详细规划管控城市设计实施的思路在实施中仍面临诸多障碍。但是因为全社会，尤其是各级政府对城市设计的重视有所加强、理解有所加深，尤其是在2015年中央城市工作会议将城市设计提升到了引领城乡建设的高度，并要求在全国范围内广泛开展城市设计后，通过各种城市设计手段促进城市更新的实践正在不断涌现。这些手段仍以城市设计的本质为内核，即通过创新性的空间塑造手段实现多元社会经济目标，运作主体、作用模式、表现形式趋于多元化，其中不乏来自政府与其支持的半正式主体的尝试。本章将梳理分析这些已有的实践探索，并总结当前的运作模式，为后文提出适宜我国的城市更新和城市设计治理体系进行实证准备。

6.1 城市更新中正式主体的城市设计治理探索

6.1.1 国家和省域层面的政策引导

长期以来，我国国家层面对城市更新的认识集中于对土地资源的合理利用层面，由国土资源部门牵头制定的政策认为，城市更新的价值主要局限于用地从零散到整合、从低容量到高容量、从低地租功能到高地租功能、从旧设施到新设施的转变。传统功能主义色彩浓重，使得政策只重视二维的宏观土地结构，不重视三维的微观空间质量，在城市更新中土地功能、容量和产权变更的过程中，没有发挥城市设计低成本投入、多元化价值产出的作用。作为当前城市更新领域的国家层面核心政策，《关于深入推进城镇低效用地再开发的指导意见（试行）》提出的总体目标是"城镇低效用地再开发规范推进，土地集约利用水平明显提高，城镇建设用地有效供给得到增强；城镇用地结构明显优化，产业转型升级逐渐加快，投资消费有效增长；城镇基础设施和公共服务设施明显改善，城镇化质量显著提高，经济社会可持续发展能力不断提升"[1]。这些目标的实现都离不开高质量空间的支撑，然而政策中虽然提出应充分发挥低效用地再开发专项规划的统领作用，但对城市设计的作用却只字未提，要求地方政府进行的基础性工作仅包括：结合地方实际制定低效利用土地的认定标准、对低效用地进行摸排、标图建库，并组织编制低效利用土地"再开发专项规划"，规划内容只要求对容量、功能及开发时序等关键项进行明确。2019年12月，在中央经济工作会议上首次提出"加强城市更新和存量住房改造提升，做好城镇老旧小区改造"，但并未对具体工作方式做出明确解释。由此可见，城市更新无疑正在成为国家层面的政策要点，在全国范围内即将到来的城市更新热潮中，中央政府能否发挥统筹作用，在政策引导中突出设计质量至关重要。

尽管国土资源部门出台的城市更新政策中尚没有对城市设计进行保障，但是住房和城乡建设部在国家层面提出了指向十分明确的相关政策。其中"城市双修"（即生态修复、城市修补）成为一项全国性的试点行动。2017年，住建部在总结三亚经验的基础上，发布《住房城乡建设部关于加强生态修复城市修补工作的指导意见》（建规〔2017〕59号），指出2017年，各城市的主要任务目标是"制定'城市双修'实施计划，开展生态环境和城市建设调查评估，完成'城市双修'重要地区的城市设计，推进一批有实效、有影响、可示范的'城市双修'项目"。由此可见，城市设计被作为了引导"城市双修"工作的主要技术手段。该指导意见进一步指出，在统筹"城市双修"的专项规划中，"开展'城市双修'重要地区的城市设计"。在"生态修复"中，"对经评估达到相关标准要求的已修复土地和废弃设施用地，根据城市规划和城市设计，合理安排利用"。在"城市修补"中，"做好城市历史风貌协调地区的城市设计""鼓励采取小规模、渐进式更新改造老旧城区，保护城市传统格局和肌理。加快推动老旧工业区的产业调整和功能置换，鼓励老建筑改造再利用"；"加强总体城市设计"，以及"新城新区、重要街道、城市广场、滨水岸线等重要地区、节点的城市设计"。此外，2018年住房和城乡建设部向各省住建和规划系统部门发布了《住房城乡建设部关于进一步做好城市既有建筑保留利用和更新改造工作的通知》（建城〔2018〕96号），要求各地应高度重视城市既有建筑保留利用和更新改造，建立健全城市既有建筑保留利用和更新改造工作机制，包括做好城市既有建筑基本状况调查、制定引导和规范既有建筑保留和利用的政策、加强既有建筑的更新改造管理、建立既有建筑的拆除管理制度，并构建全社会共同重视既有建筑保留利用与更新改造的氛围[2]。

住建系统主导的"城市双修"和相关政策很明显地契合了当代综合性城市更新的目标与理念，面向多种用地和空间功能类型，倡导使用拆除重建、修缮整治、功能转换等多种手段来提升人居环境质量，重视设计在其中发挥的作用并鼓励多方参与。但总体而言，和国土系统主导的"用地再开发"相比，缺少围绕产权、功能、容量三个关键要素的制度设计，通常依靠地方政府的强力推进而非在常态化的制度规则下行事，即制定实施计划形成项目库。地方政府通过专项规划和城市设计推进"城市双修"，但是上述两类规划文件的实施管控并没有制度保障。由此可见，两个不同的中央部委在推进城市更新这一广泛目标上存在思路与方式的差异，在国家机构改革中城市规划与国土规划整合的背景下，构建兼具双方优势的综合性制度体系势在必行。

此外，住建系统颁布的《城市设计管理办法》同样没有体现出对城市更新的重视，总体城市设计中只要求确定城市风貌特色，保护自然山水格局，优化城市形态格局，明确公共空间体系，没有专门提出对城市更新区域的要求。同时，与控规相捆绑的重点片区城市设计明确了7类重点片区[3]，却唯独没有强调对城市更新型地区的空间管控。但是与《城市设计管理办法》配套却迟迟没有正式发布的《城市设计技术管理基本规定（征求意见稿）》中又出现了重点更新改造地区的设计目标引导（图6-1），"重点地区城市设计技术要点"中的6类与已颁布《城市设计管理办法》中的7类出现脱节[4]。可以看到，在国家层面城市设计正式制度与政策中确实缺少对城市更新的关注，可能会影响到地方实践，尤其是在那些本身城市设计技术力量薄弱、管理缺乏经验的地区和城市。

在原国土和住建系统外的其他中央部委，当涉及需要依托物质空间更新来达成自身的政策目标时，部分选择了通过倡导城市设计的方式，其中较为典型的便是商务部关于促进城市实体商业发展的相关政策。2019年，商务部为促进城市第三产业升级，平衡实体商业与电子商业发展，激发居民消费潜力，发布了《推动步行街改造提升工作方案》[5]。商务部将其评价为"一项具有'小切口、大成效'特点的工作"，这一政策强调了商业空间更新设计的重要性，面向实体空间的政策导向一改商务部常用的产业政策、关税政策、财税政策等手段。工作目标

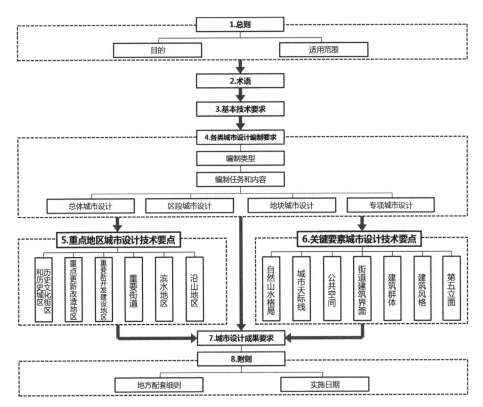

图6-1　《城市设计技术管理基本规定（征求意见稿）》主要内容
资料来源：住房和城乡建设部. 城市设计技术管理基本规定（征求意见稿）［S］. 2018.

是"利用3年左右的时间，在直辖市、省会城市、计划单列市重点培育30—50条环境优美、商业繁华、文化浓厚、管理规范的全国示范步行街，指导各地培育一批代表本地特色的步行街；步行街客流量和营业额累计增长30%以上，成为促进消费升级的平台、推动经济高质量发展的载体、扩大对外开放的窗口"。实现路径应"立足存量，改造提升""结合步行街发展现状，支持有条件的城市在现有步行街中选择基础较好、潜力较大的进行改造提升，不鼓励上马新项目，不搞大拆大建"。在具体工作中，"围绕交通路网、立面地面、设施设备、绿化亮化等要素，加强街区环境改造整治。优化周边路网和交通设施，提升道路慢行系统，延续老街区建筑风格和文化脉络，提高立面、地面等环境卫生标准，增加绿地、休闲空间和设备设施，打造美观舒适、富有特色、便利安全的街区风貌和步行环境"。由此可见，城市设计引导的城市更新不仅是未来空间规划体系的部门政策，更有潜力成为各个领域主管机构手中的政策工具，尤其是在已有成熟研究支撑的领域。例如在能源领域，城市建筑形态和布局对节能环保的效能提升，以及对城市热岛效应的减轻，抑或是在健康领域，步行环境对减少慢性病发病率的作用等都有潜力通过城市更新相关政策得以落地。所以，尽快形成国家层面的城市更新与城市设计治理体系，有望纳入更多领域的公共政策，在设计统筹下通过一次物质更新而诞生多重红利。而未来牵头城市更新政策的中央部门应积极对接其他横向部门，促进多元政策目标通过城市更新来实现。

在省域层面，我国各省已发布的涉及城市更新的政策主要承接了住房与城乡建设和原国土资源两大中央部委的工作体系，即住建系统的"棚改"与"旧改"工作，和国土系统的集约用地工作，可惜的是均没有强调城市设计在城市更新中的作用。例如，河北省于2018年发布了《河北省老旧小区改造三年行动计划（2018—2020年）》，改造计划涉及全省范围内老旧小区共计5739个，建筑面积1.15亿平方米，141.31万户居民[6]。如表6-1和表6-2所示，改造工作完全以工程建设为导向，只注重功能性，而不注重具有社会性和其他附加价值的公共空间重塑。其中，环境治理方面的考察标准，无论是一般标准还是示范标准，都是面向解决有无问题，如垃圾分类的有无、绿化种类的多少、架空线是否入地等容易量化的指标，而没有对空间质量的综合评价。该计划预计所需资金129.6亿元，来自于财政、社会、居民个人。社会可筹集资金约11.7亿元，其中，市政专营单位可筹集约6.5亿元，主要承担水、电、气、暖、信地下管网改造、线路整理等；小区原产权单位可筹集约5.2亿元，主要承担"三供一业"（供水、供电、供热和物业管理）分离小区改造。居民个人可筹集约5.6亿元，主要用于屋面、楼道、单元门禁等建筑物本体改造。其余112.3亿元由市、县两级财政筹集，主要负责老旧小区安全设施、居住功能完善及环境整治等改造项目。如此大量的公共资金和私人资本投入到城市更新中，却没有明确保障设计质量，是对政策窗口期的一种浪费。从理论角度看，物质空间的衰落往往存在背后的诱因，例如运营维护的不当、弱势社会阶层的聚集、居民本地认同感的缺失，等等，如果改造后的老旧小区只是满足了功能性要求，如墙面是否漏水、下水道是否通畅，而没有破解这些长期以来加速空间衰败的背后原因，那么这显然是不可持续的。此外，近年来河北省发布的《全省棚户区改造工程实施方案》（2018年、2019年、2020年）、《河北省城市工业企业退城搬迁改造专项实施方案》《河北省人民政府办公厅关于提升土地利用质量效益的指导意见》（冀政办字〔2018〕114号）等涉及城市更新的政策同样具有这一问题。而在广东省，尽管广州、深圳等地在自身的城市更新制度设计中都在一定程度上将城市设计纳入了正式制度体系（详见6.1.2章节），并有着较多通过城市设计或城市设计治理手段引导城市更新的良好实践案例，但在省域层面一系列关于"三旧"改造的政策中均难觅设计相关的表述。由此可见，相比英国，我国各省域层面的城市更新与城市设计治理政策还处于相对空白的阶段（详见5.2.1章节），而在如粤港澳大湾区等各都市圈、城镇群层面的跨行政区政策中，就更加难觅踪影了。

表6-1 河北省老旧小区改造任务及强制标准

分类	改造内容	强制标准
安全方面问题	（一）排除消防隐患	完善消防水源，检修和增加消防设施，疏通消防通道，确保消防安全
	（二）完善市政设施	改造小区供水、供电、供气等管网，保障居民用水、用电、用气安全
	（三）照明设施改造	维修楼道照明系统，增设或维修路灯设施
	（四）道路改造	结合停车位增划进行道路扩充，硬化小区道路、居民活动场所，维修破损道路、窨井、甬路，方便居民安全出行
	（五）建筑加固	加固阳台、外檐、围墙、严损房屋，还原使用功能
	（六）老旧电梯安全性能提升	对存在安全隐患的老旧小区电梯根据安全评估结论进行大修、改造或更新
	（七）增加门禁系统	安装视频监控系统，增加门禁系统和单元门禁系统

资料来源：河北省人民政府. 河北省老旧小区改造三年行动计划（2018—2020年）［EB/OL］. http://info.hebei.gov.cn//eportal/ui?pageId=6778557&articleKey=6826687&columnId=329982.

表6-2 河北省老旧小区改造内容的一般标准和示范标准

分类	改造内容	一般标准	示范标准
居住功能方面	（一）房屋修缮	修缮屋面、防水及楼道，保证房屋正常居住功能	对楼体进行保温节能改造
	（二）管网整治	清理、整修化粪池，疏通、维修排水管道	进行雨污管网改造，实现雨污分流；道路排水充分结合海绵城市要求开展设计施工
	（三）完善停车设施	对现有的停车设施进行改造整修，划定停车位	结合小区公共空间，合理调整绿化和停车布局，建设绿荫停车位；有条件的小区建设立体停车位

分类	改造内容	一般标准	示范标准
居住功能方面	（四）完善居住、服务设施	补建门牌、楼牌，增建小区服务管理用房，增设养老、体育、文化宣传、休闲、邮政、快递柜、电动车充电装置等公共服务设施	安装体育健身器材，机动车、智能快件箱（智能信报箱）等便民设施。增加无障碍和适老设施，方便老年人出行、活动，有条件的多层住宅加装电梯。配建物业、门卫用房
环境治理方面	（一）恢复提升小区风貌	修缮、粉刷小区围墙、住宅外立面，统一风格；清理楼道杂物、小广告，设立小区公共信息发布栏	/
	（二）整治私搭乱建	拆除小区违章建筑，清理小区乱堆乱放，恢复小区空间	/
	（三）绿化改造提升	拆违建绿、破硬还绿，增加小区绿量	小区内乔灌草花相结合，层次分明，景观优美，小区内建筑小品及道路与绿化区域布局合理，形成有机的完整体系
	（四）架空线路整治	整理电话、网络、有线电视、电力等各类线缆，拆除废弃线缆	各类线缆统一入地，做到杆管线布局合理，统一规范
	（五）改善小区环境卫生	取消垃圾道、垃圾池、垃圾房，完善环卫设施	设置分类垃圾箱，做到垃圾分类处理

资料来源：河北省人民政府. 河北省老旧小区改造三年行动计划（2018—2020年）［EB/OL］. http://info.hebei.gov.cn//eportal/ui?pageId=6778557&articleKey=6826687&columnId=329982.

6.1.2 城市层面的制度供给

虽然国家层面的正式制度尚未理清设计作用于城市更新的途径，但是在部分地方城市层面的制度建设中，城市设计正在成为城市更新的重要一环。以广州市和深圳市为例，其均在其核心制度——城市更新办法中明确了城市设计如何依托于规划体系发挥作用，二者存在的根本区别便是是否依托于已有的法定规划体系[7][8]。广州市采取了以市、区两级城市更新局为核心的独立于城市规划主管机构的管控模式，而深圳市则是在市规土委（现深圳市规划和自然资源局）下设城市更新局，行政机构的安排决定了两地城市更新与法定规划的关系。

广州市城市更新的规划编制体系分为三个层级，市级主管机构织编"城市更新中长期规划"，市城市更新部门会同各区政府依据"城市更新中长期规划"，结合城市发展战略，划定"城市更新片区"。纳入城市更新片区实施计划的区域，应当编制"片区策划方案"，并且在该层级应编制城市设计指引。城市更新片区策划方案经公示、征求意见、专家论证、市城市更新领导机构审定后，涉及调整控制性详细规划的，由市城市更新部门或区政府依据城市更新片区策划方案编制控制性详细规划调整论证报告，提出规划方案调整意见，申请调整控制性详细规划，报送市规划委员会办公室，提交市规划委员会审议并经市政府批准。经过上述流程，城市更新中的城市设计内容首次被纳入法定规划管控中。同时，2016年颁布的《广州市城市更新片区策划方案编制工作指引（试行）》指出在技术层面上，对于已编制控规、城市设计等规划的重点地区，城市更新片区策划方案应充分尊重已批复的规划成果，加强规划协调[9]，并结合更新片区发展定位以及上层次规划中有关城市设计内容要求，提炼更新片区环境特征要素、景观特色要素以及空间关系要素，重点针对城市空间组织、公共空间体系、慢行系统设计、建筑形态引导等内容制订更新片区城市设计导引。而在实施中，城市更新项目审批有别于一般建设项目的规划管控程序，城市更新项目实施方案经专家论证、征求意见、公众参与、部门协调、区政府决策等程序后，形成项目实施方案草案及其相关说明，由区政府上报市城市更新部门协调、审核。市城市更新部门牵头会同市城市更新领导机构成员单位，召开城市更新项目协调会议对项目实施方案进行审议，提出审议意见。这一跨部门并且纳入非政府主体的审查程序，在未来有潜力将设计质量作为其中一项审查要素，形成多方参与的治理平台。

　　深圳市规定，应根据城市总体规划编制城市层面的城市更新专项规划，并与近期建设规划相协调。在全覆盖的法定图则中划定规划范围内城市更新单元的范围，明确应当配置的基础设施和公共服务设施的类型和规模，以及城市更新单元规划指引内容。城市更新单元规划根据法定图则所确定的各项控制要求制定，未制定法定图则地区应当在现状调查研究的基础上，根据分区规划确定的各项要求拟订城市更新单元规划，由市规划国土主管部门批准后实施，而城市设计指引则是其中的强制性内容之一。城市更新单元规划中与法定图则中的强制性内容产生矛盾的，必须经由市规划国土主管部门报市政府批准。同时，深圳市城市规划委员会下设了"建筑与环境艺术委员会"，市政府授权其对改变已批准法定图则强制性内容的城市更新单元规划，以及所在地区未制定法定图则的城市更新单元规划进行审批。该委员会除一名主任委员、一名副主任委员由市规委会领导兼任外，其他常任委员均为外聘专家。

2018年，深圳市又颁布了《深圳市拆除重建类城市更新单元规划编制技术规定》，进一步强化了对城市更新单元规划中城市设计的技术引导[10]。该规定指出，城市更新单元规划需要落实上层次规划中城市设计对更新单元的控制要求，有针对性地提出城市设计策略，说明地区城市空间组织、建筑形态控制、慢行系统与景观环境体系、地下空间与公共空间的主要构思和控制要点，明确城市设计要素和控制要求。深圳市提出十分详细的技术要求，囊括了公共空间、建筑、景观等要素，并突破单纯空间美学的桎梏，将绿色可持续、商业活力等目标作为设计策略。该规定第十条提到的设计优选制度与英国的设计审查制度具有相似之处，是深圳市为了提高城市空间质量做出的制度创新，即由各区建设主管部门而非规划主管部门负责结合建设项目特点，采取设计招标、设计竞赛和直接委托行业顶尖专家三种方式开展建筑和空间设计。设计招标为设计优选的普遍采用方式；设计竞赛适用于设计创意、概念征集的项目；直接委托适用于特定项目，可依照规定邀请中国工程院院士、全国工程勘察设计大师、梁思成建筑奖和普利兹克建筑奖得主，以及在特定领域具有行业影响力的建筑设计专家，领衔开展建筑方案设计，并向社会公示。

6.1.3 城市层面的专项行动和设计产品

除以广州、深圳两地为代表已建立了核心城市更新制度的城市以外，北京代表了另一种探索方向，即在缺乏明确管控途径的情况下，依靠政府主导的各类专项行动和非法定规划的设计导则来促进城市更新空间质量的提升。近现代城市设计理论普遍认同，城市设计是对后续更加详细设计过程与决策的影响与控制，是空间塑造的原则与秩序[11]。近年来，我国过往编制的"静态蓝图型"城市设计因为过于刚性、管理与实施机制等方面的缺陷而被广为诟病，研究者对其进行了大量反思。学界普遍倡导将城市设计作为引导市场开发的方向，而非政府行政指令下的唯一标准。市场主体通过依循城市设计创造出的规则，进行二次设计并经规划许可加以实施。近年来涌现出诸多精细化的城市设计导则，如针对老旧小区改造、儿童友好型城市设计等。在精细化设计时代，同样的设计手法针对不同的对象产生不同的结果，因此需求强调设计的产品属性，设计产品应当是有针对性的、精准化的、差异化的。北京推行的街区更新，以街道办事处管辖范围来推进更新实践，以规划师为纽带，推行小规模、渐进式、可持续更新，实现人居环境和城市品质的整体提升。街区更新需要不同的产品设计，如治理"开墙打洞"、街头小微绿地空间提升、背街小巷整治提升等，都需要规划师提供特定的设计产品，满足街巷及居民对不同空间功能或品质提升的诉求。传统的通行的设计导则指引或规划设计，无法应对细小精美环境的具体需求，需要规划师提供精细化的产品供给。

2015年的中央城市工作会议把城市设计提高到城市规划、建设、管理的工作层面，城市更新也越来越向精细化治理的方向迈进。2016年，北京新总规提出构建国际一流的和谐宜居现代化城区。2017年，北京出台《北京市人民政府关于组织开展"疏解整治促提升"专项活动（2017—2020年）的实施意见》，开展"疏解整治促提升"专项工作。2017年以来，北京的城市更新集中在非首都功能疏解与功能提升、街道改造、老旧小区整治、重点区域整治等方面（表6-3）[12]。

表6-3　2017年以来北京城市更新工作内容

工作方向	政策措施
非首都功能疏解与功能提升	将非首都功能的学校、医院、企业等疏解腾退，置换空间
	"留白增绿"，把腾退土地用于增加城市绿色空间
街道改造	《北京城市总体规划（2016年—2035年）》明确了首都街道的总体规划要求、核心设计要点、机制保障与专项治理等内容
	精细组织胡同空间、精细化设计道路断面，营造宜人的街道空间尺度，在中轴线及其延长线延续历史文脉，严控街道尺度与风貌。加强背街小巷综合整治提升
老旧小区整治	优先整治1990年以前建成的小区，对违法建设、开墙打洞、群租房、地下空间违规使用、占道经营等进行治理，补足社区基础设施、便民服务设施，完善物业管理机制
重点区域整治	老城、三山五园等地区综合整治提升及历史文化保护
	中轴线、长安街及其沿线中央政务环境治理
	重点推进太庙、社稷坛、天坛等13处文物腾退
	推动回龙观、天通苑地区整治提升，补足基础设施与公共服务缺口
	城乡结合部治理改造，提升居住生活品质

虽然长期以来城市设计作为技术手段和工作方法被广泛运用于北京市的规划建设之中，但是由于缺少正式制度的规范而具有极大的随意性。2009年颁布的《北京市城乡规划条例》首次在正式制度中明确了城市设计导则编制的必要性和基本要求，第二十二条规定："区、县人民政府或者市规划行政主管部门可以依据控制性

详细规划组织编制重点地区的修建性详细规划和城市设计导则，指导建设。区、县人民政府组织编制的，应当由市规划行政主管部门进行审查；市规划行政主管部门组织编制的，应当报市人民政府进行审查。"[13] 早在2010年，北京市规划委员会就印发了《关于编制北京市城市设计导则的指导意见》，将城市设计导则作为控制性详细规划的重要组成部分，希望依托法定规划发挥设计导则的管控效力[14]。指导意见指出，城市设计导则可采用分区管理的模式，分为重点地区和一般地区，重点地区由市规划行政主管部门组织划定，随指导意见同时下发了旧城和中心城两类城市设计重点地区划定草案。该指导意见发布后，诸如丽泽商务区[15]、未来科技城[16]、首都第二机场新航城等一系列重点地区的城市设计导则启动编制并用以引导建设开发实践。总体来看，北京市在城市设计导则的实践探索初期，通常将导则编制与重点开发项目绑定，作为控制性详细规划体系的形态管控补充手段。在中心城地区，重点片区的划定以历史保护区、文物周边区、轴线及视线通廊控制区等对象为主，以风貌保护为目标，缺少对一般性城市更新诉求的考量，也没有与当时正在推进落地的危旧房改造等政策相结合。2015年中央城市工作会议指出，城市更新改造是城市建设的常态，同时将城市设计提高到了新的高度。在之后的一段时期，综合性城市更新随着北京市新总规的落地而逐步加速。《北京城市总体规划（2016年—2035年）》首次提出"减量发展"理念，推动政府与社会各界认识到首都整体风貌改善有赖于老旧空间的更新升级，城市服务质量的提升离不开各类设施的补齐。

2017年，住建部印发《住房城乡建设部关于将北京等20个城市列为第一批城市设计试点城市的通知》（建规〔2017〕68号），将北京列为全国第一批城市设计试点城市[17]。北京作为城市设计试点城市，构建起"16+×"城市设计试点工作平台，采用市区互动、经验共享、试点先行的形式，共同创建新时期城市设计示范标杆。北京开始搭建衔接城市设计与总体规划、控制性详细规划等多层次规划体系，在各层级的法定规划中都体现城市设计的内容，使城市设计与法定规划同步编制、同期落实，并因地制宜提出四种城市设计管理模式：一、核心区模式强调风貌保护优先，突出专家作用及更新项目规划审批；二、中心城模式以存量更新为主，城市设计依控规编制；三、新城模式以生态修复为主，城市设计与控规结合编制；四、副中心模式，多规合一，深入落实城市设计"一张图"。与此同时，在总体规划的指引下，2017年，北京市开始开展"疏解整治促提升"专项行动及"首都核心区背街小巷环境整治提升三年行动"，涉及拆除违法建设，整治占道经营、无证无照经营和"开墙打洞"、整治改造城乡结合部、中心城区重点区域整治、地下空间和群租房整治等工作，然而在初始阶段并没有形成通过城市设计切实保证更新后空间质量的路径。其"一刀切"的整治手段、缺乏设计感的整治成果以及对城市活力的负面影响也引发社会舆论关注。从对城市设计的重视和"一刀切"的整治二者共存的现象可见，由于治理体系的不成熟，政府相关工作之间是存在明显割裂的。

2019年3月，《北京市城乡规划条例》明确提出推行以街区为单元的城市更新模式，提出北京"建立贯穿城市规划、建设和管理全过程的城市设计管理体系。城市设计编制层级包括市、区总体城市设计，街区城市设计，地块城市设计及专项城市设计。重点地区应当编制地块城市设计，对建筑形态、公共空间、生态景观、文化传承及其他要素提出控制要求；其他地区按照城市设计通则管控"[18]。同时，为了深化《北京城市总体规划（2016年—2035年）》提出的打造高品质城市公共环境的上位要求，北京市规划和自然资源委员会主编了一系列城市设计导则（表6-4）。不同于传统的宽泛而面面俱到的城市设计导则，精细化的城市设计导则以城市片区或街乡为单位，对确定空间设计的某部分对象或者某一系统，提出更为差异化、精准化的设计要求与实施机制建议。

表6-4　北京各城市设计导则内容汇总

导则	编制单位	导　　向	设计要素	精细化设计	更新治理机制
《北京街道更新治理城市设计导则》	北京市规划和自然资源委员会　北京市城市规划设计研究院	从以车优先转变为以人优先	面向街道使用者	安全优先，有序可靠	市区联动，创新街道综合治理机制
		从道路红线内管控转变为街道空间整体管控		文化提质，魅力展示	过程管控，完善街道规建管全流程管控机制
		从政府单一管理转变为协同共治	街道空间要素	绿色开放，和谐共存	构建街区治理"一库两平台"
		从部门多头管理转变为平台统筹管控		智慧服务，高效便利	完善街道治理综合配套制度
《北京滨水空间城市设计导则》	北京市规划和自然资源委员会　中国建筑设计研究院有限公司	全民共享	岸线分类	空间开放，布局合理	规划引领
		分级明确		内部连通，外部衔接	综合治理
		传承历史		功能复合，设施完善	
		丰枯兼容		古今交融，历史传承	保障机制
		涵养水资源		景观生态，水质优化	

导则	编制单位	导　向	设计要素	精细化设计	更新治理机制
《北京城市色彩城市设计导则》	北京市规划和自然资源委员会 中国美术学院风景建筑设计研究总院	从千城一面转变为彰显特色	古都色彩控制区		创建与研发城市色彩数据库和智能管理系统
		从色彩混乱转变为协调有序	建筑类型与色彩		创建城市色彩综合治理体系
		从建设者单一决策转变为协同共治	街道空间与色彩		健全全社会参与的维护环境美的长效机制
		从简单管理转变为平台科学管理			
《北京第五立面和景观眺望系统城市设计导则》	北京市规划和自然资源委员会 北京市城市规划设计研究院	与自然山水和谐相融	屋顶管控技术要点		搭建建筑屋顶综合整治体系
		与历史文化交相辉映	屋顶分类引导标准		推进第五立面综合整治
		具有高度可辨识性	屋顶整治专项行动		完善第五立面治理的相关配套机制

资料来源：云规划．面向公共空间的城市尺度设计导则（手册）[EB/OL]．（2019-01-09）[2020-03-05]．https://mp.weixin.qq.com/s/eeqmsPTFlPlozz6aAyK55A．

　　北京各区也纷纷制定精细化城市设计导则。2018年，北京市规划和国土资源管理委员会西城分局主持编制的全国首个街区设计导则——《北京西城街区整理城市设计导则》发布，成为西城区街区整理工作的指引性文件。同年，《朝阳区街道设计导则》《东城区街道环境提升十要素设计导则》等其他分区设计导则颁布，同时，由北京市规划和国土资源管理委员会组织编制的《北京街道更新治理城市设计导则》开始公示，对街道这一具有多部门责权归属的空间对象提出了共治的要求。2019年，《北京历史文化街区风貌保护与更新设计导则》开始公示，其适用范围为老城内的33片历史文化街区，包括什刹海、大栅栏等重点城市风貌控制地区，总面积20.6平方公里，占老城总面积62.6平方公里的33%，占核心区92.5平方公里的22%[19]。

　　由此可见，当前北京各区、各类面向城市更新的城市设计导则编制工作越发火热。新时期的设计导则既面向开发者，通过约束三维形态综合统筹城市更新区内复杂的各类空间要素，也面向管理者，明确空间要素的管理、运维权责，形成多部门协调的平台机制。在编制过程中，吸取了过去蓝图式规划对城市更新中不同利益主体和潜在矛盾冲突缺乏考虑的教训，通常注重公众参与以形成具有弹性空间的未来发展共识。在综合提升环境质量与空间精细化治理理念不断深入的背景下，城市设计导则作为二次订单的工作方式比蓝图式的工程计划更加适合北京市复杂的空间更新要求，逐渐成为具有弹性、地方性和分类型特点的开发引导工具和辅助政府决策的依据。但是这些导则在实际工作中的有效性还值得进一步考察，因为缺乏强制效力，也没有和法定规划审查等程序紧密联系，更没有被用于基层政府的日常工作，普遍还存在技术文件编制与后续管理维护脱节（导则编完工作就算结束了）的现象。所以，单纯将城市设计作为一种公共产品的多样化供给并不能解决实际问题，仍需要整体治理体系的协同作用。

6.1.4 城市、区、街道层面政府主导的多元活动

除了传统政府管理常用的政策引导和制度管制外，当前我国地方城市政府在国家治理现代化的进程中，也在逐步越来越多地使用多元活动的方式去弥补正式制度的缺失。诸如深圳、上海这样的城市，因为政府各职能部门团队的人才水平较高且对服务型政府的认识较经济欠发达地区更为深入，已经正在适应将马修·卡莫纳所倡导的各类城市设计治理工具贯穿于日常工作之中。但与英国的做法存在本质性差异的是，英国政府通常会通过财务支持和赋权将这些职责交托于各级半正式的代理人组织，发挥它们的专业优势。代理人组织将多元活动作为自身的日常工作方式，具有较高的自主性。中国虽然也常采取政府主办、企业和机构协办的方式，但协办方一般并非专业化的非盈利组织，而是利益相关方，或者利益相关方的代表。这也使得这些活动往往不具有延续性，通常是政府短期工作重点的副产品。另一个主要差异是，我国的活动通常是以最终项目方案征集为目标的，即如图1-2所示的设计过程。其通过公开竞赛征集和公众参与的方式延伸对决策环境的影响，提升公众对项目的认知和对空间质量重要性的认同感，并形成使用者、产权所有者、建成环境领域专业人士、其他领域意见领袖的短期合作平台。其类型主要包括指定场地设计方案征集和自主申报方案征集两种。

典型案例包括广州市和上海市规划主管部门开展的微改造设计竞赛和城市设计挑战赛。为了吸引规划师、建筑师、艺术家、市民群众等群体的深度参与，加快推进广州老旧小区微改造工作，提升和保障老旧小区微改造的标准和质量，2017年广州开展了老旧小区微改造活动，对于全市范围内5个老旧小区面向社会征集设计方案。征集得到规划设计方案竞赛作品33项，居民参与投票2000余人，网络投票突破22万人次，丰富了一般民众参与老旧小区更新的途径。自2016年起，上海市采用

城市设计挑战赛的形式向全球征集指定城市地段的城市设计方案，集社会各界众智为与民生息息相关、广受关注的公共项目献计献策，这同时也是推广宣传城市、引导公众参与、促进城市更新的创新渠道。赛事由上海市规划和国土资源管理局及各区政府主办，由上海市城市规划设计研究院、同济大学建筑与城市规划学院等高校和专业机构承办，参赛对象分为专业组和公众组，专业组面向建筑学、城乡规划、景观园林等专业的高校学生、教师和其他从业者；公众组针对非专业但对上海城市建设具有热情的一般民众。赛事至今已举办3届，从选址到选题目标都在积极探寻城市更新的新方案与新思路，如2016年的衡复风貌区和苏州河两岸地区、2017年的长宁区番禺路沿线地区、2018年的嘉定"南四块"地区和浦东新区民生码头8万吨筒仓周边地区等。城市设计挑战赛每年收获了来自全世界产、学、研单位和一般民众群体的广泛参与，这种小成本、大收获的方案咨询手段已经成为上海城市更新实践的有益助力，例如2017年哈佛大学团队的宝山区滨江区域城市设计作品《魅力滨江：事件驱动下的滨水绿色空间复兴》（*Binjiang Attractive: Event-driven Waterfront Public Green Space Revitalization*）提出了在空间更新之外，通过建立智能移动终端的空间事件辅助工具，增强人与场地的互动联系。

此外，还有部分活动是只面向专业群体的竞赛，例如：2019年6月，由北京市海淀区区委区政府统筹，北京市规划和自然资源委员会指导，北京市规划和自然资源委员会海淀分局具体实施的京张高铁遗址公园设计竞赛启动。属地街道、铁路部门、园林局，以及区域内的清华大学、北京林业大学等高校都参与其中。2019年9月，五道口启动区亮相北京国际设计周。2019年10月，由北京市规划和自然资源委员会、海淀区委区政府主办，北京市规划和自然资源委员会海淀分局、海淀区园林绿化局承办，京张铁路遗址公园贯通概念方案征集启动。最终，法国岱禾（Agenceter）、同济大学建筑设计研究院（集团）有限公司联合体、中国建筑设计研究院、中国城市规划设计研究院、株式会社日建设计等6家设计团队的方案入选。京张铁路遗址公园将落实总规"留白增绿"的要求，缝合被铁路割裂的城市功能，完善自行车道等慢行系统，增加体育设施及服务设施，为城市公共活动提供丰富空间，成为由铁路升级改造带动城市更新的典范。

自主申报方案征集的典型案例包括深圳的"趣城计划"和上海的"行走上海——社区空间微更新计划"（表6-5）。"趣城计划"由深圳市规划和国土资源委员会、深圳盐田区政府与中国建筑中心联合发起，旨在打破自上而下的传统城市规划思维，从城市局部空间入手，使用城市设计的手段对缺乏特色与活力的城市区域施展"城市针灸术",打造精品化的人本公共空间。该计划自2013年开展至今,已形成了包括"趣城社区微更新、趣城地图、趣城美丽都市计划、趣城盐田"四部分在内的大型城市更新与城市设计创新活动群。"趣城社区微更新"在全市600余个社区中挑选自身有改造意愿的社区,采取工作坊的模式,让城市设计师、建筑师与社区代表、基层社会工作者共同工作,开展社区微更新。"趣城地图"以创意手绘和认知地图的方式,为广大市民描绘了更加直观且富有吸引力的城市图景。"趣城美丽都市计划"的设计对象通常是尺度不大的节点片区,采取向规划与设计相关领域的专业人士以及社会各界征集特定场所设计方案的形式,征集所得的方案以试点的形式加以实施。"趣城盐田"则聚焦更加微观的公共艺术领域,包括艺术装置类、小品构筑类、景观场所类三类方案征集方向,设计选址位于深圳市盐田区内。"趣城计划"体现了城市更新管理思路的重大转变,从高度计划性走向自发性,从单一政府管理走向了社会共治。

"多方参与、共建共享"是《上海市城市更新实施办法》提出的工作原则。2016年,上海市规划和国土资源管理局组织开展了"行走上海——社区空间微更新计划",以城市更新为契机探索"共建、共治、共享"社区治理新模式[20]。如表6-5所示,社区空间微更新计划每年选取11个试点进行实践,以志愿设计师和公益活动的形式推进,并适当给予设计师一定的补贴和奖励。虽然该计划由市规土局统筹管理,但是项目本身是通过公众参与方式进行汇总的,旨在寻找那些群众迫切希望得到更新,且民意合作基础良好的空间。计划涉及的更新对象包括小区的方方面面,如小区广场、街角小公园、修车摊、街道环境等。在该计划中,上海市规划主管部门创新了规划、建筑、景观专业人士与本地居民、高校师生、艺术家等群体的微更新共同工作平台。

表6-5　行走上海——社区空间微更新计划(2016年,2017年)

2016 年		2017 年	
区县	项　　目	区县	项　　目
长宁区	华阳街道大西别墅	黄浦区	南京东路爱民弄
	华阳街道金谷苑		南京东路街道天津路500号里弄
	仙霞街道虹旭小区	徐汇区	徐家汇街道西亚宾馆底层空间
	仙霞街道水霞小区		虹梅路街道桂林苑公共空间

2016 年		2017 年	
区县	项　目	区县	项　目
浦东新区	塘桥街道金浦小区入口广场	虹口区	曲阳路街道东体小区中心绿地
青浦区	盈浦街道复兴社区航运新村活动室外部空间		曲阳路街道虹口区民政局婚姻登记中心入口
静安区	大宁街道上工新村	杨浦区	五角场街道政通路沿线
	大宁街道宁和小区		五角场镇街道翔殷路491弄集中绿地
	彭浦新村艺康苑	普陀区	万里街道大华愉景华庭入口广场
徐汇区	康健街道茶花园		万里街道万里城四街坊中心绿地
普陀区	石泉街道	长宁区	北新泾街道平塘路金钟路口街角绿地

资料来源：上海启动"行走上海2016——社区空间微更新计划"[OL]．（2016-05-08）[2019-10-22]．http://www.shanghai.gov.cn/nw2/nw2314/nw2315/nw4411/u21aw1128103.html.

6.2 城市更新中半正式主体的城市设计治理探索

6.2.1 城市和片区层面的促进机构

当前，我国也开始有非正式和半正式组织出现并致力于促进城市更新，除政府外的其他市场和行业力量对城市更新的持续关注和集体推动，有利于城市更新实践业务的交流学习和相互促进。这些促进组织包括已有的传统全国性行业协会和专业学会，以及各机构下设的学术委员会、专业委员会，如中国房地产业协会城市更新委员会、中国城市规划学会城市更新学术委员会、中国建筑学会建筑改造和城市更新专业委员会、中国城市科学研究会城市更新专业委员会等。

此外，还有在城市层面发挥作用的促进组织，一部分是由社会力量自发成立，另一部分则由政府相应主管机构组织成立。前者如2014年深圳成立的国内首家城市更新协会，由18家从事城市更新的知名房地产企业发起设立[21]。2017年，深圳市房地产业协会又成立了城市更新专业委员会，通过凝聚各方专业力量持续服务房地产行业[22]。后者如2017年广州市城市更新局主导成立的广州市城市更新协会，该协会由珠江实业集团、广州市城市更新规划研究院、广州地铁集团等16家企业共同发起，拥有涵盖地产、评估、中介、设计、研究、金融、法律等各行业共113家会员单位[23]。与新兴促进组织相比，传统行业协会和专业学会首先在性质上本身是服务于成员和会员的，主要起到信息和学术交流的作用。中国的这些协会、学会、研究会，不像以英国为代表的欧美国家那样，运作经费主要来自成员的会费以及成员企业或机构的捐款，通常与各级科学技术协会及特定的主管部门保持着更加紧密的关系，所以为政府承担了更多的政策咨询、辅助决策工作。尽管如此，总体而言，其参与所在领域治理的程度较低，手段也比较匮乏，所能对接的资源类型趋同。新兴的城市更新促进组织明显更加综合地吸纳了城市更新运作全流程中的各类主体，资源整合能力更强。但是这些组织现阶段普遍缺乏对设计质量的重视，而是以产权收拢谈判、土地价值评估、融资等城市更新商业化运作中的难点环节为主要促进目标。以广州市城市更新协会的组织架构为例，其下属产业发展、土地与规划、经济与评估、政策与法律四个专业委员会，均不涉及城市更新中城市设计技术与方法或城市设计运作方面的促进工作。

在城市更新领域的相关半正式机构和组织没有发挥城市设计治理功能时，少数城市设计机构正在发挥作用，使用了与英国建筑和建成环境委员会相近的各种城市设计治理工具。以深圳市城市设计促进中心为例，该机构是由深圳市规划和自然资源局发起的、相对独立运作的公共机构，整合了深圳市公共艺术中心（原深圳市城市雕塑领导小组办公室）、深圳建筑和城市双年展组委会两所单位而成立。作为深圳市事业型单位转型半正式组织的一种探索，它为全国范围内的治理转型提供了思路。其主要工作职能包括对深圳市重大城市建设与发展问题的研判，通过竞赛、宣传等多种手段辅助政府开展面向全社会的城市设计活动，以及服务于城市设计相关的产业发展。当前，该中心主要工作类型有三种：第一是通过竞赛方式提升具体项目的设计质量，包括配合深圳市的建筑优选制度，开展面向专业机构的大型建筑项目竞赛、城市设计和景观竞赛，以及面向独立设计师的微更新竞赛；第二是支持相关课题研究，研究开展的方式是配合政府工作要点，由城市设计促进中心定期明确开放课题方向，研究者自主申报，其中少数课题由中心全职研究人员完成；第三是组织定期与不定期的专业学术交流和受众为一般民众的宣传教育活动。该中心的工作对应了城市设计治理理论中介入程度略后的证明工具、知识工具和提升工具，而不涉及与正式管理联系更紧密的评价工具与辅助工具（参见2.2.2章节）。作为一项面向城市更新的常态化、典型化工作，深圳市城市设计促进中心先后在深圳南山区南头城社区、罗湖区立新社区、罗湖区新秀社区及龙岗区龙岭社区发起了名为

"小美赛"的城市微设计竞赛,以吸引设计师深入社区建设[24]。"小美赛"到目前为止已开展了四期探索,参与的设计师们除了提出设计方案,更是面临着诸如如何与社区各方沟通、平衡诉求、建立信任等额外挑战,期间也经历了"偷偷摸摸"开工、因村民抵触和拒绝导致方案"流产"、建成作品因各种原因被拆除的波折过程。但在大量尝试和摸索之后,自下而上的项目运作模式逐步变得清晰,"小美赛"通过选取具有较好居民自治体系或社区营造机构的社区、具有相对清晰对话主体的项目来开展活动,推行"针灸式"的调研和解决方案提供,从而使得设计竞赛的组织越来越成熟,建设成效越来越好,项目影响力也在逐步形成。这种工作模式虽然能够起到一定的示范作用,但是对于全市大量的老旧小区和待更新空间而言只是杯水车薪。

除此之外,一些片区层面的组织也在试图通过城市设计治理的手段促进所在地区的城市更新,其架构通常以基层政府和部门为核心,服务于当地政府工作要点,采取成员加盟的方式运作,工作具有非常态化的特点。此类机构包括服务于天津市西青区"设计之都"政策的北方设计联盟、服务于北京市"街区更新"政策的五道口和泛学院路街区规划与城市更新设计联盟等。这类联盟的成立初衷是结合多元主体所长,更好地发挥资源整合的作用,形成面向特定区域的治理共同体。但是通过对相关人士访谈得知,其中绝大多数工作的主要目的还是为了政治宣传,因而引起了部分参与者的反感。以某该类型联盟为例,其成员以街道政府和规划设计单位、责任规划师为主,新的联盟关系并不能替代原本双方甲方和乙方的商业关系。联盟开展的工作原本就是政府采购企业提供的规划设计服务的一部分,却被地方政府重复宣传为自发的多元治理行为。政府有偿采购创新的设计促进服务(各类城市设计治理工具)来拓展治理手段、延伸治理受众在英国的实践中收到了良好的成效,也成为了弥补地方政府专业力量不足和性质错配的普遍做法(详见5.3.5.2章节)。但是在中国,却因为对政府采购这类辅助治理服务的认识局限、制度桎梏,只能成为传统规划设计合同中"隐藏条款",亟须破解这种因为利益捆绑造成的多元主体"被迫参与"的、所谓的"自发联盟"。

6.2.2 片区层面的责任规划(设计)师

我国当前城市更新与城市设计领域的半正式组织建设,尚处在相对的空白期,只有以深圳为代表的极少数城市在探索正式机构的分权与转型,抑或是对非正式组织的赋权与资金支持。而聘任个人或者团队担任责任规划师的热潮正在全国范围内推开，并逐步迈向正轨、常态化。主要是因为在城市更新中，片区层面的更新对象具有人口稠密、各类设施短缺、产权归属复杂、管理维护不力、空间老损严重、私搭乱建多等普遍共性。而在过往的城市更新工作中，又普遍存在行政命令强、居民意愿低、政府花费大、提升效果弱的情况。因为理念落后，近年来的运动式的环境整治行动饱受诟病。责任规划师为主持在地工作的基层政府提供了有效的规划设计技术支持，辅助规划编制、参与项目审查、指导规划实施、跟踪实施评估。同时，这类主体还兼具培育公众参与意识和推进社区营造的作用。当前，城市设计的技术方法与思维方法正逐步成为责任规划师手中常见的治理工具。这是因为：第一，在各地的上位分区规划，以及控制性详细规划相对稳定的情况下，责任规划师实际上通常是在已有规划控制的框架内通过城市更新推进环境质量的提升，故设计引导成为了常见手段；第二，虽然责任所辖面积有限，但所涉及的空间要素众多，尤其是在待更新的旧城地区，需要利用城市设计的三维手段进行统筹；第三，在减量发展的背景下，以及旧城地区强约束条件中，存量空间的质量提升和各类设施的补齐有赖于精细化设计；第四，在公众参与和街道日常管理过程中，受制于一般民众和基层管理者的规划知识水平，城市设计直观的表现形式有助于沟通和理解，并成为多方参与的平台。

无论尺度大小，城市更新对象都是空间要素的复合体。然而长期以来，城市更新工作缺乏规划设计的统筹引导，各部门之间存在的壁垒制约了城市更新的实效。在城市更新实践中，往往出现这样的现象：来自规划、建设、市政、城管、绿化、文化宣传等不同部门的专项资金都对应了需要进行城市更新的空间要素，但是本着专款专用的原则，各部门各行其是，难以实现综合性的城市更新与环境质量提升。作为当前推进城市更新的主体，基层政府也是直面本地居民和使用者诉求的第一责任方，对于上级各部门缺少话语权，难以协调各部门开展更新工作，也缺少所需的技术能力去提出统筹性空间改造方案。在这一过程中，来自责任规划师的城市设计方案、设计导则和后续辅助协调工作正在尝试为基层政府厘清空间要素的责权体系，成为城市更新的统筹平台。而不同城市的责任规划师制度具有较大差别，共有三类：第一类是为补充基层居民自治专业力量不足问题而设置的社区责任规划师制度；第二类是辅助城市规划部门对重要片区项目建设进行管控的总城市设计师制度；第三类则是辅助基层政府开展工作的街道责任规划师制度。本节将分别分析应用三类制度的代表性城市，并重点通过北京市责任规划师的实践探讨该类治理方式的特点与适用性。

第一类以上海为代表。2018年1月，上海市杨浦区最早建立了"社区规划师制度"，发挥上海本地高校（如同济大学等）的建筑相关学科优势，聘用10余位专家学者担任杨浦区社区规划师（表6-6）。2018年4月，上海普陀区签约11位"社区规划师"。2018年6月，上海虹口区人民政府发布《虹口区人民政府办公室关于印发虹口区社区规划师制度实施办法（试行）的通知》（虹府办发〔2018〕17号），规范社区规划师的职责、遴选、培训、评价以及试点安排等内容，为社区规划师制度提供政策支持。同年，上海浦东新区启动"缤纷社区"计划，外聘了36名专家学者（大多来自上海本地高校）担任社区规划导师，外聘72名社区规划师（大多来自上海本地规划设计院），通过两级技术保障体系来引导社区微更新行动[25]。社区规划师制度的意义在于：组织居民参与规划设计，形成"自上而下"与"自下而上"紧密结合的社区设计模式；将社区和社区规划师的关系从传统的短期甲方、乙方关系，改变为长期服务的模式，更加凸显了规划师的"责"；规划师的工作也从一次设计转变为对空间塑造的长期跟踪维护与规划动态调整。

表6-6　杨浦区社区规划师名单

序号	姓名	职　　务	结对街道镇
1	王红军	同济大学建筑与城市规划学院建筑系副教授	定海
2	陈　泳	同济大学建筑与城市规划学院建筑系教授	大桥
3	徐磊青	同济大学建筑与城市规划学院建筑系教授	平凉
4	匡晓明	同济大学建筑与城市规划学院城市规划系教师、高级规划师	江浦
5	黄　怡	同济大学建筑与城市规划学院城市规划系教授	控江
6	梁　洁	上海同济城市规划设计研究院主任总工、高工	延吉
7	王伟强	同济大学建筑与城市规划学院城市规划系教授	长白
8	张尚武	同济大学建筑与城市规划学院副院长城市规划系教授	四平
9	王　兰	同济大学建筑与城市规划学院院长助理城市规划系教授	殷行
10	刘悦来	同济大学建筑与城市规划学院景观学系教师、高级规划师	五角场
11	董楠楠	同济大学建筑与城市规划学院景观学系副教授	五角场镇
12	杨贵庆	同济大学建筑与城市规划学院城市规划系主任、教授	新江湾城

根据以下资料整理：黄尖尖. 杨浦首创"社区规划师制度"，本土社区微更新项目，有了专业设计力量就是不一样[OL]. （2018-01-11）[2020-03-05]. https://www.jfdaily.com/news/detail?id=76634.

　　第二类以广州为代表。琶洲CBD、金融城等重点片区近年来先后设立城市总设计师这一岗位，由地方规划当局聘请曾参与所在地区规划和城市设计编制的团队领导担任这一职位。发挥地区城市总设计师的作用，为规划管理部门提供行政审批的辅助决策及设计审查的技术服务，主要工作方式有"会审"和"会办"两类[26]。"会审"即以城市总设计师为核心，组织规划、建设、国土、发改、市政、园林等横向责权部门开展联席制的设计审查，在这一过程中综合各方诉求和矛盾，动态全程跟踪方案的优化。"会办"则无须横向各部门出席，规划主管单位在进行规划审批时，直接参考城市总设计师做出的设计审查意见，其中包括了城市总设计师与开发单位做出的谈判记录[27]。其中一位城市总设计师在访谈中表示："长期实践表明，城市设计师只编设计导则，而不介入后期管理过程，是难以保障城市设计得到实施的。"所以该类片区总设计师制度的核心是保障原有规划设计的达成，相较于其他两类制度更加聚焦于在规划许可这个关键环节发生作用，主要手段是通过设计审查保证后续建设符合设计控制要求。在原有规划设计的基础上，通过多方协商，在有限范围内放宽对开发申请的设计控制，保证原本的规划设计具有一定弹性，从而实现基于一张蓝图的动态管控和维护。

　　第三类以北京为代表。《北京城市总体规划（2016年—2035年）》首次提出："建立责任规划师和责任建筑师制度，完善建筑设计评估决策机制，提高规划及建筑设计水平。建立指导规范建筑设计的有效机制，健全单体建筑设计审查机制，鼓励建设用地带设计方案出让。对重要节点、重要街道、重点地区的建筑方案形体与立面实施严格审查，开展直接有效的公众参与。"2018年，北京市规划和自然资源委员会发布《关于推进北京市核心区责任规划师工作的指导意见》，明确责任规划师的主要职责即深入社区、扎根基层，了解社情民意，加强顶层设计，发挥规划引领的作用，成为责任街区落实保护、修复、更新规划的技术责任主体。由上述表达可见，责任规划师的核心职责之一便是指导、把控建筑与城市设计方案的执行。2019年新的《北京市城乡规划条例》修订通过，首次在正式制度中明确"推行责任规划师制度，指导规划实施，推进公众参与"。仅仅两个月后，市级层面的责任规划师专项制度——《北京市责任规划师制度实施办法（试行）》出台，随后，各区开始根据自身实际情况制定区级专项制度，《海淀区街镇责任规划师工作方案（试行）》《朝阳区责任规划师制度实施工作方案（试行）》等工作方案已经得到落实。到目前为止，东城、西城、朝阳、海淀等区的街道责任规划师已经上岗工作，丰台、大兴、通州、石景山等区处于制度建设或试点运行阶段，其余各区也正在积极探索。

在城乡规划相关制度之外，党的十九大报告在"加强和创新社会治理"领域，提出要"打造共建共治共享的社会治理格局""加强社会治理制度建设"。2019年，北京市印发《关于加强新时代街道工作的意见》，赋予街道政府公共服务设施规划编制、建设和验收参与权、重大事项和重大决策的建议权。新版《北京市街道办事处条例（草案）》明确了街道办事处的职责包括推动街区更新，应当配合规划自然资源部门实施街区更新方案和城市设计导则，组织责任规划师、社会公众参与街区更新[28]。由此可见，北京市的责任规划师制度已经形成了贯通市级政府、城乡规划主管部门和基层政府的初步体系化建构。

北京以责任规划师为纽带，推进街区更新与治理，规划师的职责从传统的技术实施走向多元共治平台的搭建（图6-2）。责任规划师一方面对"上"，与分区规划、上位规划对接，确保总规目标要求和刚性管控可实施、能落地，同时发挥智囊团的作用，倾听人大代表、政协委员、民主党派意见建议，为领导决策当好参谋、助手；责任规划师另一方面对"下"，要扎根基层、深入社区，深入街区调研，掌握一手资料，倾听居民意见、维护居民利益，同时通过讲座、座谈、分享会、工作坊等形式促进公众参与，普及规划知识，培育社区社会资本。通过多元共治平台的搭建，责任规划师指导街乡推进规划实施、街区更新、精细化治理。下面以朝阳区责任规划师工作为例，说明责任规划师的多重角色及作用。朝阳区自2019年6月推行责任规划师工作以来，责任规划师发挥了重要作用：第一，自上而下落实总规要求。朝阳区位于链接核心区与副中心的重要廊道，因此朝阳的规划建设需承接中心城，对接副中心，并落实减量要求与"留白增绿"要求。朝阳发展的关键词是"文化、国际化、大尺度绿化"。孙河乡、王四营乡责任规划师先后完成街乡现状调研，为推进规划落地提供建议。第二，自下而上助力街区治理。朝阳区责任规划师工作重点为"大数据体检化验+责任规划师开方/专家会诊+街乡去疾"，通过定制化的城市设计，完成小关惠新里33号院公共空间更新、劲松街道示范区老旧小区更新、光华里社区慢行步道建设等城市空间设计提升工作，补齐了公共服务设施。此外，朝阳区责任规划师还组织了一系列公众参与活动，包括小关街道住总社区狭缝空间共绘改造、新源西里社区地图绘制工作坊、左家庄街道城市规划儿童知识科普"我们的城市"之拼贴城市活动等，充分鼓励居民自治、陪伴居民共同成长、培育社区社会资本力量。

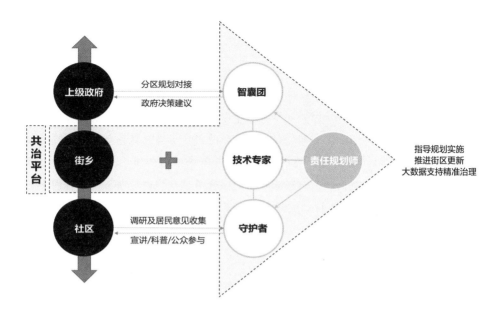

图6-2　责任规划师的角色

　　不同于作为"二次订单"性质的城市设计，由责任规划师主导、直接面向最终实施的城市设计正在城市更新中发挥重要作用，城市更新工作越来越多是对第一次编制的城市设计方案进行工程层面的深化并直接实施建设。仍以北京为例，自从2018年市政府开展"疏解整治促提升"专项活动、2019年推进"街区更新"以来，直接运用城市设计作为最终实施方案较好地满足了城市更新的需要，缩短了实施周期，在较短的时间内以设计为引领实现了公共空间环境质量的提升，形成了城市更新项目的示范作用。面向城市更新最终实施的城市设计得以有效运作的原因在于：第一，这些城市更新项目的实施主体是基层政府，主要对象是公共空间，更新工作完全由公共资金投资，无须使用城市设计对私人开发进行约束；第二，街区更新以小规模、渐进式的微更新和整治为主，城市设计的深度足以支持小尺度的工程建设，无须采取"二次订单"的控制思路；第三，更新项目的城市设计方案的编制采取参与式设计的方式，在前期广泛协调本地各方诉求，实施方案最大程度体现了利益碰撞后达成的共识；第四，实施型城市设计与上位设计导则形成较好地衔接，对设计导则提出的引导性内容作出了回应。面向城市更新最终实施的城市设计的优点在于，首先，它往往能够一次性综合整治待更新区空间环境中存在的顽疾，如私搭乱建、架空线、设施短缺、绿化不足等，避免了利用"二次订单"进行长周期设计控制引起的问题反复出现和重复施工等缺陷；其次，利用有限的政府投资对具有节点作用的公共空间进行集中改造，使居民尽快从城市更新工作中产生获得感，通过示范作用进一步促进后续工作开展。总体而言，城市设计的思维与方法已经逐步贯穿于以北上广深为代表的一线城市城市更新的方方面面，在老旧小区中即使是一个简单的自行车棚改造也会考虑到区域内人群的使用需求以及与周边环境的关系，而非就个体论个体。在城市更新语境下，城市设计的工作特征在于对空间环境的综合考量，这也是城市设计有别于工程设计、建筑设计或景观设计而胜任当前统筹地位的原因所在。

6.2.3 社区层面的基层空间治理

我国城市最基层的政府层级为街道办事处，在社区层面则采取了居民自治的治理架构。但在实际中，"中国式基层自治"与以英国为代表的西方国家具有较大差异，全国各地的社区组织仍然是政府主导的。尽管各地的社区组织结构具有较大不同，但普遍由社区党委或工委领导，社区党委书记或社区主任等是由街道一级政府管理和任命的基层干部，不同的是，通常有地方性规定——人选需要为本地居民。同时，虽然按照《中华人民共和国城市居民委员会组织法》规定，"居民委员会是居民自我管理、自我教育、自我服务的基层群众性自治组织"，居民委员会主任应由居民或居民代表选举产生，但在实际中社区党委书记或社区主任一般兼任该职位。此外，在社区党委领导下发挥服务功能的社区公共服务中心、工作站等通常也是由街道拨款开展日常工作的。这些特点使得我国的基层社区组织处于半正式的状态，承接了来自街道一级政府的大量工作要求。当前，在北京、深圳等地，随着政府推进权力下沉，街道获得了更大的财权和事权，部分街道在推进城市更新方面采取了街道主导和引导社区主动作为的模式。社区作为主体可以自主谋划更新项目，主动申报使用上级各类面向物质空间改造的资金。在对北京某社区领导的访谈中，其表示："街道一级在完成资金下放计划方面存在较大压力，这种压力也传导到了我们，然而我们并不知道该怎么做。"所以当前多地为弥补基层自治的技术力量不足，由街道政府或市区两级统一筹划，开始了引入专业人士、协调多方参与共治的尝试，一种是试图搭建常态化的参与平台，另一种则是主题式、运动式的改造活动，多选取试点社区并制定实施项目库。

第一类如原上海市闸北区于2015年开始的"美丽家园建设"工作，这项工作对通过社区自治实现人居环境提升及可持续自组织运作进行探索。受区政府委托开展的彭浦镇美丽家园社区规划探索提出了"社区更新规划P+P模式（Planning+Participating）"，核心是常态化、动态化的参与式规划（participatory planning）。在"美丽家园建设"进程中，以居民委员会为核心搭建"三会一代理""1+5+×"等社区治理平台，依托现有居民自治组织疏通基层民意集中通道，引入规划师专业技术力量，开展常态化的交流活动，汇集小区更新改造的诉求与建议（图6-3）。"三会一代理"即社区居委会负责搭建的决策听证会、矛盾协调会、政务评议会、群众事务代理制度，对居民相关事务发挥"事前听证""事中协调"与"事后评议"的作用；"1+5+×"中的"1"指的是居民区党总支，"5"为居委会主任、业委会主任、物业公司负责人、社区民警、群众团体和相关社会组织骨干队伍等，"×"则是区域内的单位负责人、社区在职党员等，平台建设旨在提升社区动员效果，做实全民参与，引导社会组织实现自我管理[29]。彭浦镇美丽家

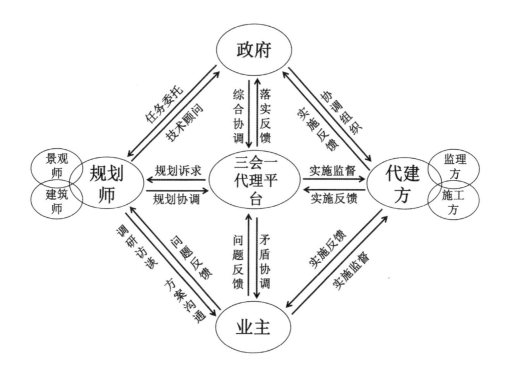

图6-3　社区规划P+P模式示意框图
资料来源：匡晓明，陆勇峰. 存量背景下上海社区更新规划实践与探索[C]//中国城市规划学会. 规划60年：成就与挑战——2016中国城市规划年会论文集. 北京：中国建筑工业出版社，2016.

园社区规划的主要内容包括安全维护、交通组织、环境提升、建筑修缮四个方面，项目进程分为策划、调研与方案编制、公众决策、施工、管理维护五个阶段；在策划阶段，规划师配合政府开展意愿筛查；在调研与方案编制阶段，规划师充分听取居民意见，采用社区自治模式开展方案的意见征集和反馈，搭建起规划师、政府、业主、代建方沟通的平台；在方案决策阶段，全体居民进行投票表决，2/3以上人数同意即可生效；在施工阶段，规划师协调实施，业主负责监督；在管理维护阶段，建成后的环境设施交由居委会、物业、业主进行管理维护。美丽家园社区规划不仅改造提升了社区环境，还从社会关系建构、基层自治机制等方面实现了社区更为长远的发展。

第二类以同济大学开展的社区花园系列空间微更新实验为例。社区花园改造一方面为老旧小区带来了空间质量的提升，在不改变社区绿地功能用途的前提下，为相似类型的改造创新了丰富的设计范式；另一方面，更重要的是唤起了社区公众和社会力量的参与性，有利于空间的长期维护[30][31]。2014年以来，同济大学景观系师生通过在上海开展多种类别绿地空间的微更新与运营维护活动，不仅有效提升了上海高强度开发地区的开放空间品质，而且借由这个民众共建花园的过程实现了公众参与与社区凝聚。截至2018年下半年，同济团队已经在上海市开展了约40个"社区花园"的更新实践，探索出了相对成熟的"参与型"园艺建设与微空间改造的方法与路径。团队针对住区型、街区型、校园型等不同类型用地中绿地的产权特征、使用主体、参与主体的不同而采取差异化的更新策略，向上善用政府政策与改造资金来源，向下以使用者的关切作为设计出发点，形成了"居委主导、居民参与""完全居民自组织"等多元化的改造模式[32]。社区花园建设强调不同年龄、行为习惯、职业群体的全天候共同使用，并以"事件"和"活动"策划为导向，深入考虑建设全过程的运营维护。由于这种微更新从细微处深刻影响着社区居民的日常生活行为习惯，使得曾经少有问津的公共空间转化成为了激活社区活力的催化剂，经典的案例包括杨浦区的"创智农园"和"百草园"等。小小场地中的不同区域可以承载多达如公益讲座、跳蚤市场等20余类具体活动。占地面积仅200平方米的"百草园"一期项目，城市更新所需经费由街道一级政府的专项资金提供，具体工作由社区和居委会组织开展，居民自治组织承担民意集中的工作，并引入了非盈利社会性公益组织对社工进行培训，同济大学刘悦来老师团队提供专业技术支持，形成"以居民为主导，多方共建共享的建设和长期运作模式，促进区域内居民、高校和社会之间的关系织补"。

6.2.4 项目层面的企业参与

我国各地目前普遍选择了政府主导、市场化运作的城市更新模式（参见4.1章节），企业是城市更新市场化运作的主要力量，是推动项目实施的主要资本来源。通过城市设计治理的手段促进企业加大对保证设计质量的投入，或鼓励企业在实际工作中运用城市设计治理的相关工具来提升空间生产的多元价值十分重要。在当前我国的部分城市更新项目中，部分企业重视城市设计对吸引新业态、促进消费升级、凝聚商业人气的作用，出现了企业主动编制城市设计导则，用于土地竞标、招商宣传与指导开发建设，并交给规划当局将其用于后续开发管控的例子。这种做法于企业而言可以在一定程度上规范项目范围内或周边其他主体的开发质量，进而保障企业自身拥有土地的价值，类似于英国城市更新公司的常见做法（详见5.3.5.1章节）。但是，这种做法在我国往往是在缺乏制度规范的情况下"灰色"运行的，其是否会造成公器私用仍没有结论。多位开发企业内人士在访谈中表示，开发商替政府编制规划设计的情况并不少见，尤其是在城市更新单元规划等编制类型中。如华夏幸福等大型开发商乐于替政府承担相较于"拿地"成本不多的设计费用，换取在规划制定中更大的话语权。同时，这种现象也常见于大型企业在经济相对落后的地方开发项目时，原因可能包括地方政府急于引入大项目，或地方规划当局技术力量相对薄弱且用于规划设计的经费有限等。如何发挥企业在促进城市更新空间质量方面的自身能动性，又不给公共利益造成损失，是我国今后一段时期城市更新治理的探索方向之一。

此外，出现了极少数企业运用城市设计治理手段破解包括社会共识难以达成、产权收拢难以进行、成本利益难以平衡等常见问题的情况。这主要是因为城市更新项目实施周期长、投入大，相较于巨大的时间和经济成本，城市设计治理工具的应用成本低却能带来较大的经济价值与社会价值。同时，因为项目的重要性，地方政府会以各种工作形式介入后期城市更新的全过程，进而影响企业主体的工作方式，政府驻点工作组是常见的方式，使政府、企业在项目层面形成了更加紧密的合作关系。例如在广州文冲城中村更新的策划过程中，集体经济委托的企业主体与回迁户开展共同设计活动，广泛听取回迁户对户型、公共空间、公共服务设施的诉求，实现定制化的空间设计，回迁户的认可也使产权收拢周期得以缩短，节省的融资成本远大于设计活动的成本。由此可见，城市设计治理手段的介入使原产权人对自身利益的诉求从原来单纯的产权面积、户数、卧室数量等要素，在一定程度上拓展到了空间质量，尽管其仍不是该群体的核心诉求。与之相似的案例还有广州恩宁路永庆坊城市更新中，万科作为承建方与原住民和未来潜在居民、商业租户的共同设计活动。2015年，恩宁路永庆片区更新改造启动，由越秀区城市更新局主持、广州万科承建，主要微改造做法包括：一、以修缮提升为主要改造方式；二、以综合改造为目标，强调延续历史脉络，对近60栋建筑单体进行统一评分（评分内容包含建筑在街区的位置、建筑风貌、立面完整性、结构状况等），并根据评分结果给出"原样修复""立面改造""结构重做""拆除重建""完全新建"的处理建议；三、强调社会力量参与，实行多元主体改造，丰富地区业态与功能——在万科研发的长租公寓、联合办公、儿童教育等业态之外，结合永庆片区的实际情况及社会资源提出本土设计师品牌店、旧城工作小组、西关体验民宿、文化交流活动等功能提升思路[33]。

6.2.5 运作环境层面的公民教育

在英国建筑和建成环境委员会的实践中，很大一部分工作是面向大众和特定人群的宣传与教育活动，包括现场活动、自办期刊等形式，马修·卡莫纳在城市设计治理理论中将其定义为对场所塑造的决策环境施加影响的城市设计治理工具。城市设计治理的成效不仅来自于具体的正式程序，也来自于社会各群体对于空间质量的重视程度。我国近年来也出现了政府部门打破传统宣传手段，通过新媒体和传统媒体平台进行公共教育的探索实践，意图便是唤起公众对空间设计质量的重视，以及对特定城市更新项目的宣传。

以微信公众号为主要宣传平台的设计机构"帝都绘"便是其中的典型，因为生产了大量以北京本地生活、文化和城市建设为主题的、兼具趣味性和知识性的原创性内容而备受追捧。该机构创始人在接受谷德设计网的采访时，将自身定位为："偏重城市与建筑相关领域的信息设计工作室。我们会对数据信息进行整理、编辑和重新设计，用一种形象化的方式将其表现出来。我们的大部分业务是受到委托的信息设计，但是载体不同，有报告、出版物，也有属于自己的公众号，并且会利用公众号做一些广告。"帝都绘提出的"信息设计（Information Design）"是一门起源于20世纪后半叶的学科，关注如何通过合适的形式、方式更加高效地传递信息。帝都绘很好地践行了这一理念，并试图培养公众对设计和空间质量的文化认同感，如图6-4所示，其发布的《北京栅栏简史》试图唤起人们对于栅栏这一空间围合要素在城市空间塑造中作用的思考，《北京二环路的另一种打开方式》展示了北京二环路沿线的公共艺术作品。帝都绘负责人在接受采访时表示："快速城镇

《北京栅栏简史》

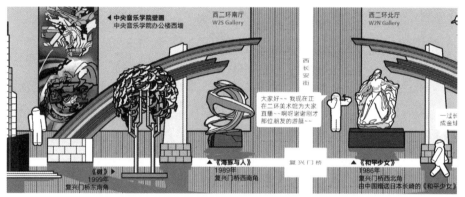

《北京二环路的另一种打开方式》

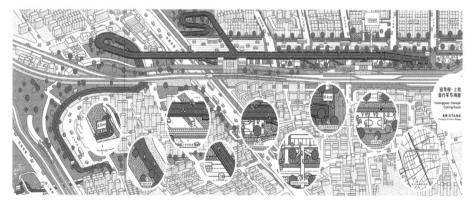

《回龙观的码农们会为此爱上自行车吗？》

图6-4　帝都绘作品

资料来源：整理自帝都绘官网https://www.zcool.com.cn/u/18241710.

化过程中很多深层次的矛盾被长期掩盖了，当这些社会、经济、城市管理等问题在如'封墙堵洞'等某个矛盾激化的时间点集中爆发时，就会引起社会的广泛关注，甚至演变为对政府的普遍不满。"[34] 在2017年北京市颇具争议的天际线整治行动中，帝都绘的公众号文章《整治天际线》曾在一天中浏览量超过100万次，对行政命令"一刀切型"整治行动的反思引起了巨大的社会反响。随着影响力和公信力的提升，帝都绘成为政府部门、企业和其他机构组织的合作对象。在北京市学院路街道的城市更新工作中，帝都绘应邀（委托项目）绘制了信息设计作品——《是什么塑造了宇宙中心？》，以体现当地的社会多样性和空间复杂性，提升本地人群的归属感和对城市更新的重视。另一项接受政府部门委托辅助宣传的典型工作是其与北京市规划设计研究院合作发布的公众号文章《回龙观的码农们会为此爱上自行车吗？》，用以展示连接回龙观这一特大卧城和容纳就业的上地地区之间的自行车专用路建设项目。

如上所述可见，少数专业性较强，且具有公信力的新媒体、自媒体，确实可以辅助政府在开展公众教育中发挥独特作用。此外，传统媒体也在创新性地发挥这一作用，北京卫视节目《向前一步》是一档居民和公共领域沟通的节目，调解城市居民群体与群体之间、居民群体和公共领域之间矛盾，引入人民调解员、法律专家、政策制定者、规划师、建筑师等多元主体参与调解。该节目涉及很多老旧小区更新、城市拆违、棚户区改造中发生的实际矛盾。矛盾调解的根本逻辑是帮助居民达成对于人居质量、场所质量的共识，促使矛盾方为了公共利益而做出相应让步。其中因为专业规划师、建筑师群体的引入，使城市设计成为寻找折中解决方案的技术工具、多方协商中的共同"语言"。例如在2018年8月31日《共治方能久安》一期中，规划师在现场通过场地设计来说明如何解决停车位不足的问题。同时，城市设计也可以成为为矛盾双方描绘未来美好蓝图的公民教育素材，例如2018年7月27日《永不消失的味道》一期中展示拆墙打洞封堵后的拟实施的街道空间设计。与之类似的公民课堂栏目还有北京市委组织部责成北京广播电视台开办的《我是规划师》等。创新性的调解方式不止起到了教育公众的作用，也为各级政府工作起到了示范作用。尽管可能并非政府的初衷，但不可否认的是，北京市政府部门通过帝都绘、《向前一步》等媒体延伸治理路径的尝试，确实在一定程度上对城市更新和城市设计的运作环境产生了影响，开拓了政府在城市更新与城市设计治理领域的工作思路。

6.3 小结

我国当前城市更新的治理体系还未建立，各个层面尽管都出现了一些促进城市设计发挥作用和通过多种手段保证空间质量的实践（图6-4），但总体而言，无论是城市更新还是城市设计领域的具有治理属性的行为都还只是探索，而没有得到正式制度的保障或形成常态化的非正式制度。从国家层面看，城市更新的顶层政策不明确、不同部门诉求缺乏协调是当前的基本特点，尽管2019年中央经济工作会议首次提及城市更新，使其上升为国家层面的工作重点，但是在中央部委层级，主要的相关政策处于"自说自话"的状态。原国土资源部门以土地资源集约利用为目标的一系列政策，只重视土地用途的规模和结构管控。而住建部门意图通过法定规划体系促进城市修补的系列政策和试点行动，尽管倡导、鼓励城市更新用设计方案做决策，用设计引领高品质空间转型，但是缺少配套的产权、功能、容量制度而只能以试点行动的方式开展，难以常态化、制度化运作。在当前国家机构改革、建立国土空间规划体系的大背景下，如何将两个政策体系加以融合，促进土地集约利用中空间的高质量发展应当是未来公共政策的制定方向。在国家层面，全国性的行业协会、学会、研究会近年来纷纷成立了城市更新专业委员会、分会等分支机构，但极少发挥城市设计治理的作用，更多仍是服务于自身会员的信息共享、学术交流。在辅助政府主管部门制定行业规范、促进行业和学科发展等具有明显治理性质的工作中，也并没有促进城市设计发挥作用的相关实践。同时，在国家和省域层面已有的"棚改""旧改"跨部门政策体系中，应当对空间质量加以保证。相关政策涉及长周期内各省各地大量的公共资金使用，如果只将建筑与设施的安全性和修复破损作为唯一目标，将极大地浪费资金和更新建设的窗口期。尽管中国学界对过往城市建设中缺少人文关怀等问题的批评由来已久，但投入大量资源开展的"棚改""旧改"仍然没有吸取旧日的教训。

在地方城市和社区层面，各地差异较大。以广州、深圳和上海为代表的先行城市不仅建立了相对完善的、允许产权、功能、容量变更的城市更新制度体系，并通过制度保障了城市设计作为一种技术管控手段通过法定规划体系或者独立规划体系发挥作用的路径。在以北京为代表的尚未建立城市更新制度体系的城市，则通过加大各类城市设计产品的供给来对城市更新活动加以引导。但总体而言，这样的城市仍是凤毛麟角。同时，因为我国城市设计的法定地位不足，原本依托法定规划的管控体系尚不完善，技术层面难以满足管控要求，实际应用效果并不理想。各地政府主导的各类专项行动，如治理"拆墙打洞"，并没有采取治理的方式，而延续了强制行政命令和运动式整改的方式。正式主体仅有的运用城市设计治理工具的行为，主要是城市设计方案的竞赛、竞标、公开征集，鲜有在"终端"（具体建设项目实施前设计审查）和"外围"（城市设计的运作环境）发挥作用的实践。在半正式领域，城市层面的跨行业城市更新联合会、城市更新类房地产行业协会纷纷成立，但与政府工作的协同性低，并未有效发挥辅助治理的作用，主要还是起到信息上传和政策下达的作用。如深圳市城市设计促进中心这样由政府事业机构转型而来的专业性较强的辅助治理机构在全国范围内更是少之又少。但让人欣喜的是，不同类型的责任规划师制度在我国发展迅速，依托于少数经济发达城市难能可贵的高端专业人才储备，正在发挥城市设计治理的作用，而且运用城市设计治理工具类型也相当丰富。但是，这种对人员专业性要求较高的制度安排能否在全国普及还难以定论。在社区层面，我国特色鲜明的基层居民自治模式，让基层党委在城市更新中发挥了更加主动的作用。在具体项目层面，各地普遍采取政府主导加市场化运作的趋势中，企业以自身利益诉求为出发点，有望发挥更大的作用，但有待明确相关的制度安排。在更加广泛的运作环境层面，少数城市政府通过传统媒体和新媒体延伸宣传教育的治理路径，也拓展了当前城市设计治理的工具库（图6-5）。

总的来看，我国当前城市更新中的城市设计治理探索表现出了高度不平衡的特点，经济发达城市在正式与非正式领域的实践都较为丰富，值得总结经验并制度化推广，欠发达地区则反之。相较于英国各层级上专业化的促进机构，在半正式领域，我国缺乏独立的城市更新和城市设计治理促进机构辅助政府开展工作，而多以少数技术和学术精英"单打独斗"为主。归根结底，一方面是因为城市设计治理的理念在我国尚未扎根，城市设计仅仅被作为单一规划管理部门的技术管控手段介入城市更新活动，而没有实现自身的广泛公共政策化，缺乏与上位政策的主动结合。另一方面，中英两国政治体制与发展进程具有较大差别，第三方力量在我国仍处于较弱势的地位，正式制度尚未赋予其必要的运作空间，社会力量也难以可持续地、有效地自组织发挥作用。笔者将在后文中进一步探讨我国应如何通过专业的代理人式机构促进更加高效的城市更新多方参与和空间塑造共治。

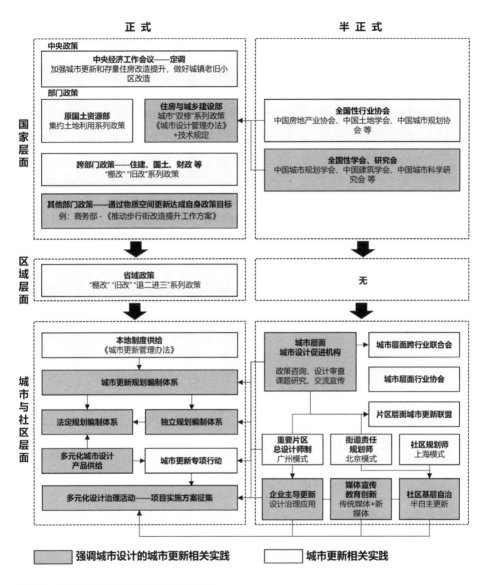

图6-5 中国城市更新与城市设计治理探索内容

注 释

[1] 中华人民共和国国土资源部. 国土资源部关于印发《关于深入推进城镇低效用地再开发的指导意见（试行）》的通知［S］. 2016.

［2］中华人民共和国住房和城乡建设部．住房城乡建设部关于进一步做好城市既有建筑保留利用和更新改造工作的通知［S］．2018．

［3］7类重点片区包括：城市核心区和中心地区；体现城市历史风貌的地区；新城新区；重要街道，包括商业街；滨水地区，包括沿河、沿海、沿湖地带；山前地区；其他能够集中体现和塑造城市文化、风貌特色，具有特殊价值的地区。

［4］中华人民共和国住房和城乡建设部．城市设计技术管理基本规定（征求意见稿）［S］．2018．

［5］中华人民共和国商务部流通业发展司．商务部办公厅关于印发《推动步行街改造提升工作方案》的通知［S］．2019．

［6］河北省人民政府．河北省老旧小区改造三年行动计划（2018—2020年）［S］．2018．

［7］深圳市人民政府．深圳市城市更新办法（深府〔2016〕290号）［S］．2016．

［8］广州市住房和城乡建设局．广州市城市更新办法（穗府〔2015〕134号）［S］．2015．

［9］广州市城市更新局．广州市城市更新片区策划方案编制工作指引［S/OL］．（2016-08）［2020-03-05］．http://law168.com.cn/xadmin/viewdoc/?id=166146．

［10］深圳市规划国土委．深圳市拆除重建类城市更新单元规划编制技术规定［S/OL］．（2018-11-05）［2020-03-05］．http://www.sz.gov.cn/ytqzfzx/icatalog/ bm/csgxhtdzbj/csgx/zcfg/201811/t20181105_14462245.htm．

［11］刘宛．城市设计概念发展评述［J］．城市规划，2000（12）：16-22．

［12］北京市人民政府．北京市人民政府关于组织开展"疏解整治促提升"专项行动（2017—2020年）的实施意见（京政发〔2017〕8号）［S］．2017．

［13］北京市人民代表大会常务委员会．北京市城乡规划条例［S/OL］．（2019-03-29）［2020-03-05］．http://www.beijing.gov.cn/zhengce/dfxfg/201905/t20190522_61987.html．

［14］北京市规划和自然资源委员会．关于编制北京市城市设计导则的指导意见［S/OL］．（2010-06-03）［2020-03-05］．http://ghzrzyw.beijing.gov.cn/chengxiang guihua/ghlgg/201912/t20191212_1104703.html．

［15］张晓莉．北京城市设计导则实施及其运作机制的反思：以丽泽金融商务区为例［C］．// 中国城市规划学会．城市时代，协同规划——2013中国城市规划年会论文集．青岛：青岛出版社，2013．

［16］施卫良，段刚，张铁军．城市设计导则的"协同设计"：以北京未来科技城"城市客厅"项目为例［J］．城市设计，2015（1）：80-83．

［17］中华人民共和国住房和城乡建设部．住房城乡建设部关于将北京等20个城市列为第一批城市设计试点城市的通知（建规〔2017〕68号）［S］．2017．

［18］北京市人民代表大会常务委员会．北京市城乡规划条例［S/OL］．（2019-03-29）［2020-03-05］．http://www.beijing.gov.cn/zhengce/dfxfg/201905/t20190522_6/987.html．

［19］北京日报．《北京历史文化街区风貌保护与更新设计导则》征求意见［EB/OL］．（2019-02-19）［2020-03-05］．https://baijiahao.baidu.com/s?id=1625863135389481939&wfr=spider&for=pc．

［20］陈成．行走上海2016：社区空间微更新计划［J］．公共艺术，2016（4）：5-9．

［21］刘晓云．全国首家城市更新协会成立，助力城市更新［N］．中国房地产报，2014-06-02（A02）．

［22］张程．深圳成立城市更新专业委员会［N］．深圳特区报，2017-08-01（A04）．

［23］广东省人民政府国有资产监督管理委员会．广州市城市更新协会成立［EB/OL］．（2017-11-14）［2020-03-05］．http://zwgk.gd.gov.cn/758336165/201711/t20171117_731456.html．

[24] 深圳市城市设计促进中心. 城市微更新,以设计让深圳老旧城区"重生"[EB/OL]. (2018-11-06)[2020-03-05]. https://mp.weixin.qq.com/s/iiBHkYh omdGzhLXqjlZnxg.

[25] 上海浦东门户网站. 浦东缤纷社区建设即将全面铺开 [EB/OL]. (2018-03-15)[2020-03-05]. http://pdxq. sh.gov.cn/shpd/news/20180315/006001_641ea09d-03e6-447c-9fa6-a8051440c660.htm.

[26] 中国城市科学研究会. 中国城市更新发展报告 2017—2018[M]. 北京:中国建筑工业出版社,2018.

[27] 程哲. 重点地区城市总设计师制度初探 [D]. 广州:华南理工大学,2018.

[28] 北京市人民政府. 北京市街道办事处条例 [S/OL]. (2019-12-17)[2020-03-05]. http://www.gov.cn/xinwen/2019-12/17/content_5461763.htm.

[29] 匡晓明,陆勇峰. 存量背景下上海社区更新规划实践与探索 [C]// 中国城市规划学会. 规划 60 年:成就与挑战——2016 中国城市规划年会论文集. 北京:中国建筑工业出版社,2016.

[30] 刘悦来,尹科娈,葛佳佳. 公众参与 协同共享 日臻完善:上海社区花园系列空间微更新实验 [J]. 西部人居环境学刊,2018,33(4):8-12.

[31] 刘悦来,尹科娈,魏闽,等. 高密度城市社区花园实施机制探索:以上海创智农园为例 [J]. 上海城市规划,2017(4):29-33.

[32] 刘悦来,范浩阳,魏闽,等. 从可食景观到活力社区:四叶草堂上海社区花园系列实践 [J]. 景观设计学,2017(6):73-83.

[33] 朱志远,宋刚."微改造"落地之时:恩宁路永庆片区改造设计回顾 [J]. 建筑技艺,2017(11):66-75.

[34] 林楠,宋壮壮,李明扬. 帝都绘:用城市科普点亮北京 [J]. 设计,2018(20):88-91.

第7章

中英城市更新的
城市设计治理工具分析

马修·卡莫纳在城市设计治理理论中基于英国建筑与建成环境委员会的已有实践，对城市设计治理工具按照正式与非正式，以及介入程度进行了分类，即正式的引导、激励、控制工具，和非正式的证据、知识、提升、评价和辅助工具（参见2.2.2章节）。这种分类方式较好地涵盖了城市空间塑造过程中所有类型的城市设计治理行为。从工具角度分析政府行为自20世纪80年代后盛行于西方公共政策学界，其本质是对包括正式政策与制度的目标、途径、成本、主客体等关键元素在内的运作模式的提炼。随着20世纪90年代后治理理论的兴起，其研究范畴逐渐向非正式工具的创新以及正式主体如何运用非正式工具扩展，并不断向不同的治理领域深化。本章将在卡莫纳的分类方法基础上来分析中英两国的已有实践，并就两国使用城市设计治理工具的情况进行对比，逐个分析各种工具在城市更新中已经发挥的作用，以及工具使用的前提和限制条件。为后文提出适用于我国制度和社会环境的城市更新与城市设计治理推进路径进行准备。

7.1 城市更新中的正式城市设计治理工具

正式城市设计治理工具本质上是政府发挥自身法定职责的具体方式，以各国城市规划主管部门为例，其共同的核心职责无非为三步，即组织编制规划、依规划审批开发、监督批后实施。而在这一核心逻辑中，每一个环节又衍生出不同工作方式和对应内容，具有明确的主体、路径和客体，并通过正式制度固化为面向解决一类特定问题的行政环节和技术方法，即一系列的"工具"。在城市设计领域，马修·卡莫纳教授将相关正式工具进行了总结，如表7-1所示，正式工具是国家公权力介入该领域的主要途径，并超越了传统城市设计的技术范畴。部分工具并不是将城市设计作为一种管控手段，甚至跨越了常规的空间规划设计边界，走向更宏观的公共政策。通过工具的运用来鼓励、促进广义城市设计发挥作用。尽管这些正式工具通常有着法律法规的支持，并明确限定了可以使用它们的正式主体，但在治理语境下，因为权力的再分配，其已经不再成为政府部门的专利，而成为正式与专业化半正式主体共享的治理手段。同时，尽管这些工具普遍存在于曾经英国建筑和建成环境委员会这一城市设计领域国家级代理人的实践中，但在中英两国当前的城市更新运作中，这些工具如何使用仍需深入探索。

表7-1 正式城市设计治理工具分类与定义

工具类型	具体工具	定　义
引导工具 Guidance tools	设计标准 Design standards	适用于国家、区域或整个城镇的刚性设计规范，如道路设计规范、停车场设计规范等
	设计准则 Design coding	适用于特定城镇、片区的详细设计要求，如美国区划中的形态设计准则、我国控规中要求的退线距离、各类城市设计导则等
	设计政策 Design policy	存在于公共政策、总体规划、其他社会经济规划等文件中，为鼓励特定类型设计相关行为制定的内容，如城市设计应达成绿色可持续、促进公共交往等目标
	设计框架 Design framework	适用于特定区域、城镇、片区的具有弹性的设计原则、空间结构等内容，如英国的战略性城市设计、我国的概念性城市设计等
激励工具 Incentive tools	补贴 Subsidy	以某种形式向特定项目或特定类型项目提供国家援助（资金），以激励良好设计的行为，如直接向特定项目赠款以填补资金缺口、提供优惠利率贷款或减免部分税收等
	直接投资 Direct investment	直接投资建设特定类型的基础设施、公共服务设施等，以激励良好设计的行为，如提供额外的公园绿地和其他公共空间等
	过程管理 Process management	简化正式控制系统的流程，或者以其他方式管理该过程，以激励良好设计的行为，如企业区政策等
	奖励 Bonuses	对开发权的奖励，以激励良好设计的行为，如高度奖励、容积率奖励、面积奖励等
控制工具 Control tools	开发贡献 Developer contribution	将提供额外的正外部性作为授予开发者开发许可的前提，如英国社区基础设施税（community infrastructure levy，简称CIL）等
	采用 Adoption	将建设并转让必要的基础设施作为授予开发者开发许可的前提，如以BOT（Build-Operate-Transfer）模式为许可前提等
	开发许可 Development consent	通过正式的规划行政程序授予开发许可，如设计审查制度等
	批准 Warranting	在开发许可之外开展的一系列检查，以保证设计质量与授予开发许可时相比没有降低，如施工后检查

资料来源：整理自CARMONA M．Design governance：the cabe experiment[M]．NY：Routledge，2017．

7.1.1 引导工具

引导工具的本质即正式主体期待其他主体遵守的设计要求。当前，不论在英国还是中国，英文中的"Guidance、Guideline、Guide"和中文里的"设计导则、设计指引、设计准则"等名词都难免造成歧义。在实际编制中，也常因为方法与目标的杂糅造成成果难以使用。从两个维度（即引导内容的刚性与弹性，以及对象的单一性和普适性）进行分类，引导工具可以分为设计标准（Design standards）、设计准则（Design coding）、设计政策（Design policy）、设计框架（Design framework）四类。需要注意的是上述工具难以完全严格区分，因为两个维度都只是主观程度上的划分，而非哲学上的二分法，同时工具的使用往往也是混合的、共同作用的。

7.1.1.1 设计标准

设计标准刚性强、普适性强，当前中英都没有出现面向城市更新的设计标准。统一的设计标准往往只能保证工程建设的最低标准，即实施后仅满足功能和安全的要求，实际上与城市设计通过综合统筹三维空间提升品质的学科理念背道而驰。尽管英国的设计标准和中国对应的设计规范，系统化地影响着包括城市更新活动在内的一切建设活动，在其他国家又以设计规则（Design rules）、设计条例（Design ordiance）等名称存在，但是在实际中其对城市更新和城市设计往往起到了束缚而非促进的作用。尤其在我国，诞生于增量开发时期的设计标准难以适应更新时代的管控需要的情况在所难免。现实中，诸如老旧小区更新改造中增加停车位、设置邻避设施等客观需要都会受到各种设计规范的严格限制，即使特定项目编制了城市设计，通过引入新技术或高效利用三维空间的手段切实解决了相关问题，并科学地论证了新做法仍能够满足消防等刚性功能标准，却往往因为设计标准的存在而难以获得建设许可（访谈中多位北京市街道责任规划师均反映了规范制约的问题）。然而在城市更新时代，该工具并不应该被束之高阁，反而应当积极改良。国家层面的正式主体应当明确地方性新规范局部替代更高层级旧规范的路径，而区域和城市层面的正式主体（我国只有省、自治区、直辖市标准化主管机构有权出台地方标准）应根据自身开展城市更新工作中遇到的问题和本地特点，制定地方性的各类设计标准。通过"以新代旧"解绑新的城市设计做法，为非正式主体利用城市设计创新性地解决空间矛盾提供更加广阔的技术选择，同时守住安全等功能性的底线。远期还应当探索在城市更新制度体系中建立常态化的超限审查制度。这种工具改良有助于破解我国当前城市更新中普遍碰到的旧制度限制新技术发挥作用的问题。但是改良需依托于非正式的研究和审计工具，基于自下而上的经验汇集与验证才能实现，难点既在于地方层面专业技术力量的不足，也在于国家层面规划设计主管部门还没有自上而下地明确政策支持放松管制。

7.1.1.2 设计准则

设计准则是地方城市正式与半正式主体应用最广泛的正式城市设计治理工具，直接面向特定区域内具体的设计和建设做法，但在性质上有别于蓝图型的城市设计成果，是与特定开发许可制度或法定规划绑定的产物，也只有这样才能发挥管控的作用。美国的形态设计准则（Form-based code）、我国与控制性详细规划相捆绑的城市设计内容都属于此类。因为具有正式制度的属性，所以在英国，和城市更新相关的设计准则往往存在于补充性规划等法定规划文件中。而在我国各地，诸如北京市发布的《朝阳区街道设计导则》《东城区街道环境提升十要素设计导则》究竟能否发挥引导作用还有待观察。在指导开发许可的逻辑上，因为缺少设计审查环节，这些面向广阔尺度行政区层面的导则难以像单元或地块尺度的控规那样作为具体项目开发许可的依据，故现阶段缺乏效力。其发挥作用的路径只能是引导其他具体街区、地块控制性详细规划中城市设计内容的编制，或是引导独立编制后引入控规的城市设计成果。所以，从这个角度看，我国当前的城市设计导则并不是面向开发者和使用者的，而是面向规划设计编制技术人员的。此外，这一工具的应用不应当在建设类型和地域尺度上过度泛化和扩大化，以避免因过于宽泛而失去实际指导意义。所以，从本质上讲，英国的《国家设计导引》和我国的《城市设计技术管理基本规定（征求意见稿）》尽管从命名上也属于这类工具，但由于为了发挥在全国范围内的指导作用，而不得不只规定了原则性的设计目标和少数典型做法，因此更多地应被纳入设计政策类工具（在访谈中，英国专家学者更倾向于将《国家设计导引》看作是中央政府在设计领域的政策声明），同时在区域层面这类工具应用也较少。

在城市更新中，该工具的使用前提是动态的法定规划变更制度，否则其难以作为正式的规划和开发管控程序的依据。例如我国广州、深圳等已经理顺了城市更新规划流程（城市更新单元规划和控规、法定图则的动态调整流程），英国普遍可以通过补充性规划、地方和社区两级发展令（development order）增加和减少相关设计控制。而是否能在城市更新中用好该工具，还需要技术和制度的双向对接，即不同尺度、不同类型城市更新中的相关城市设计要求是否存在对应法定规划依托对象。例如微更新中对不涉及私人产权的公共空间的设计要求，能否通过控规来加以保证实施，还是只能由正式主体主导全过程，抑或是城市更新范围的划定与地块、街区、单元等控规尺度难以对应上时该如何处理。该工具的发展方向是如何通过制度保障非正式和半正式主体也能利用这一工具，这在英国政府向社区下放规划编制权力的实践中已经初露端倪。其实中国古代各地普遍存在的"乡规民约"，便是非正式主体为了群体利益（非公共利益）形成的半正式制度，用来约束缔约者们的行为。在城市更新中，形成各个产权方或有权方（经营权、使用权等）共同遵守，且受正式主体保护的设计准则来保证群体利益，其本质是将正式主体对设计准则的编制权下放，监督实施责任不变。潜在好处是促进多元主体共同进行自发式的城市更新，避免搭便车以及个体理智和集体失智现象的出现。其实施的难点在于非正式主体自身内部的民意集中难题、时间和经济成本高昂，以及技术能力不足，而这一难点则可以通过半正式主体或市场化参与者的引入加以破解。

7.1.1.3 设计政策

设计政策是正式主体对特定类型城市设计活动作出的声明。《房地产更新国家策略》作为英国当前的国家政策而非部门政策，较好地体现了该工具的特点。其政策核心目标是通过城市更新解决全国范围内的住房紧缺问题，并解决犯罪率高企、维护成本高昂等已存在的社会问题，而保障设计质量则是达成这一目标的主要途径之一。设计政策作为更广泛的一系列政策文件的一部分出现，其作用首先在于声明中央政府的态度和目标，促进地方政府建立突出设计质量的认识，在正式主体内部统一后续行动的目标方向，这部分内容主要存在于《房地产更新国家策略：行政纲要》《房地产更新：地方当局的角色》等政策文件中。其次，设计政策的作用还在于为地方政府明确可以使用的正式与非正式工具库，引导地方政府重构自身的相关行政流程，例如在《国家规划政策框架》中鼓励地方政府使用的设计声明和预申请程序等。设计政策工具在英国的区域和城市层面也得到了广泛应用，尤其是在城市和行政区层面，强调设计质量的城市更新政策高频率地出现在地方政府的各种文件中，既面向各科层，也面向公众，与我国主要在行政体系内传达的政策具有显著差异。这是因为在地方普选民主制度中,描绘城市愿景是市长和议员们政治宣传的重要一环,在当选后则成为他们为履行竞选承诺而开展的工作纲领。各个层级的设计政策通常不是单独出现的,而是规划政策或城市更新政策的一部分,并涉及其他城市设计治理工具的使用,例如:区域发展机构提出为所在区域内的所有城镇交付若干个共享的设计审查团队,伦敦市政府提出使用知识工具对现有规划当局人员进行城市设计管理技能培训,诺丁汉公布未来一段时间内政府主要推动的城市更新项目库及相关设计目标等。由此可见,设计政策是一种应用层级广泛、内容灵活的城市设计治理工具,从国家到基层政府都可以使用,内容包括除具体技术做法外的全部内容。尽管其定位为引导工具,但并非直接告诉其他主体"我希望你(们)做什么",更多的是宣告"我自身要做什么"。该工具的使用要点在于与其他城市设计治理工具的有效对接,避免只提出空洞的目标而缺少进一步操作的途径指引。此外,设计政策的作用还在于引导城市设计行为,而非具体的建筑或微观空间设计。例如:在历史资源丰富或是意图促进旅游产业发展的地区,区域层面主体使用该工具引导区内各城市中心区的城市设计编制成果以突出文化氛围为目标;抑或是在老龄化严重的城市,城市规划当局使用该工具引导社区层面的城市设计在编制过程中引入老年人群体座谈环节等。总而言之,设计政策是在各个层级发挥设计引导城市更新作用的先导性工具,而真正发挥作用还有赖于其他工具的进一步使用。

7.1.1.4 设计框架

设计框架是正式主体对特定地域内城市设计活动而非具体做法的引导。可以从三个角度来理解"框架"的含义,这三类内容也可以被称作"微观层面的设计政策",是英国当前以城市设计框架(urban design frameworks)、发展框架(development frameworks)、发展概要(development briefs)、设计概要(design briefs)、设计策略(design strategies)等名称出现的文件的核心内容。首先,设计框架可以是原则性的框架,用以表明城市设计的宏观目标、更广泛地域内社会经济发展背景对设计提出的要求、本地所要解决的空间问题等。其次,设计框架也可以是空间塑造的框架,用以明确空间塑造中的关键要素、节点、空间结构等。最后,设计框架还可以是实施计划的框架,用以制定政府的优先事项、关键项目的实施安排、各主体间的责权分配、经济成本的核算与分配等。在我国,同样存在战略性城市设计、概念性城市设计等非正式编制类型,但成果往往只偏向于第一类原则性的框架，普遍存在可操作性、可实施性不强的问题。该工具可以在具体片区的城市更新中同时起到刚性保障实施和弹性引导其他主体参与的作用，适宜应用于早期规划阶段。对于不同类型的"框架"工具，使用者应当有着明确的方向、判断标准和实施计划，与之对应的则是"框架"间的"留白空间"。该工具还可以与设计准则共同协调使用，根据需要在"留白空间"中加入设计准则。该工具在逻辑上应当置于设计准则工具之前，并不宜由非正式主体完全掌握。为特定地域使用设计框架工具，首先应明确其在更广阔地域内的空间价值，这种价值本质上是公共利益而非群体利益。以英国利物浦市城市更新公司为例（详见5.3.5.1章节），其制定的城市更新策略中包括城市中心区与滨海区景观通廊、建筑控制等城市设计框架性内容，其原则是使整个城市的空间价值实现最大化，这一价值取向是由其半正式主体的特点所决定的。公共利益与群体利益此时虽然具有重叠部分，但也可能存在冲突部分。所以该工具的使用主体应是正式主体或半正式主体，并兼顾其他非正式主体的利益诉求，对自身和其他主体同时起到规范和引导的作用。

综上所述，在城市更新中，上述四种引导工具的使用方法具有一定的特殊性。第一，设计标准适宜反向应用，用新的设计标准代替旧标准，进而在守底线的基础上，减少固有限制条件，进一步发挥城市设计的统筹性和创新性作用。第二，设计准则的使用首先应警惕因为没有正式路径而无效化的问题，还有非法定规划尺度上进行城市更新时设计准则内容与法定规划相协调的问题，以及赋权非正式主体使用设计准则工具的方式。第三，设计政策适用于除影响范围尺度过小的项目和社区外，几乎所有层面的城市更新政策中，但是需要警惕其没有更多后续工具更近一步加以实施的情况。第四，设计框架的使用应注意灵活使用原则性框架、空间塑造框架和实施计划框架引导城市更新。第五，不同层面和特点的主体在选择引导工具时可以组合使用，但需要从刚性与弹性，以及单一性和普适性两个维度进行论证，避免因为引导范围不清、权责不匹配、能力技术不足和利益冲突造成的工具失效。

7.1.2 激励工具

激励工具的本质即如果你提供良好的设计，正式主体就会赋予你额外的利益。利益的形式包括：对特定行为的补贴，例如给予减免更新前后房地产出售时的增值税、开发时的城建税等优惠；减免对城市更新项目的直接投资，包括项目收拢产权、工程建设等方方面面的成本；对过程管理的增加或减少，例如增加设计审查环节、预申请环节，或者以备案制代替审查制以加快开发进程等；对开发权的奖励，包括额外的面积、高度、容积率等。对激励工具也可以从两个维度进行分类，即激励来源可以分为公权力和公共资金，激励对象是开发过程还是开发结果。从中英对比的角度看，英国各个层级高度善于使用公共资金型的激励工具，并且正式主体依托于半正式主体形成了较为高效的资金下达体系。我国对于奖励工具的使用则主要集中于直接投资工具，其他工具运用极为有限。

7.1.2.1 补贴

补贴工具的核心作用是帮助其他主体跨越有限的特定障碍，例如在正式主体的科层体系中，原有正式制度没有对应的资金预算而使部分政策新要求的政府职能无法开展，此时正式主体就应当选择补贴工具填补出现的空缺。具体的例子比如在21世纪初，英国国家规划政策鼓励地方政府开展设计审查，而地方当局在短期内普遍没有用于相关能力建设的预算。现实中促进设计质量应与促进城市更新的税收和财政工具捆绑使用。英国在其中央政策《更新促进增长》（详见5.3.1章节）中明确了地方政府通过"地方政府资源审查（local government resources review）"来申请重新调整各种商业税率的央地分成比例，以便增强地方政府投资城市更新的财政能力。对于中央政府与地方政府共有的市属住房（council house），也可以通过调整租金分配比例来补充地方政府资本。除了调整已有比例的方式，英国种类繁多的资金计划，例如"增长的场所基金""空置房屋基金"等也可以直接补贴地方政府开展工作。得益于英国当前竞争性的资金使用模式，下级政府需要对上级政府做出更多的承诺来争取资金分配，因此使补贴成为城市设计治理可依托的工具。在"增长的场所基金"等计划中，其申请说明文件中会将设计质量列为资金发放的考虑要素，并指出设计应达成的政策目标。由此可见，该城市设计治理工具往往是其他城市更新政策工具的组成部分，或者说是获取补贴的限制条件。该工具在使用中应注意限制条件的松紧有度，以及在补贴发放后如何有效监督客体达成自身的承诺。因此该工具往往是和非正式的实践导则、审计等工具搭配使用的。此外，该工具的使用主体理论上既可以是正式主体，也可以是半正式主体。补贴工具应是临时性的或是周期性的，如果一类设计活动需要常态化的补贴，应考虑通过更加稳定的正式制度（如立法、立规）来加以保障。

此外，该工具在城市更新中的使用应重视补贴的内在逻辑，其中部分补贴行为是必要的城市更新制度调整，而不应当用作城市设计治理工具。这是因为补贴工具理论上应当分为两种，其一是因为城市更新有别于增量开发，从税种自身逻辑出发就应该做出的各种税收、收费的调整。例如英国普遍存在的市政税、基础设施税等税种，这些税种的设立是因为新开发项目在后续的使用过程中会对地方的公共服务造成负担，为保证公共利益不受侵害而征收。而对于城市更新前后开发强度没有改变的项目，由于没有对公共服务带来新的负担，所以这一税种不应因为在原有土地或空间发生新的建设行为而征收。与之相似的是我国房产交易中的契税、印花税等税种。当原产权人先期签约明确更新后原址回迁，委托开发者进行产权收拢，开发者进行城市更新开发建设，建设完成后将新产权重新让渡给原产权人，这一过程中出现了两次产权交易，就意味着对同一主体的两次征收。上述因为城市更新特殊性而应使用的补贴工具实际上起到的是补偿作用而非激励作用，不宜兼具促进设计质量的作用。

7.1.2.2 直接投资

该工具的使用方式是将设计质量作为获取城市更新项目直接投资的限制条件，使用者为区域和城市层面的正式主体，非正式主体可以经正式主体授权直接投资，也可以参与辅助正式主体制定限制条件等环节。该工具在英国往往是补贴工具的附属品，即上一层级主体对下一层级进行补贴，支持相对位于基层的主体进一步开展直接投资。典型案例是区域发展机构对区域内具有战略意义的城市更新项目，如具有门户作用的火车站、飞机场进行直接投资（详见5.2.1.1）。并鼓励获取投资的主体通过城市设计使得投资带来的公共效益实现最大化。该工具按照投资对象可以进一步划分，投资对象的产权所有方可以为私人或公有。私人产权方通过在开发前与正式主体协商，承诺提供额外的正外部性，如高质量的公共空间，从而争取直接投资。协商过程要求正式主体具有明确的目标策略、较高的技术水准和谈判技巧，平衡好为达成公共利益目标所付出的公共资金效益问题，以及找出哪些设计结果造成了私人利益的损失而应当进行有力的资金激励，而哪些不会造成私人和公共利益冲突而只需进行有限的激励。对于公共产权方，正式主体在使用公共资金时，本身就有着提供良好设计质量城市更新的职责，并不应该提供额外的激励。直接投资在这种情况下会成为不同部门延伸治理的手段，即通过特定限制条件的直接投资，撬动已有地方投资更多地倾向达成自身的政策目标。如中央政府的文化主管部门在面向城市中心区的更新中对遗产保护项目通过资金计划进行有条件的直接投资，地方政府为获取额外的激励，就会将自身已有的资源向遗产类型项目倾斜。由此可见，直接投资作为正式和半正式主体的激励工具，应当发挥资金的杠杆作用，而不是让正式主体直接主导实施，这也是中英两国当前在使用该工具时的主要差别。如在我国全国范围的老旧小区更新中，政府大包大揽成为常态，不计回报、缺乏设计策略的直接投资，是对公共资金的极大浪费。

7.1.2.3 过程管理

　　城市更新周期长，审批流程复杂，更新实施主体普遍有着巨大的融资成本和机会成本压力，通过过程管理工具精简行政审批无疑具有激励作用。20世纪80年代，英国施行的企业区政策通过简政放权在激发市场资本参与城市更新方面就取得了较好的成效。但是作为一项城市设计治理工具，过程管理的前提是已有相应的设计控制程序，并有必要在现有程序基础上进行优化。使用过程管理工具以促进设计质量并非增加基于设计审查的种种行政环节，该工具之所以能够起到激励的作用，前提是相关实践能够切实提高正式主体的行政效率而为其他主体减少包括时间在内的各种成本。例如当前英国在国家规划政策框架中鼓励地方政府在自身行政体系中增加预申请程序，在制定项目设计方案前形成政府、规划许可申请者和相关利益主体的磋商会谈，进而提高其后续开发许可的通过率。而我国设计控制的相关制度尚不完善，控制性详细规划在技术层面尚未有效承载城市设计内容，其他城市设计成果并不具有法定效力，所以通过行政流程优化提升更新实施效率还无从谈起。诸如在"城市双修"政策中鼓励的"用设计方案做决策"只是一句空话。只有在广州、深圳等已相对明确制度安排的地方，该工具才有的放矢，如优化城市更新单元规划和法定图则之间的关系进而避免重复审批等。在英国，该工具的使用趋势是半正式化，以伦敦为例（图7-1），在其开发许可程序中引入了城市设计伦敦和历史的英格兰两个非正式机构参与设计审查和设计咨询。其本质是非正式主体提供的设计审查服务能否直接成为正式主体进行开发许可的依据，即由正式主体向合格的非正式主体颁布授权的资质。开发申请者自由选择提供市场化服务的非正式主体开展设计审查，其结果作为申请的一部分递交正式主体。围绕设计审查这一核心环节，非正式主体为申请者提供一系列的辅助服务，以提高获得许可的效率。

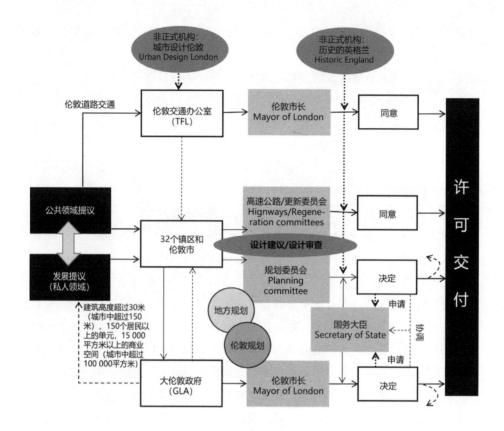

图7-1　大伦敦地区复杂的设计控制程序
资料来源：唐燕，祝贺. 英国城市设计程序管控及其启示[J]. 规划师，2018，34（7）：26-32.

7.1.2.4 奖励

奖励工具作为城市设计治理工具在中英都没有得到广泛应用，英国采取自由裁量式的许可程序，实际开发的容积率等指标本来就可以与规划不符。而在我国少数城市，如上海、深圳、西安等地有相关容积率奖励制度，但奖励对象是以提供特定功能空间容量为导向的，并不关注空间质量（表7-2）。在城市更新中，奖励工具可以起到促进城市老区补齐难能可贵的公益性设施和公共开放空间等作用。值得注意的是，开发者为换取开发权奖励而提供的是作为最终产品的空间，而非空白的土地，故正式主体理应使用奖励工具对其质量加以保障。以上海市为例，《上海市城市更新规划土地实施细则》指出，能够在城市更新区内提供公共服务设施、公共开放空间的，可以在不突破规划上限的前提下直接奖励建筑面积。其中比较有创新性的是首次提出将私有的建筑底层空间无偿开放给公众，同样能够换来奖励，这与欧美国家施行的私有公共空间（privately owned public space）制度具有相似之处。

表7-2　我国主要城市开发奖励的对象和认定标准

城市	奖励对象	适用区域	奖励额度	奖励上限
上海	开放空间、绿地和道路	中心城旧区	核定建筑容积率小于2时，每提供1平方米有效面积的开放空间，允许增加的建筑面积为1平方米；核定建筑容积率大于等于2、小于4时，每提供1平方米有效面积的开放空间，允许增加的建筑面积为1.5平方米	15%
	公益性设施或公共开放空间	城市更新区		
	超配建停车场	城市建设区		
深圳	保障性住房、创新型产业用房	城市更新区	按建筑面积比例配建的保障性住房、创新型产业用房，其建筑面积作为奖励建筑面积	30%
	架空层或室内公共空间	城市建设区	提供建筑架空层或建筑室内空间并经核准作为公共空间的，设在建筑首层时按其对应建筑面积奖励2倍建筑面积；设在非建筑首层时按其对应建筑面积奖励1倍建筑面积	
	历史建筑		按保留建筑的建筑面积及保留构筑物的投影面积之和奖励1.5倍建筑面积	
	公共服务配套设施及市政配套设施		按要求落实的附建式公共服务配套设施及市政配套设施，其建筑面积作为奖励建筑面积	
西安	开放空间、公益设施	城市更新区、城市新区	—	—
海口	绿色建筑	城市建设区	建筑面积的2%～3%	15%
福州	开放空间、步行空间或通道	城市建设区	不计入容积率	20%
青岛	开放空间、绿色建筑、装配式建筑	市区旧区	—	20%

但是现有制度中对于如何认定开放者提供的空间产品是否合格的标准还存在空白，而市场主体极有可能因为成本考虑而提供低劣的空间，抑或是从自身利益出发提供侵占公共利益的空间，例如所提供的公共开放空间对一般民众的可达性不强、只方便开发者自身使用等情况。同时，高设计水准的公共开放空间本身就有助于增加土地价值，进一步平衡城市更新的成本。所以当奖励工具在城市更新中作为城市设计治理工具时，应起到激励和守底线两方面的作用。这也就决定了该工具应当与设计标准、设计准则、实践导则等工具共同使用。同时，该工具的应用主体不应存在于国家、区域这样的宏观层面，而是基于本地更新实际需要和特点的，适于城市、片区层面使用。基于定制化的引导工具，最后在交付过程中还应开展设计审查，或使用指标评价、认证等非正式工具。

综上所述，在城市更新中上述四种激励工具的使用方法同样具有一定的特殊性。第一，四种激励工具都并非城市设计或城市更新领域所独有的政策工具，但在应用于城市更新时使用方法都有所不同，以补贴工具为代表的财税工具应注意城市更新的特殊性，避免重复征收。第二，四种工具都难以单独起作用，除过程管理外都需要依靠引导工具作为实施激励的限制条件，过程管理则是以正式的开发许可制度体系为前提的。第三，四种工具的运用对主体的多种专业水准提出了较高的要求，为专业化非正式主体参与提供了空间。第四，面向过程的补贴工具和过程管理工具更适用于国家、区域、城市这些宏观层面的正式主体使用，面向最终实施环节的直接投资工具和（开发权）奖励工具则更适合城市、行政区或更微观层面的主体使用。第五，补贴和直接投资、过程管理和奖励较为适合形成两对共同作用的工具组合，即自上而下的上级发放补贴，下级利用补贴开展直接投资，以及行政流程支持以设计质量为前提的开发权奖励。

7.1.3 控制工具

控制工具的本质是如果你符合正式主体的期望，那么正式主体才能赋予你开发建设和后续运营的权利，这类工具一般有着强有力的法律法规支撑。当大部分中外学者谈到设计控制时，只会联想起依托于法定规划的开发许可工具，通过它去强制其他主体做出符合期望的设计行为，或是独立于法定规划的自由裁量式的特定设计审查程序。但符合这种强制控制逻辑的政策工具远不止此，强制征收税费（开发贡献工具）、强制配套的设施（采用工具）、建设或启用时的审查（批准工具）都可以用来促进城市更新的设计质量。遗憾的是中英两国当前都没有很好地利用除开发许可外的其他控制工具。本节将深入探讨其原因。

7.1.3.1 开发贡献

　　开发贡献工具与前文中的补贴工具是使用财税政策的两种方式，开发贡献工具以财税征收作为发放开发许可的前提，而补贴工具将减免财税征收作为激励特定行为的手段。尽管马修·卡莫纳在划分正式城市设计治理工具时将其纳入，但无论中英的正式主体都没有专门用于提升设计质量的开发贡献工具。究其原因，在逻辑上，开发贡献有两种作用：一是得到开发过程和后续使用中对公共利益产生的负外部性的补偿；二是得到公共利益从开发增值中分享的收益。而低劣设计产生的负外部性和良好设计带来的增值都难以量化，无法满足确实性、简便性、省费性等基本税种设立原则。虽然难以通过独立的开发贡献工具促进城市更新的设计质量，但是这种工具从理论上却可以成为补贴和直接投资工具的财税来源。在英国，中央政府明确地方政府可以通过资源审查程序提高商业税率以及征收社区基础设施税，并将所得用于城市更新的相关财政支出。根据2008年英国颁布的《规划法案》（*Planning Act*）及后续修订，社区基础设施税可用于资助广泛的基础设施建设和运营维护，包括交通、防洪、学校、医院和其他卫生和社会保健设施。这一定义允许征税用于资助非常广泛的设施，如游戏区、开放空间、公园和绿地、文化和体育设施、保健设施、学院和免费学校、地区供暖计划、警察局及其他社区安全设施。从功能上不难看出，上述功能均是城市更新地区常见的短板。同时，英国中央政府规定，在已制定邻里规划或已获得发展令（development order）的社区，不少于25%的税收应由地方政府和社区共同商议如何根据已有规划（可能包括多种形式的城市设计内容）进行使用。由此可见，尽管开发贡献工具本身依托于严格的正式制度产生，但"贡献"的最终分配却并非自上而下一条路可走，可以通过正式与非正式主体的协商达成共治。我国的土地增值税、城镇土地使用税、城市维护建设税、教育费附加等，以及各地存在的种种地方性收费里，是否能在制度设定上分配一定比例用于城市更新并保障空间质量？这一点值得深入探讨。

7.1.3.2 采用

　　采用工具的本质是正式主体将公共服务设施的配建要求作为开发许可的必要条件，例如近年来盛行的BOT模式就是采用工具的一种。但正式主体普遍缺乏设计质量相关的接收标准，但作为公共空间、基础设施的后续持有者、运营者和维护者，在有无问题之外更应考虑到其质量。当前中英在城市更新中都有运用这种工具的实践，以上海城市更新制度体系中的公共要素清单制度为例，这是近年来上海推动土地出让契约化管理在城市更新领域中的延续。在对城市更新片区进行规划前开展评估，城市更新中对公共要素短板的补全由后续的城市更新单元规划保障。具体城市更新项目通过"契约式"管理，在土地合同中明确需要增加的开放空间与公共服务设施等，来确保城市更新项目能够真正补齐城市公共服务的短板，而非又一次简单的房地产扩容。制度要求所有城市更新项目均需要通过区域评估，公共要素的确定并非就项目论项目，而是从片区的层面综合统筹补短板。同时，公共要素的种类除了与传统用地分类标准挂钩的一般性市政设施、公园、绿地、广场，还包括文化、生态、新业态等对应城市发展新目标的空间类型[1]。这个过程需要完成两个方面的主要工作：一是开展更新单元所在范围的居民意见调查，针对公共设施和公共开放空间的各项缺口进行急迫程度的排序，反映周边居民最迫切希望得到解决的公共问题，明确更新实施计划应重点关注或解决的问题；二是结合各公共要素的建设要求以及相关规划土地政策，明确各更新单元内应落实的公共要素的类型以及规模、布局、形式等控制要求（表7-3）。英国则表现出与上海不同的另一种导向，不同于上海有明确法定规划途径保障的配建要求，英国在自由裁量式的规划许可程序中，正式主体与城市更新主体更多采取了一事一议的谈判模式。采用工具是否能使用和使用的成效，在很大程度上取决于双方的博弈，具有强烈的更新意愿但无奈财政能力有限，或是项目本身对外部资本缺乏吸引力时，采用工具的限制条件就会有所放松。显然，上海的做法更加客观，但也可能因为缺乏弹性而吓跑潜在的实施主体。

表7-3 上海城市更新项目公共要素清单的深度建议

内　容	深度建议
功能业态	●判定现状功能是否符合功能发展导向，提出提高业态多样性的功能复合性的对策建议
公共设施	●明确现状需增加配置的社区级公共设施的类型、规模和布局导向； ●明确现状邻里级、街坊级公共设施的改善建议
历史风貌	●针对历史文化风貌区、文物保护单位、优秀历史建筑、历史街区的区域，梳理需遵循的保护要求； ●提出城市文化风貌和文化魅力提升的对策建议

续表

内　　容	深度建议
生态环境	● 提出是否需要编制环境影响评估的建议，以及需重点解决的环境问题； ● 对是否承担生态建设提出对策建议
慢行系统	● 提出完善现状慢行系统的对策建议，以及慢行步道的建设引导
公共开放空间	● 提出现状公共空间在规模、布局和步行可达性等方面的问题和对策建议
城市基础设施和城市安全	● 提出现状交通服务水平、道路系统、公共交通、市政设施、防灾避难、无障碍设计等基础设施和安全方面的问题和对策建议

资料来源：上海市规划编审中心. 上海市控制性详细规划研究/评估报告暨城市更新区域评估报告成果规范[Z]. 2015.

7.1.3.3 开发许可

　　开发许可是最常见的设计控制工具，中英表现出了极大差别。我国自2017年《城市设计管理办法》出台，很明显地选择了实体立法和规则约束的方向，在此不做赘述；而英国则是程序立法和自由裁量，强调对城市设计运作的关键环节（而非具体设计内容）进行立法保障，结合现有法律法规体系与行政程序，发挥城市设计作为开发控制依据并指引城市空间发展的实践作用。英国依托现行的《城乡规划法（1990）》（*Town and Country Planning Act* 1990）和《规划与强制收购法案（2004）》（*Planning and Compulsory Purchase Act* 2004），使得设计审查程序的权威性与必要性由此通过国家层面的立法得以保证[2][3]。《规划与强制性收购法案》第四十二条规定："任何申请获得规划许可的开发指令必须附带对设计原则和设计概念如何适应发展需要的说明。""地方政府在受理建筑许可的规定中需包含对设计原则和设计概念如何满足执行要求的声明。"以上法律条文明确了设计控制通过规划许可（planning permission）和建筑许可（building consent）发挥作用的实施途径。其他诸如《城乡规划（地方发展）条例》《城乡规划（一般开发程序）条例》《城乡规划（广告控制）条例》等从核心法衍生出的从属法，则递进式地在城乡规划的关键领域继续强化设计控制的效力和管理要求，如《城乡规划（地方发展）条例》第六条规定："在地方发展框架（Local Development Framework，简称LDF）中，地方规划当局在特定阶段所鼓励的相关设计目标应作为地方发展文件的组成部分。"[4][5][6]这实际上使得城市设计成为法定规划的必要组成部分，界定了地方规划当局在制定城市设计内容方面的义务。专项法对城市设计的要求进一步集中于某些特定细分领域，如《社区设计（修正）条例》中包含了社区城市设计的基本原则和责权划分[7]，同时技术条例关注的是城市设计中建筑间距、日照通风和停车要求等规范性内容。

在地方层面，政府规划部门的立法内容主要表现在法定规划的制定上，这一点与我国较为相像；地方规划当局如何开展审查安排（review arrangement），其具体流程由当地依据相关行政法自行制定。在英国，对于开发申请的设计质量是否达到要求的裁决，规划当局具有较大的自主裁量权。被驳回的开发申请可以通过国家司法程序上诉副首相办公室，由副首相指定的规划巡查专员对地方决策进行核查，但这种核查的对象也仅限于其程序的合理性[8]。由此可见，英国城市设计的立法核心是构建起城市设计运作环节与过程的制度规定，表现出自上而下、层层递进的"程序"治理逻辑和底线思维，管治简单有效、便于地方操作。英国通过程序立法授权地方政府结合本地实际情况进行灵活决策，在一定程度上避免了实体立法过程中对于日常行政管理的滞后性。但是，程序立法同样具有一定弊端，其在明确制度框架的同时，并未对框架内的内容进行规范，这使得开发申请的许可条件、设计审查的依据来源和设计管控的成果方向等都具有较大的不确定性。当社会经济条件变化、政府施政重心转移时，可能造成城市设计运作不连贯甚至是徒留形式、无法发挥实质作用的被动局面。

在城市设计的法制建设过程中，开发许可工具无论是指向结果管控还是指向过程管控，均具有其优势与不足，需基于不同国家与社会的制度环境和管理实情进行选择或融合使用。我国当前依托于控制性详细规划的城市设计审查，可以从两个方面进行优化。首先，在绝大多数地区可以效仿美国区划改革中形态设计准则的应用，利用更加具体的、直观的形态标准表现城市设计多样的控制要求，进而提高面向空间形态的行政审批效率。其次，在诸如历史街区等对于设计质量较为敏感的城市更新地区，则可以通过引入自由裁量式的设计审查作为规则许可的补充方式。控规继续发挥底线约束的作用，设计审查则发挥弹性协商共治的作用，并可以考虑引入非正式主体来填补正式主体技术力量的不足。

7.1.3.4 批准

批准工具是除规划体系的开发许可外进行的其他行政许可程序，可以分为建前批准和建后批准。建前批准包括各种技术性的审查工作，包括消防、结构、通风、采光等一系列有十分具体设计规范限制的内容，以及规划监督中的开工放样复验环节。建后批准对应建前审查内容，即我国的工程项目竣工规划验收这一环节。作为城市设计治理手段的批准工具应属于建后批准。在建前批准阶段，开发许可应保证相关城市设计要求与相关技术规范不发生冲突，例如城市设计对于立面的开窗大小和形式的要求应符合采光技术规范。除了规划许可和独立审查外，不宜在其他建前批准中再以设计质量作为限制发放许可的条件。建后批准则应是城市设计治理工具运用的环节，在英国，竣工检查（completion inspection）包含对竣工项目技术标准的审查与全部规划条件的审查，自然也就同时囊括了依附于法定规划的城市设计内容，检查内容小到色彩、材质有无变化，大到绿地、树木是否遮挡视觉廊道等。这些内容很容易在建设过程中因为诸如成本、工期、私人利益等原因而异化，但通常并不存在于我国的竣工验收中。我国的《建设工程质量管理条例》规定，建设工程竣工验收只针对原备案合同中约定的内容，对工程设计规定的主要建筑材料、各专业单位核验通过证明、各施工单位的工程保修证明，以及安装设备的安全资质进行检查。通常在施工后，除消防通道、道路宽度、坡度等对象外，不涉及安全性的材质、绿植、标识、室外家具等空间要素并不在检查对象之列。这就造成了规划图、效果图、施工图和最终实施建设成果普遍存在出入的现象。在城市设计逐步法定化的背景下，无论是在增量开发还是城市更新中，建前设计审查配合建后验收应是必要流程。尽管用以保证设计质量的批准工具有着守住最终环节的作用，但也有着较高的使用成本，其要求验收人员具有一定的专业水平，并可能延长验收的周期。

综上所述，控制工具是典型的传统政府管理方式，但不局限于城市设计控制或城市更新管理的范畴，在治理时代对已有管理方式进行改造有助于提升城市更新的设计质量。第一，开发贡献是城市更新治理的重要财税来源，既要直接投入具体的城市更新建设，也要像英国社区基础设施税的使用方法那样覆盖多方协商的治理成本，当前我国的城市建设中的各类开发贡献在城市更新时代应重新分配使用比例。第二，作为城市设计治理的采用工具，控制工具是对规划配建要求面向城市设计的一次升级，既可以采用依托于法定规划的规则约束方式，也可以在城市更新中选择协商谈判的方式。第三，开发许可面临技术审查层面的难题，美国区划改革在一定程度上提供了反面教材（因为强调规则的滴水不漏使区划文件过于冗长，解读和使用成本飙升），必须看到规则许可和自由裁量各自的优点和缺陷，并根据地方实际情况进行选择或融合。第四，针对设计质量的批准工具十分必要，与开发许可工具共同使用才能形成建前许可到建后监督的闭环。

7.2 城市更新中的非正式城市设计治理工具

　　无论在中国还是英国，科层制的正式主体显然都是国家治理的最重要组成部分，组织社会学认为，其本质是现代公共管理中以规则（正式制度）为基础的分工与分层，是具有较高效率的政府组织管理方式。但在现实中，城市更新等领域所具有的高度复杂性与这种诞生于19世纪末、20世纪初前工业化社会的政府组织方式难免产生摩擦，尤其是在如何在城市更新中保障设计质量方面。而摩擦主要来源于科层制的垂直层级划分和横向部门分隔，当代综合性公共政策与专门化部门责权条块分割之间的矛盾是普遍现象，在城市更新运作中，这种矛盾主要存在于两个方面：第一，已有的上位政策目标需要依靠多部门共同达成时存在有效协作的治理困境；第二，不同部门各自的政策目标需要通过同一途径实现时同样存在协作的难题。此外，城市更新不同于增量开发，正式主体技术水平的不足、固有工作模式的缺陷等都为非正式主体提供了发挥作用的空间。所以在英国，这些非正式治理工具得到了广泛应用来破解上述困境（表7-4），并因为城市设计国家代理人的存在而得到了系统性地总结，并被更多其他主体所接纳，在城市更新领域得到了进一步演化。而在中国，类似实践则刚刚起步。

表7-4　非正式城市设计治理工具分类与定义

工具类型	具体工具	使用方式
证据工具（Evidence tools）	研究（Research）	通过各类研究活动证明城市设计的多元价值，为政府行为提供证据
	审计（Audit）	对各类开发建设活动进行普遍性的审计和调查，为政府行为提供证据
知识工具（Knowledge tools）	实践导则（Practice guides）	对于设计目标、原则、具体技术做法和相关程序环节等多种对象的导引
	案例研究（Case studies）	通过具体案例汇编和传播来引导实践
	教育/培训（Education/training）	对特定群体和普遍群体进行教育和培训以提升对设计的共识和必要技能
促进工具（Promotion tools）	奖项（Awards）	通过奖项鼓励良好设计，包括具体项目和相关行为
	活动（Campaigns）	对特定群体和普遍群体进行各种形式的媒体宣传和线下活动
	倡议（Advocacy）	对于政府政策和特定群体行为具有针对性和操作性的倡议
	合作（Partnership）	基于相同议程与其他主体合作设置机构，或共同使用其他促进工具

续表

工具类型	具体工具	使 用 方 式
评价工具 （Evaluation tools）	指标（Indicators）	通过一系列定性和定量指标体系和评价框架对设计质量进行评价，自身使用或开放给特定主体或公众使用
	设计审查（Design review）	由半正式或非正式专家群体为其他主体提供专业化、定制化的设计审查服务
	认证（Certification）	由非正式主体为特定项目或其他主体提供的设计质量认证
	竞赛（Competitions）	辅助其他主体通过竞争的方式选取设计方案、开发者或特定资金支持对象
辅助工具 （Assistance tools）	资金辅助 （Financial assistance）	通过资助其他非正式主体和正式主体、特定项目和计划，以促进相关核心能力的建设和特定项目或特定类型项目的设计质量
	授权辅助（Enabling）	通过其他主体授权的方式直接参与其他主体的具体工作

资料来源：整理自CARMONA M．Design governance：the cabe experiment[M]．NY：Routledge，2017．

7.2.1 证据工具

　　证据工具本质上并不对其他主体产生影响，只是正式主体的决策依据。这种工具的运用与英国20世纪80年代后政府的企业化运作理念有着紧密联系（参见4.2.3章节），中央政府强调各级政策的效率和财政支出的回报，议会对中央政府的政策开展广泛的监督。上下两院委托、资助非正式主体对国家治理的关键领域开展咨询。《斯卡曼爵士报告》（*Scarman Report*）、《城市工作组报告》《法瑞尔审查》（*Farrell Review*）等一系列由权威专家领衔的研究报告直接影响了英国的城市更新与城市设计治理政策。经历了21世纪第一个十年的英国中间路线的治理改造，使用证据工具的职责被广泛地赋予各类国家代理人机构。在我国，近年来政府委托高校、研究机构开展的各种课题研究日益增多，但城市设计对于城市更新的价值的相关基础研究仍处于相对空白状态。英国当前处于各半正式主体自发主动使用证据工具的阶段，而在我国，证据工具则是正式主体留给非正式主体的"命题作文"，本节将深入分析这种现象产生的成因。

7.2.1.1 研究

　　研究工具应当区别于一般的学术研究，在治理的语境中，研究工具需要有明确的运用主体和目标影响对象。该工具在我国的各个尺度层级已经得到了广泛应用，但与英国的实践模式存在较大的差异，体现在研究的自主性和基础性两个方面。主体的性质常常决定了研究工具是辅助优化政策，还是帮助正式主体突破固有认知，进而引领政策方向。从英国的经验来看，建筑与建成环境委员会在21世纪初引发了英国全社会对设计价值的大讨论，使其逐步成为了正式主体间的共识，之后，社区与家园机构开始在城市更新中强调城市设计的思维和方法，进而进一步影响了地方政府和其他主体的实践。在国家层面之下，区域性半正式主体在实践中也为研究提供了实证的支撑。在自主性方面，我国在城市建设领域并不存在与英国的非部门公共组织（NDPB）对应的半正式主体，这类机构的主要特点是受特定法令保障，代替政府部门行使特定的治理职责，这些国家代理人在诸如城市设计、城市更新领域具有独立的公共责任。其不需要接受中央部门或者地方议会的节制，而是对国家议会负责。政府部门根据法律向这些半正式主体进行财政支持，但无权干涉其行使职责，其监督者是代表公共利益的议会。这就使得社区与家园机构、建筑与建成环境委员会等国家代理人反而成为了行政机关的监督者，被西方媒体形容为公共利益的"看门狗（watchdog）"。自主性保证了研究的导向来自客观现实，同时避免局限于行政机关当前的认识水平。这与我国当前的公共智库从属于特定行政部门的建设思路是完全不同的。以住房和城乡建设部直属科研事业单位——中国建筑文化中心为例，这是一家有着与英国建筑和建成环境委员会相似目标，以传播设计文化、提升人居环境质量为己任的国家级机构，但性质迥然不同。当前对于我国普遍缺乏设计价值认同的现状而言，想要在城市更新政策制定中突出城市设计治理的作用，恰恰需要具有高度独立性和公信力的非正式主体基于坚实的研究基础来积极建言献策。本书综述部分也说明了我国当前围绕城市更新与城市设计公共政策领域的巨大知识漏洞。此外，研究的基础性是中英运用研究工具的另一个差异。我国半正式主体作为行政部门的延伸这一特点，导致承担的研究工作往往紧密贴合行政部门的具体工作，甚至是专门为了配合具体程序和环节，所以"好用"成为评价半正式主体工作成效的重要标准。反观英国的非正式主体研究，则囊括了大量定性与定量兼有的基础性研究，用以证实设计提升价值的作用，例如章节3.2中场所联盟组织进行的"场所价值维基"研究计划等。

7.2.1.2 审计

审计工具并不是指一般意义上的财务审计，作为城市设计治理工具的审计面向的是如城市更新等某一类开发行为和管理行为的普遍检查，抑或是对住房、学校、医疗等特定功能类型建设的检查。在城市更新中应用审计工具有助于帮助正式主体从宏观把握实践现状，并对政策和制度进行修正。审计工具与那些广泛存在的引导工具相伴相生，共同形成管理的闭环。而这些审计工作在英国主要是由半正式和非正式主体来承担的，原因包括：一是这些机构通常具有较强的专业人员储备和足够的社会公信力；二是由机构的第三方性质决定的，避免了由行政机关自我监督公共资金的使用情况和公共政策的执行情况；三是因为成本较低，不需要在正式主体内长期聘用相关团队。

　　长期以来，因为住房短缺，英国投入了大量的公共资金用以新建和更新已有住宅，并不定期地进行了多次全国范围内的住房审计工作。在除人均住房面积、满意率、建筑寿命等内容外，自建筑与建成环境委员会成立至今，设计质量就是审计内容之一，当前这一职责被交付给了其他半正式或非正式主体。2019年，场所联盟承担了最新的"英格兰住房设计审计（Housing Design Audit for England）"，对象包括抽样的英格兰地区142个住房开发项目，这项工作的结论认为，20%的项目应该在地方政府的设计审查程序中被拒绝颁布开发许可。同时，区域性差异明显，西米德兰兹（West Midlands）、东南部和大伦敦地区表现最好，中东部和西南部设计质量最差。微观层面存在包括道路设施的整合、建筑形式的单一、慢行交通、景观多样性等方面设计问题。对于英国房地产导向城市更新国家策略等政策，这一工作可以成为对包括资金下放标准、分配比例等在内的政策调整的决策依据。这种针对特定地区或全国范围的审计工作，为出台大尺度范围的设计准则、实践导则提供了基础，进而形成问题导向的引导工具。而在我国，显然引导工具通常是目标导向的，控制工具才是用于"治乱"的。这一工具亟需用于前文中反复提到的我国全国范围内由公共资金支持的老旧小区改造中。此外，审计工具还可以用于对城市设计治理能力进行评价，场所联盟受中央政府委托还曾针对全国201个地方当局进行了城市设计相关能力和资源的评价（survey of urban design skills / resources），内容包括其组织编制和设计审查所需的专业力量水平，以及外聘非正式主体参与设计审查等设计服务的财政水平。这种审计对于我国制定以控规为核心的设计审查制度至关重要，可惜在《城市更新管理办法》颁布前，原主管部门——住房和城乡建设部并没有开展相关工作并做出应对，也致使当前该制度成效不足。

　　综上所述，证据工具应是一切正式主体决策、政策制定和调整的必要工具，而非正式主体因为专业性和效率上的优势理应成为辅助治理的必要参与方。从中英对比可见，半正式和完全非正式主体由于性质上的不同，也会与正式主体形成不同的合作模式，并对研究的基础性和自主性产生影响。在当前中国城市更新制度建设初期，国家层面应当高度重视这一工具，形成基于证据链的政策制定模式。

7.2.2 知识工具

知识工具与证据工具和引导工具都具有相似之处，差异在于作用对象是正式主体还是非正式主体，目标是提供决策支撑还是施加影响，以及性质上是否具有法定效力。虽然知识工具同样没有法定的强制效力，却仍然是中英最常使用的非正式城市设计治理工具，尽管在中国很少有人从治理的视角去理解这一行为。由于认知的局限，在我国，即使是专业人士都难以区分作为技术手段和治理手段下的城市设计成果该如何应用。而城市更新实践中各参与方普遍性的知识匮乏是这一工具应用的价值所在。知识匮乏一方面源自长期以来对城市设计作为一种空间美学技术手段的狭隘认知；另一方面，源自各参与方知识体系的隔阂，城市更新的复杂性决定了接受任何一种传统学科训练的主体都难以全面地把握这一领域。此外，知识工具的受众不仅是城市更新中联系紧密的参与主体，从英国的经验来看，更在于更广泛的大众，目标是在全社会建立对于设计价值的普遍认同。

7.2.2.1 实践导则和案例研究

实践导则在英国通常作为正式主体相关政策的延伸而存在，针对具体地域的政策一般通过各层级的法定规划和配套的城市设计文件而实现，而摆脱具体地域限制的公共政策在英国普遍选择了实践导则的形式。例如英国教育部曾发布《学校设计与建设》（*School Design and Construction*），卫生、商务等中央主管部门也有着类似的正式文件，其中包括了诸如如何在遗产保护地区通过分散特定功能、使用建筑组群的设计方式与环境相协调等内容。正式主体通过非正式和半正式主体编制、发布和宣传各类实践导则，尽管实践导则本身不具有法定效力，但因为正式主体的政策通常涉及资金分配、监督检查等行为，所以配套性的实践导则也能够发挥一定效力。而在中国，除了6.1.1章节中提到的商务部针对步行街建设的政策外，很少有部门重视通过实体空间的更新达成自身的政策目标。极少数提出通过空间手段达成政策目标的政策，也通常局限于自身部门的专业技能水平，只能做出相关的原则性要求，难以真正指导实践。

总体而言，该工具的发展方向应是培育具有将传统政策转化为空间语言能力的半正式主体，促使其与各层级正式主体开展广泛合作。同时，实践导则工具适用于各个层面的政策延伸，但不适用于特别具体的城市更新项目，对于具体项目，仍应寻求正式工具中的设计框架和设计准则工具。此外，该工具的应用应注意协同性与公开性。实践导则引导相关主体的行为最终还需由正式的控制工具进行核验，形成治理的闭环。使用实践导则工具的非正式主体与使用控制工具的正式主体间通常需要跨部门的协同。尽管实践准则并不具有强制作用，但底线是应具有决策参考的作用。此外，公开性是这一工具能够充分发挥作用的前提，应根据受众特点采取积极的传播形式。这一点在我国尤为重要，以北京市编制的《西城区街区整理城市设计导则》为例，其传播的目标受众是广泛的居民、街道政府、社区工作人员、开发商。但实际上其成果是一本由中国建筑工业出版社出版的书，传播受到版权的限制，对于绝大多数受众而言，除了购买书籍难觅其他获取途径。不禁让人感叹该导则是为了编而编，还是为了用而编？类似情况普遍存在于我国的实践导则工具应用中。

作为知识工具的案例研究有别于证据工具中的研究工具，重在通过案例的传播引导良好的设计行为，与实践导则在应用上具有很强的相似性，同样可以起到作为正式政策延伸的引导作用，同样应注意协同性和公开性，二者适合搭配使用。不同点在于该工具更加适用于具体项目的实践层面，并且可以以一组案例或独立案例的形式随时发布，比其他实践导则更加灵活。案例工具在英国当前的城市更新中得到了普遍应用，国家层面主管规划建设的社区和地方政府部委托半正式机构设计理事会编制了一系列关于"社区引导设计与发展（Community-led design and development）"的案例研究（图7-2），不仅向公众开放，还向地方当局推荐使用。新伦敦建筑等机构也受地方政府委托随时更新和维护着庞大的线上案例库。在我国，经访谈得知住建部在城市设计试点、"城市双修"试点工作中同样进行了案例汇编，但显然受众并不是城市更新中相关的多元主体。在地方层面，各类案例汇编也均存在类似问题。2019年，广东省自然资源厅编制的《广东省"三旧"改造典型案例汇编》囊括了近年来的诸多优秀案例，不乏通过设计实现出众品质或通过城市设计获得了经济与社会双重效益的城市更新项目，可惜的是，这同样是一份只在科层内部传达的文件。由此可见，方式而非内容在绝大多数情况下是城市设计治理发挥作用的前提。

图7-2　英国设计理事会编制的"社区引导设计与发展（Community-led design and development）"案例研究

7.2.2.2 教育和培训

　　教育和培训相较于实践导则和案例研究，在施加影响方面更为主动。作为城市设计治理工具，其从受众上可分为两类，一是面向与城市设计密切相关的正式主体，二是面向更广泛的非正式受众。前文中多次提到英国自上而下各级政府在"国家规划政策框架"的引导下对于地方政府城市设计管理相关能力建设的重视，能力建设很大程度上依托于非正式主体提供的城市设计培训服务。以伦敦建筑中心——新伦敦建筑（New Architecture London）为例，其为伦敦32个自治区政府中的23个提供不同形式的培训服务。而提供培训服务的非正式主体，提供的是模块化、系统化的培训产品，直指不同岗位、不同性质正式主体胜任自身管理工作所需的关键能力。支撑产品设计的是较为坚实的研究和审计成果，以场所联盟组织为例，其曾对英格兰范围内1213位地方议会议员进行了对于住宅设计态度的调查，进而提出相关能力提升建议。我国地方政府和规划建设主管部门对于城市更新与城市设计两个相对陌生工作领域的管理能力不足，只会比英国更甚，而专业性非正式主体的培训工具有望解决这一问题。

面向更广泛受众运用的教育工具，并不指向城市更新和城市设计的实践环节，而是旨在影响社会大众对于设计价值的认同，是对城市设计运作环境的影响。例如在自发的城市更新行为中，产权人对空间设计质量的共同价值观，是决定更新成效的关键。而在委托商业主体收拢产权开展集中更新时，回迁户们能不能有效地表达自身对于更新后空间质量的诉求，也决定了自身的利益。所以公民教育是从根本上提升全社会城市更新长远效益的有力工具。在英国，建筑与建成环境委员会存在期间就采取了杂志、工作坊、暑期学校等多种形式对普通大众和青少年等特定群体进行建成环境相关的国民通识教育。今天，各地接受公共资金支持的半正式主体仍在以各种形式延续这一工作。在我国，教育工具当前也通常被基层责任规划师等主体使用，但与英国相比缺乏自上而下的资金支持与统一的教育产品生产，存在成效低、重复工作多的特点。随着城市设计治理体系的不断成熟，这一工具也应从完全的非正式向半正式发展。

综上所述，知识工具的主要使用者应是专业化的半正式主体，并在正式主体的认可下运作，以避免无效化。实践导则和案例研究可以混合使用，并在使用之初就明确受众群体，进而选择适当的传播方式。教育和培训可以发挥提升正式主体管理能力和大众认知的作用，但同样应重视工具的专业化，强调由半正式主体集中开发。

7.2.3 提升工具

提升工具的本质是主动建立与其他主体的联系，进而相较于知识工具更加主动、积极地向其他主体施加影响，而不是被动地等待其他主体寻求帮助。其中奖项和活动工具更加倾向于通过影响非正式个体来发挥作用，倡议和合作工具的作用对象则是正式主体和其他半正式主体。从功能角度来看，奖项和倡议工具仅能提供施加影响、提升设计价值认同感的作用，而活动和合作工具还可以额外起到汇聚发展共识和设计愿景的功能。我国的非正式与半正式主体更多倾向于使用奖项和活动工具，相较于英国较少使用倡议与合作工具，这主要还是由主体性质和关系决定的。

7.2.3.1 奖项

中英正式主体通过奖项来倡导优秀设计的实践都由来已久，英国国家层面的"更好的公共建筑首相奖（Prime Minister's Better Public Building Award）"已经运行超过20年，我国各级政府也设置有各类建筑和规划设计奖项。而作为城市设计治理工具的奖项，应当与一般奖项有何不同呢？区别在于奖励的对象和行为。一般的设计奖项奖励的是设计师高超的设计水准，奖项工具奖励的则是为了达成良好设计，不同主体开展的治理行为。以"更好的公共建筑首相奖"为例，获奖者并不是建筑设计师，而是负责该建筑项目的政府主体。该奖项设置的目标是奖励和鼓励政府在利用公共资金进行的工程项目采购中保证了更高的质量。其评价标准不仅包括项目的设计质量，还包含资金使用效率、社会和经济效益、主体间的合作、财务管理、使用者满意度、可持续性等多个评价维度。当前，英国各层面的正式主体都依托半正式主体的公信力设置了不同的城市更新奖项，同时部分半正式主体有资源和能力独立主动使用该工具，典型例子如住房协会（The Chartered Institute of Housing，简称CIH）在苏格兰地区设置的卓越更新奖（CIH Scotland Excellence in Regeneration Award）等。其趋势是从单一的美学维度转向综合效益，并全面评价项目在破解已有限制条件方面取得的成效。不同于增量开发，城市更新中的城市设计和建筑设计都面临着更多的限制条件，而且不同项目的限制条件具有极大的差异。这也就要求奖项评选的标准应当是灵活的，采取相对比较而非绝对比较的方式。

7.2.3.2 活动

活动工具是对特定群体和普遍群体进行的各种形式的媒体宣传和线下活动，在城市更新中，活动工具能够起到宣传教育、提升大众对设计质量认同感的作用，适用于从国家到基层的各种正式与非正式主体。此外，它还可以起到汇集共识的作用，适用于自下而上的城市更新活动。在英国的社区更新中，中央政府提倡的共同设计（co-design）模式就是典型代表。在我国，近年来随着部分经济发达地区公民意识的觉醒，以及政府对于保障公众参与的愈发重视，相关实践也越来越多。以北京市为例，城市设计正在成为面向公众的参与工具。长期以来，不仅在北京，全国各地的居民和使用者对于城市更新都或多或少地存在抵触心理，这源于对过往更新改造实践的失望与不信任。在北京东城区安定门街道方家胡同，当地居民曾对责任规划师提出"你们又来刷墙了"的置疑，体现出缺乏设计引领的工程行为并没有带来公共空间质量的切实提升，由此产生的使用者的获得感低是必然结果。而城市设计治理理念下的参与式设计，在一定程度上唤起了本地居民对家园环境的重视。经过设计改造后的街道空间充分体现了居民的实际诉求，也让他们对更新改造活动和责任规划师重拾信心。由此可见，城市设计在更新改造中起到了汇聚共识和公众教育的作用，设计方案也真正搭建起联系政府施政目标与居民实际需要的桥梁，发挥了城市规划和单纯工程蓝图所不能实现的作用。中英两国使用该工具的差异主要在于稳定程度，这种差异归根结底来自中英正式与非正式主体间关系的差异。近年来，我国尽管开展了正式主体主导、非正式主体参与的多元活动（参见6.1.4章节），但是绝大多数只是为了配合政府的短期工作重点，在工作重心转移后就草草了结。通过英国经验发现，这类工具真正能够发挥成效的前提是稳定的公信力，是长期积累的口碑。公信力通常是具有行政权威的正式主体和具有专业权威的半正式主体互补作用的结果。所以，奖项与活动工具二者都应当积极与正式主体的政策主张相结合，发挥与正式设计政策工具的协同作用，又保持必要的独立性。而我国不存在独立的半正式主体，所谓的半正式主体都受到了正式主体的行政或财政管辖，这就决定了其难以常态化地独立发挥作用。

7.2.3.3 倡议

倡议工具是非正式和半正式主体对于半正式和正式主体政策与行为的建议，在英国是与广泛的政治游说传统联系在一起的，社会文化普遍认同专业团体对于政治与政策的建议。英国半正式主体普遍选择了倡议（advocacy）一词说明自己的行为是代表公众利益的，有别于代表群体利益的游说（lobbying）。倡议的对象包含各级行政部门、各级议会和其他公共组织。对于政府设计政策的倡议在建筑与建成环境委员会存在期间达到高峰，典型案例包括对国家医疗系统（National Health Service，简称NHS）和对教育部的项目投资建议，旨在提升完全利用公共资金投资项目和利用私人融资倡议（PPP模式）项目的设计质量。倡议工具在城市更新和城市设计中的应用在于高水平专业团体的有谋略的发声。当前，设计网络组织针对地方议会议员和选民发出了倡议（参见5.2.2.1章节），意在对整个国家政治体制链条产生影响，即选民决定议员、议会决定行政、行政保障民众。半正式主体的倡议工具使用途径除了直接面向正式主体，还通过媒体间接影响政府，这样做更加容易对那些固执己见的正式主体施加来自公众（选民、纳税人）的舆论压力。此外，这种倡议通常是系统的一套解决方案，以设计网络发布的《议员的伙伴：规划中的设计》为例，其首先为地方议员群体指出了设计和规划协同作用对于地方发展的益处，然后提出了利用民众、专业人士、各行政部门达成目标的途径，最后对于议员们应关注并监督哪些技术性内容进行详解。我国当前首先缺少在城市更新和城市设计领域能够起到高水平政治倡议作用的群体，专家学者群体能够起到政策咨询和建议的作用，但相较于英国各领域国家代理人法定的资政职能，力量相对薄弱、群体分散、手段十分单一、作用方式较为被动。此外，现有各级政协、人大作为国家政治体制保障的资政言路，城市更新与设计政策尚没有成为它们的议题，部分基层人大、政协或还存在认识水平普遍不足的问题。

7.2.3.4 合作

尽管马修·卡莫纳从方法论角度将合作定义为一种独立的城市设计治理工具，但在实际中合作更多是一种思路而非工具，贯穿于几乎所有非正式城市设计治理工具的实践中。在当前英国的城市更新运作中，各主体间合作的开展决定了治理体系呈矩阵式的体系，而非管制体系常见的"金字塔式"扩张（详见5.4章节），为我国未来共治体系的建立提供了借鉴。合作的基本逻辑是不同主体间要素的互补，以及同类型主体间合作以发挥更大的影响力、降低重复谈判成本。城市更新的运作特点与这两种合作模式十分契合，表现在不同类型主体间利益诉求和所掌握资源的高度差异化，以及同类型主体在产权决定的话语权上的分散化。在国家层面，合作是推进英国当前房地产更新策略的核心半正式主体——英格兰家园的主要工作开展方式，数亿英镑的城市更新资金下发和数以千计的项目审核，都是通过与地方当局以及地方性住房协会等半正式机构合作完成的，而非采取向下建立在地分支机构的方式（参见5.1.5.1章节）。在区域层面，设计网络的成员即使在建筑与建成环境委员会能够提供充足的资金支持期间，也没有直接投资建立在地的建筑中心，而是与已有地方性组织合作以向下贯彻自身的设计质量目标（参见5.2.2.1章节）。在地方层面，有能力的正式主体倾向于在自身内部建立专业性团队，如伦敦的设计专家咨询团队和城市更新团队，而半正式主体仍选择了合作的方式而非扩张的方式。非正式主体通过联合可以获得更大的话语权，而正式主体也乐于支持建立该类联合会，以降低自身的民意集中获取成本，典型案例包括伦敦的商业街网络、工作空间供应者网络、市场委员会等（参见5.3.2.1章节）。

综上所述，提升工具的运用应注意以下几点：第一，奖项工具应由激励设计水平向激励好的城市设计治理行为转变，并充分考虑城市更新的限制条件，避免绝对化的评价标准；第二，活动工具应从配合正式主体短期行政工作重点向常态化、独立化转变；第三，倡议工具可以直接面向正式主体，也可以通过媒体间接产生影响，同时有赖于具备较高专业水准和独立资政地位半正式主体的存在；第四，合作并非工具，而是一种广泛适用的治理思路，是通过资源互补替代正式和半正式主体权力扩张、机构膨胀的治理途径。

7.2.4 评价工具

能够有效、高效地评价设计质量是开展城市设计治理的前提，长期以来，无论中英都难以建立科学的评价工具，使得设计价值显得虚无缥缈，得不到正式主体的认同。直到20世纪末，皇家艺术委员会（RFAC）作为英国城市设计的主要官方促进机构，还只是将设计评价建立在模糊的美学标准上。建筑与建成环境委员会基于全面的证据和知识工具，建立了综合设计价值的知识体系，并根据治理需要形成了工具化的设计评价产品。当前，评价工具越发多样，并由更加多元的非正式和半正式主体提供，且被正式主体有偿采用，成为城市设计治理的必要工具。与英国相比，我国也普遍使用了指标、设计审查等工作方式，主要差异在于这些方式的工具化，是否有着稳定标准和可持续的运作模式，这也是治理工具与学术研究的差别所在。

7.2.4.1 指标

指标工具可以由正式或半正式主体基于研究工具来提供，同时该工具可以与审计或者认证工具共同使用。在我国城市更新中，对于城市设计审查水平不足的正式主体，以及在未编制城市设计的地区，指标工具可以用来作为一种保证设计质量的辅助手段。英国的经验显示，多样化的指标工具十分必要，如半正式组织"建筑产业理事会（Construction industry council）"提供的设计质量指标（Design quality indicator，简称DQI）就包含了面向混合利用型开发、教育和研究型项目、医疗项目、公共项目等8类指标工具。对于我国城市更新中常见的老旧小区、大院空间、"工转商"等类型，指标工具同样具有广泛的应用空间，成为辅助正式的控制工具和激励工具的依据。此外，该工具也可以用作对特定项目进行城市更新前的评估工作，用于明确非大拆大建型城市更新中原有空间的问题所在。值得注意的是，指标工具并不是将设计要素简单量化（例如常见的贴线率、街道界面完整程度等，这些指标往往只能体现空间质量的某一个很小的侧面），并且指标之间并不存在内在联系，也不存在重要性上的差别，所以基于加权系统的简单量化指标体系并没有坚实的逻辑支撑。当前，我国学术界诸多基于街景的大数据研究同样可以从某些侧面说明空间塑造的一些规律，但难以作为一种工具使用，归根结底是因为人形成空间感受的机制十分复杂，当前的技术手段还难以模拟。所以指标工具在英国更多的是基于定性标准，建立相对全面且严谨的评分体系，如设计理事会的"空间塑造者（Space shaper）"等。指标工具的使用通常采用工作坊的形式开展，即正式或非正式主体向半正式主体采购指标服务，半正式主体组织经过培训的员工根据固定的指标工具评价标准对设计方案或已经落成的项目进行评价。部分指标工具也可以直接由需求方自主使用，半正式主体仅提供评价标准和评价方法。指标工具对于没有条件开展设计审查的地方当局提供了额外的选择，节省了较高的人力成本。

7.2.4.2 设计审查

城市更新项目通常所处环境复杂、限制条件多，项目设计方案的审查应当更加谨慎。而解读和使用作为审查依据的城市设计成果往往对正式主体构成了挑战，因此作为城市设计治理工具的设计审查当前在英国十分常见。因为"国家规划政策框架"的引导，全国范围内的地方当局普遍建立了基于设计质量的开发许可程序，而一事一议、自由裁量的设计审查则是该程序的重要组成部分。据统计，常态化使用设计审查工具的地方政府比例已经从2000年的20%，提升到了2017年的64%[9]。在大城市中，开发许可的权力掌握在自治区（Borough）当局的手中，在小城镇则存在于地方议会（local council）层级的当局手中，在伦敦、曼彻斯特、伯明翰这样的大城市，通常有市政府内部成立的设计审查团队为各自治区当局提供服务，部分自治区也会建立自己的团队。但是在绝大部分地区，地方当局会使用市场化的设计审查服务，可以将开发申请完全交给外部团队，也可以和半正式主体建立合作关系，在内部成立承包给半正式主体管理和运营的设计审查团队。英国自由裁量式的开发许可程序，在城市设计领域上体现在对"发展"这一个核心目标的掌控尺度上，"国家规划政策框架"指出："如果规划申请的设计质量较差，无法提升区域品质、个性和功能，并且不符合地方设计标准或补充规划文件，其许可申请应当被驳回。但是如果规划申请符合本地政策期望，设计质量不应作为决策者反对发展的理由，决策者应基于对发展的综合权衡做出裁量。""国家规划政策框架"还指出："对规划申请进行决策时，如果项目设计与周边环境的形式和布局不同，但是却具有出众的、创新的设计，且有助于提升区域内的发展可持续性或区域设计水平，那么这些申请应得到慎重考虑。"上述两条政策给了地方当局极大的裁量空间，设计理事会等专业化半正式主体基于长期的研究和实践确定了一系列的实践标准，通过程序正义来合理缩小这种裁量空间，而在正式主体内部聘用具有专业技能的独立个体是难以承担这项工作的。在我国，虽然存在基于控规的设计审查制度，但因为规则许可刚性与弹性难以把控的弊病而存在失效的情况。而少数城市设计成果本身编制水平较高，刚性适度，并较好地转译为与控规协调的法条化语言，却又普遍面临着正式主体缺乏审查所需技能水平的情况。专业化正式主体的引入有助于解决上述问题，我国当前部分地区积极探索的责任规划师制度有着与之相似的作用，但随着制度的成熟，程序正义同样要求将个体责任规划师自由裁量的误差控制在合理区间之内，即建立一定的群体准则。

7.2.4.3 认证

认证是依托半正式或非正式主体的公信力来激励良好设计行为的工具，典型例子如"国家规划框架"推荐地方当局使用的"生活建筑（Building for life）"认证。在包括城市更新在内的建设活动中，开发者与使用者之间普遍存在信息上的不对称。一般的潜在业主和租户在希望获取项目额外的设计价值时，对于项目的设计质量难以评价，或评价具有较高成本。认证工具的作用在于，一方面为普通消费者和政府、机构、企业采购降低这种成本，另一方面开发者也因为提供了高质量的空间而得到激励。在英国，该工具通常是和指标体系结合使用的，半正式主体首先建构出包括量化指标与裁量标准的认证体系，然后一方面与相关政府部门积极对接，另一方面通过媒体宣传扩大认证资格影响力。使非正式认证逐步演变成得到政府首肯的半正式标准，获得认证的建设项目实际上意味着获得半正式主体权威性与专业性的担保，更容易赢得一般民众或物业业主的认可，带来更高的租金、售价和更快的周转速度。这种外部性效益促使开发商更加积极地申请认证，并在设计过程中遵循正式的引导工具和半正式的知识工具。半正式主体则在认证工作中收取费用，以支持进一步的标准研究制定和宣传、游说，从而实现治理工具的可持续运作。对比英国，我国当前在城市建设领域已有一些相对完善的认证体系，如绿色建筑认证等。但是通常是面向技术指标的，面向空间设计质量的认证则处于空白，在城市更新即将作为城市建设主要模式的未来，认证工具可以作为我国的城市设计治理体系的有益补充。

7.2.4.4 竞赛

通过竞赛方式获取高品质的城市设计和建筑设计方案是中英正式主体普遍采用的一种提升设计质量的做法，但运作方式又存在明显差异。英国倾向于建立专业化的采购代理人制度，而我国则通常使用非常态化的专家评审方式。在英国，作为代理人的非正式或半正式机构将竞赛工具作为一种有偿的辅助城市设计治理服务，可以根据正式主体需要为任务书制定、宣传邀请、资格认定、方案评审的全过程提供专业支撑。代理人为了获得商业利益，会不断优化改良自身工作方式，以专业性和成功案例来吸引更多客户。此外，在程序正义方面，代理人为了保证公平，一般会进行关联利益的声明，并保留、移交或公开竞赛评审的过程记录，以保证"裁判"和"运动员"没有利益输送的渠道。我国的普遍做法是由正式主体建立专家库，在设计方案的投标、竞赛、咨询中随机或定向挑选专家参与评审。而评审过程通常是短暂的、临时的、缺乏相应程序规范的。同时，评审专家与参赛者存在利益关联是普遍现象，正式主体没有能力或需要付出较高成本才能规避不公正现象的发生。当前，我国也出现了由半正式主体代理设计竞赛的情况，如深圳市城市设计促进中心，其主要职责之一就是配合深圳市政府推行的工程项目优选制度，以提升政府利用公共资金获取高质量空间的能力。但是其起到的作用仅停留在竞赛信息的收集与发布上，没有利用自身作为专业化促进机构的技术优势参与竞赛的更多流程，也没有从程序上去优化和规范竞赛这一常态化工具。《深圳市拆除重建类城市更新单元规划编制技术规定》指出："所有城市更新单元均应进行城市设计专项研究，强调城市设计对下一阶段建筑设计的指导性，同时鼓励更新项目下阶段建筑方案设计采用优选制度，保证更新项目的设计品质。"深圳作为我国城市更新制度建设与实践的先行者，已经认识到了设计质量的重要性，为全国地方城市作出了表率。但从治理的角度看，能做的工作还很多。

综上所述，评价工具的应用应注意：第一，稳定且可操作的评价标准是工具存在的前提，这就决定了评价工具的使用者应当是专业性、常态化开展相关研究的机构而非个体；第二，评价过程的程序正义至关重要，半正式主体的公信力决定了应用成效；第三，在非正式和半正式主体市场化参与城市设计治理的趋势下，评价工具作为一种产品，其运营模式、传播形式同样重要。

7.2.5 辅助工具

辅助工具是非正式与半正式主体对其他主体施加直接影响的方式，该工具在城市更新运作中十分必要，可以用来弥补基层实践中广泛存在的资金与专业能力不足。辅助工具包括资金辅助和授权辅助两类。其中资金辅助更为主动，毕竟在各主体市场化运作的背景下，很少有人会拒绝送上门的经费。而授权辅助则有赖于正式主体对于设计质量的认同，以及自身所处的政治环境对于辅助治理的接纳与否。对比中英已有实践，资金辅助工具的应用是非正式工具中差异最大的一种，英国各层级常见的工作模式在我国几乎难觅踪影。而授权辅助工具在我国少数城市已有实践，区别于一般公众参与之处在于是否有着明确的正式制度保障并界定了半正式主体的权力范围。本节将就上述差异在中英不同的政治环境中进行进一步剖析。

7.2.5.1 资金辅助

在政府管制力较低的英国，政府除了通过法定的正式途径对其他主体进行管制外，中央政府的政策通常只能作为对地方政府和其他主体的引导，所以通过资金计划作为杠杆施加影响就成为英国政府所剩不多的选择。建筑与建成环境委员会存在期间，经正式主体授权向全国范围内的非正式主体提供了千万英镑级别的资金辅助，用以建立全国性的在地城市设计治理网络，以及支持专项计划的实施。配合资金一起传递给其他半正式机构的是建筑和建成环境委员会一系列的实践导则、研究成果等工具。而当前城市更新领域的国家代理人——英格兰家园，共有四项基金计划，即"特别关怀与支持住房基金（Care and support housing fund）""社区住房基金（Community housing fund）""家园建设基金（Home building fund）""前进基金（Move on fund）"。每一项计划在资金使用上，都有着对应的设计实践导引和审查方式，各级竞争使用资金方递交的申请中均需包含设计声明（design statement），必要内容包含场地设计、建筑平面等工程图纸，以及对于设计如何满足政策目标的解释。同时，英格兰家园组织在城市设计领域又引入了诸如设计理事会等半正式主体，通过采买设计辅助服务的形式开展评价工作。

由此可见，资金辅助工具的作用应当是高度战略化的，能够对正式主体的特定政策主张起到明确的促进作用。城市设计国家代理人通过资金辅助在全国范围内建立了针对特定行政环节的城市设计治理辅助力量，很好地弥补了特定时期内正式主体技术能力不足带来的国家政策难以落地的窘境。而城市更新国家代理人则通过资金辅助，形成了正式主体拨款、核心半正式主体主导、相关半正式主体提供工具的共治局面。英国经验表明，资金辅助具有形塑非正式治理体系、填补刚性行政指令不足的重要作用。但我国在城市更新和城市设计领域还较少使用该工具，表面原因在于依托半正式主体发挥治理作用还不被认同，政府赋权体制外机构使用公共资金可能存在懒政、核心领导作用旁落、利益输送等嫌疑。根本原因在于公共资金使用既是"权"，也有"责"。没有建立起符合我国国情的权责匹配的半正式主体监督制度，资金也就难以交到其手中发挥作用。此外，这种资金辅助应当发挥杠杆的作用，而不应当是资金供养的关系，受资助的主体应当本身可以实现可持续的运营。

7.2.5.2 授权辅助

授权辅助是指半正式主体直接派遣人员、团队承担正式主体的部分职责。授权辅助工具相当灵活，但所参与的是特定的正式行政环节，与正式主体采购非正式

的城市设计治理服务具有根本差别。早在2002年，建筑与建成环境委员会来自城市
更新领域的授权辅助项目就已经超过提供服务总量的半数，这一方面是因为城市更
新的复杂性，另一方面也因为英国增量开发有限的缘故。同时，建筑与建成环境委
员会还与时任国家层面城市更新代理人组织——住房和社区机构开展了广泛合作，
帮助其在城市更新策略和行动计划中制定设计导引内容。在地方层面，伦敦在其住
房政策中指出，支持在地方议会工作人员中纳入更多与规划、设计和城市更新相关
专业人士的比例，通过短期雇用专业人士在岗提升议会专业水平。这些人员的来源
便可以是通过授权辅助的方式，来保证聘请到这些高专业水准的"临时工"。由此
可见，在英国，授权辅助存在于国家、区域、城市几乎所有层面，辅助从国家政策
制定到具体项目的开发许可等几乎所有工作类型。正式主体通过与半正式主体签订
框架式合同，确定被授权者参与治理的周期和工作范围。当前，英国授权辅助主要
存在于基层的行政区、地方议会和社区，常见形式包括外包设计审查团队、设计咨
询团队、社区城市设计师等。设计理事会、伦敦城市设计等组织都提供相关服务。
其中基层授权者的工作范围通常较广，尤其是社区城市设计师，需要组织共同设计
（co-design）、集中更新意愿、编制规划设计方案、开展设计审查、协助社区利用自
有资产和资金开展城市更新等工作，所需知识领域的跨度极大，支持其发挥多种作用
的是其背后的半正式主体，以及能够使用的工具化的治理资源。我国当前多地建立的
片区城市总设计师制度、街道责任规划师制度虽然也应归于该类工具的范畴，但显
然工具还不成熟，尚没有完成从个体实践到群体资源共享、群体守则建立的过程。

综上所述，辅助工具是填补正式管制手段不足的最直接方式，与其他非正式工
具不同，其更加依赖来自正式主体的支持。使用者应当是专业化的机构或者群体，
独立的非正式个体具有工具储备、程序正义等方面的先天不足。该工具使用方式十
分灵活，可以存在于各个尺度层面。资金辅助工具的使用前提是，正式主体需明确
半正式主体使用公共资金对应的"权"与"责"。

7.3 小结：城市设计治理作用于城市更新的介入空间和参与主体

本节将对上述城市设计治理工具表现出的共性进行归纳，明确其介入空间和参
与主体，进而构建面向城市更新的城市设计治理工具集。首先，可以从三个维度来

界定这些城市设计治理工具。第一个维度是使用主体，包括：一、各级政府和部门构成的正式主体；二、由政府支持，具有稳定制度和财政保障，可以根据自身职能定位自发参与治理的半正式组织；三、具有一定专业水准或资源优势，本身独立运行，但经正式主体许可才能参与城市设计治理特定环节的非正式组织；四、非常态参与城市设计治理特定环节的专家学者、市民代表等非正式个体。第二个维度是城市设计治理行为发生作用的尺度，大到国家层面的城市更新与城市设计政策，小到社区范围的设计准则。第三个维度是在治理中发挥作用的层面，包括具体的实践过程、行政管理程序与制度、先行于正式制度建设或作为补充的公共政策，以及由价值认同、行为惯例等非正式制度构成的运作环境。如图7-3所示，由这三个维度就可以较为准确地定义一种城市更新的城市设计治理工具，例如设计审查工具是由半正式或非正式组织在区域到片区层面运用于行政程序的工具。主体的性质、发挥作用的尺度、发挥作用的层面，决定了工具是否能够在城市更新中发挥目标作用。所以，在实践中，也应该首先考察不同种类的工具在三个维度上的适配与否。例如：正式工具只能在行政管理和公共政策层面发挥作用，而非正式工具则可以作用于全部四个层面；半正式主体可以参与国家层面的公共政策制定，而非正式个体和组织则只适于参与社区和片区层面的具体实践。

这是因为主体性质的不同意味着在价值取向、利益诉求、技术储备、经济能力、制度限制和成本效率上的不同，也就决定了城市设计治理工具能够或者适合发挥的作用的尺度和层面。认同设计价值和公共利益的诉求导向是参与治理的前提。正式主体和半正式主体在利益诉求上具有一致性，都是从公共利益出发，从性质上来看，最适宜参与治理活动。半正式主体在专业性、技术储备、参与治理的成本和效率上，比正式主体更具有优势。不同领域的非正式主体间也可能存在政府部门科层分隔的弊端，但因为工作方式较为自由，较少受到正式制度的限制，所以可以更加主动地谋求与其他主体合作以打破技术储备、成本和效率的限制。英国国家层面的城市更新与城市设计两家代理人式机构通过深度合作来发挥更大影响力的例子就体现了这种模式。非正式组织和个体的利益诉求则分为公共利益和群体利益两种，而两种诉求导向很多时候是难以区分的。所以正式主体也就难以向其充分放权，只能在特定环节寻求与其合作。非正式组织的经济能力是决定其性质的另一个重要要素，因为其不依靠公共资金进行运营，故只能采取提供市场化服务或接受捐赠的方式，前者可能受到盈利导向的影响，而后者则可能使组织成为群体利益的代言人。英国的非正式主体通常选择通过向社会公示组织内部治理结构来约束规范自身。非正式个体普遍存在技术储备、经济能力上更加明显的不足，同时相较于非正式组织也更难保证公共利益站位，因此决定了其只能有限地参与自下而上的治理活动。

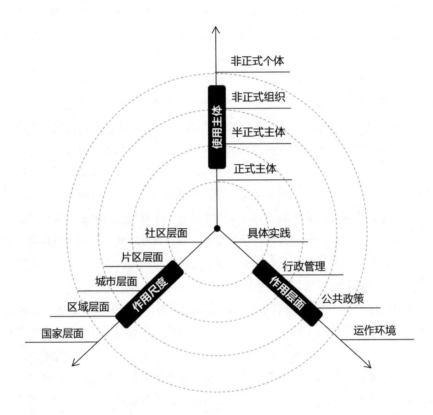

图7-3 定位城市更新中城市设计治理工具的三个维度

总体而言，正式工具可以起到引导、激励和控制的作用，但是在城市更新中，需要重新思考部分工具的使用方式，包括技术标准的解绑和相关财税工具的改革。其他工具的使用方法尽管与增量建设并无太大不同，但需要行政管理程序的变革和公共政策的协调，其中很多面向基层的工具同样依赖于正式制度的顶层设计，在没有建立过正式城市设计制度的国家更意味着一项全新制度体系的建设。在城市更新和城市设计运作中，正式主体普遍存在的六类具体的缺陷制约了这些正式工具的运用，包括：基层管理人员的技术水准不足；相关政策研究滞后；设计质量评价能力不足；政策和制度建设中决策所需的自下而上信息获取成本高；具体城市更新项目中民意难以集中，且将其转化为设计语言的能力不足；可推广利用的正式和非正式工具不足。这些普遍缺陷决定了非正式工具的运作空间。非正式和半正式主体可以依靠在政策研究能力、专业技术水平、组织模式与效率、社会公信力方面的优势来弥补上述的正式主体不足。但是，非正式工具几乎无法单独使用，提升、评价、辅助工具通常需要证据和知识工具作为支撑，而证据和知识工具也需要通过更为主动的治理工具发挥作用。相互支撑的特点决定了主体是长期运作的半正式或非正式的机构或组织，对某一个独立治理环节完全自下而上的个体参与只是城市设计治理的初级形态。基于上述分析所得出的认识维度和使用原则，便形成了如表7-5和表7-6所示的城市设计治理工具在城市更新中的使用方法体系。这一体系是基于英国现有城市设计治理工具的总结，因为各国政治与社会体制的异同以及城市更新的现实需要，城市设计治理理念必然在不同环境中催生出更加多样的治理工具与工具组合。

表7-5　正式城市设计治理工具在城市更新中的使用方法

工具类型	工具名称	作用尺度	使用层面	在城市更新中的作用	正式主体不足	配合使用工具
引导工具	设计标准	区域→城市	行政管理	通过解绑设计限制，鼓励通过城市设计解决功能需求	成果形式缺陷、技术水准不足、信息获取成本高	研究、审计
	设计准则	片区→社区	行政管理	弹性引导特定地域城市更新中开发建设的设计做法	技术水准不足、共同设计成本高	活动、授权辅助、研究、实践导则、案例研究、指标
	设计政策	国家→城市	公共政策	为下级正式主体与所有非正式主体提供城市更新的空间塑造策略与目标	技术水准不足、信息获取成本高、可利用工具不足	所有非正式城市设计治理工具
	设计框架	城市→社区	公共政策	为特定地域的城市更新制定基本设计策略、空间结构和实施计划	技术水准不足、共同设计成本高	实践导则、活动、指标
激励工具	补贴	国家→城市	公共政策	为下级正式主体提供能力建设所需的财税支撑，以保障高质量城市更新	政策研究滞后	研究、审计、实践导则、设计审查
	直接投资	国家→片区	公共政策	以设计质量为限制条件，为下级正式、半正式、非正式主体提供资金支持	政策研究滞后、监督成本高	研究、审计、实践导则、设计审查、竞赛

工具类型	工具名称	作用尺度	使用层面	在城市更新中的作用	正式主体不足	配合使用工具
激励工具	过程管理	城市→片区	行政管理	通过精简行政程序，或在程序中增加正式与非正式环节促进设计质量	政策研究滞后、可利用工具不足	活动、设计审查、认证、指标、竞赛、资金辅助、授权辅助
	奖励	城市→片区	行政管理	在面向特定功能的开发权奖励中，增加设计质量限制	政策研究滞后、质量评价成本高	实践导则、设计审查、指标、认证、授权辅助
控制工具	开发贡献	城市→社区	公共政策	重新分配开发贡献，用以支持高质量城市更新	政策研究滞后	研究、审计
	采用	区域→社区	行政管理	增加城市更新中配建要求的设计质量审查	技术水准不足、质量评价成本高	实践导则、设计审查、指标、认证
	开发许可	城市→片区	行政管理	基于设计质量的开发许可程序	技术水准不足、质量评价成本高	实践导则、设计审查、合作、授权辅助
	批准	城市→片区	行政管理	增加城市更新中批后建前和建设后的设计质量二次审查	技术水准不足、质量评价成本高	指标、认证、设计审查、授权辅助

表7-6 非正式城市设计治理工具在城市更新中的使用方法

工具类型	工具名称	作用尺度	作用层面	在城市更新中的作用	半正式主体优势	配合使用工具
证据工具	研究	国家→社区	具体实践→运作环境	证明设计质量在城市更新中的价值，为多元主体提供行动依据	政策研究能力、专业技术水平	审计、合作、资金辅助
	审计	国家→片区	公共政策	对特定范围内城市更新的设计质量进行调查，为多元主体提供行动依据	专业技术水平、质量评价效率	研究、指标、设计审查
知识工具	实践导则	城市→社区	具体实践→行政管理	引导特定范围城市更新城市设计，作为正式主体决策的辅助内容	政策研究能力、专业技术水平	研究、教育/培训、案例研究、倡议、活动、认证、竞赛、设计审查
	案例研究	国家→社区	具体实践	引导城市更新中正式和非正式主体的城市设计内容、工作开展模式	政策研究能力、专业技术水平	研究、教育/培训、活动、倡议、合作

续表

工具类型	工具名称	作用尺度	作用层面	在城市更新中的作用	半正式主体优势	配合使用工具
知识工具	教育/培训	国家→社区	行政管理→运作环境	提升正式主体主导城市更新的核心能力，促进全社会对设计价值的认同	专业技术水平、组织模式与效率	研究、实践导则、案例研究、活动、设计审查
提升工具	奖项	国家→社区	运作环境	鼓励能够促进城市更新设计质量的治理行为	专业技术水平、组织模式与效率	实践导则、活动、倡议、合作
	活动	国家→社区	具体实践→运作环境	汇集对城市更新的诉求，提升对设计价值的认同	专业技术水平、组织模式与效率	实践导则、案例研究、倡议、教育培训、合作
	倡议	国家→城市	具体实践→运作环境	引导改善正式与半正式主体的城市更新治理方式	社会公信力、政策研究能力、专业技术水平	研究、实践导则、活动、合作
	合作	国家→社区	具体实践→运作环境	降低非正式和半正式主体的运作成本，提升参与城市更新治理的效率	组织模式与效率	所有工具
评价工具	指标	片区→社区	具体实践→行政管理	以较低成本对城市更新的设计方案和建成项目进行评价	专业技术水平、组织模式与效率	研究、审计、实践导则、合作
	设计审查	城市→片区	具体实践→行政管理	通过一事一议的方式对特定城市更新设计方案进行全面评价	专业技术水平、组织模式与效率	研究、审计、实践导则、合作、指标
	认证	片区→社区	具体实践→行政管理	通过认证来解决城市更新中的信息不对称问题	专业技术水平、组织模式与效率	研究、审计、实践导则、合作、指标、设计审查
	竞赛	区域→片区	具体实践→行政管理	通过竞赛高效获取高质量城市更新设计方案	专业技术水平、组织模式与效率	研究、审计、实践导则、合作、设计审查、指标
辅助工具	资金辅助	区域→社区	具体实践→公共政策	通过资金辅助提升其他城市设计治理参与主体能力，并贯彻自身目标	组织模式与效率	合作、实践导则、倡议
	授权辅助	国家→片区	具体实践→公共政策	直接填补正式主体在城市更新与城市设计治理中的能力不足	专业技术水平、组织模式与效率	所有工具

注 释

[1] 唐燕，杨东. 城市更新制度建设：广州、深圳、上海三地比较 [J]. 城乡规划，2018（4）: 22-32.

[2] Ministry of Justice. Town and country planning act 1990[OL]. [2018-11-05]. http://www.legislation.gov.uk/ ukpga/1990/8/contents.

[3] Ministry of Justice. Planning and Compulsory Purchase Act 2004[OL]. [2018-04-30]. http://www.legislation. gov.uk/ukpga/2004/5/contents.

[4] Ministry of Justice. The Town and Country Planning（Local Development）Regulations 2004[EB/OL]. [2020-03-05]. http://www.legislation.gov.uk/uksi/2004/ 2204/contents/made.

[5] Ministry of Justice. The Town and Country Planning（General Development Procedure）（Amendment）Order 2010[EB/OL]. [2020-03-05]. http://www.legis lation.gov.uk/uksi/2010/567/contents/made.

[6] Ministry of Justice. The Town and Country Planning（Control of Advertisements）（Amendment）Regulations 2012[EB/OL]. [2020-03-05]. http://www.legislation. gov.uk/ uksi/2012/2372/contents/made.

[7] Ministry of Justice. The Community Design（Amendment）Regulations 2014 [EB/OL]. [2020-03-05]. http:// www.legislation.gov.uk/uksi/2014/2400/contents/made.

[8] 吴晓松，张莹，缪春胜. 中英城市规划体系发展演变 [M]. 广州：中山大学出版社，2015.

[9] CARMONA M. Marketizing the governance of design：design review in England[J]. Journal of Urban Design，2018，24（4）: 523-555.

第8章

城市更新中的
城市设计治理体系构建

　　上一章从工具的视角对中英城市更新中具有城市设计治理性质的实践进行了剖析。本章将抛开中英背景，进一步对不同城市设计治理工具在城市更新中的使用方式进行归纳，从普适的角度进一步构建城市设计治理作用于城市更新的理论框架。本章第一部分的目标与方法体系系统性地探讨为什么和如何开展城市设计治理，推动城市设计治理理论的对象从普遍建成环境到相对特殊的城市更新领域的知识拓展。而本章第二部分的路径选择则会回答由谁来推动治理体系的建设以及合适的时机。在本章的最后，基于本章理论总结和前文中对我国现有城市设计治理活动的观察，提出我国城市更新运作中城市设计治理发展的路径选择。

8.1 城市设计治理作用于城市更新的目标与方法体系

8.1.1 基于城市设计本质的城市设计治理再诠释

　　在世界范围内，城市设计古已有之，在长期的实践中，惯性思维常常会束缚人们对于城市设计的认识。那么城市设计的形式只能是技术蓝图抑或是规划法条吗？城市设计的主体只能够是政府或者规划师吗？前文中的种种工具能否应被纳入城市设计学科的范畴？城市设计在20世纪初经历了从以象征性构图、艺术化的空间与建筑创作活动为主导的古典城市设计，转变为面对现实社会、以解决城市诸多问题为导向的科学意义上的城市设计的复杂过程，又在20世纪中叶后转向了与正式制度结合的设计控制，当前多元共治的城市设计理念占据了主流，那么各阶段的城市设计理论中不变的本质是什么？笔者认为拓展城市设计治理知识体系的前提是需要回归城市设计的本质，在方法论层面找到城市设计的"原点"，进而才能思考城市设计新的、可能的范式。

　　本书开篇在回答三个前提性问题时（第3章），探讨了设计思维（Design thinking）与规划思维的异同，一定程度上回归到了城市设计的本质，即利用多种具有明确逻辑的创新性思维方式合理安排三维公共空间，或是影响与特定空间生产相关的人以满足公共利益诉求。从认识论来看，这一定义是高度开放的。首先，定义中没有界定某一个特定主体，给予了城市设计多元共治的可能。其次，主体对客体的作用方式不存在特定的技术形式或制度政策，而是基于一系列特定思维方法的灵活模式，方法如三维的思考方法、加入时间周期要素的四维思考方法、形态的拓扑变形思考方法等，其基本逻辑是设计领域常见的

"溯因推理",而不是工程领域通用的"归纳和演绎"。间接客体可能是与特定空间有关的人,但最终客体一定是人造的空间,即中国和西方学界普遍使用的"人居环境"和"建成环境"概念。尽管城市设计被普遍认为是跨学科的交叉领域,但万变不离其宗的是面向空间的设计思维。此外,现代城市设计学科人为地在主体作用于客体的过程中,加入了公共利益导向的价值观作为一项基本原则,因此客体也就被冠以了公共之名(反例是王权时代的城市设计,如故宫扩展至北京城、凡尔赛宫扩展至巴黎的城市设计等)。由上述规律可以建立城市设计运作的基本模型,如图8-1所示,技术导向型的城市设计主体为城市设计师,通过城市设计直接作用于公共空间的塑造。作为公共政策的城市设计控制模型,主体是正式主体通过法定规划体系使用二次订单性质的城市设计内容,通过限制和引导其他相关开发者的行为来塑造公共空间。而在当前的城市设计治理模型中,主体的范畴因为权责的重新划分而更加广泛,客体因为城市设计治理工具的多样性,所以既面向相关人,也直面特定空间范畴。那么随着城市设计治理的发展、国家整体治理水平的提高、公民意识的觉醒和基本素质的提升,客体一端的相关人会更多地变成主体,实现更大程度的共同治理。而未来甚至可能会发展出第四种模型,即正式主体完全退出,部分半正式主体提供必要辅助,非正式主体之间达成治理的最高形态——自组织(如日本的协定建筑制度),但显然无论中英当前都与这种运作模式所需的条件存在巨大的差距。

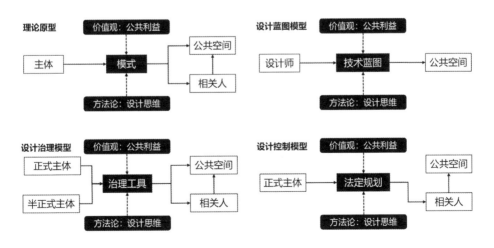

图8-1 城市设计理论原型和三种理论模型

　　上文中归纳了诸多的城市设计治理工具，它们具有不同的主体、客体和作用方式，那么应该如何界定"城市设计治理"的范畴呢？基于上述理论可以看到，城市设计的主体、客体、模式这三个构成理论模型的基本要素是自由的，不变的是方法论和价值观，这也就解释了城市设计治理工具的多样性，以及当主体希望创造或使用一种治理工具时应当遵循哪些基本规则。所以，一切以公共利益为导向，基于设计思维行事，具有明确的目标或需要解决的问题，并最终作用于相关人或公共空间塑造的行为都可以被纳入城市设计治理的范畴。无论是一张效果图、一条设计规范，还是一场旨在汇聚设计共识的社区会议。纵观20世纪初以来现代城市设计理论的发展史，就是围绕设计思维不断从实施终端向运作环境拓展的过程。设计控制与城市设计治理的一个本质性差异在于后者具有两层含义。设计控制是正式主体以城市设计作为依据管控开发，而城市设计治理不仅强调多元主体通过城市设计去治理城市空间，更在于使用多种方式对城市设计相关活动开展治理，即从"城市设计控制"到"城市设计治理"与"治理城市设计"。正式工具中的引导工具和控制工具明显属于城市设计治理，而激励工具则属于治理城市设计的范围。这意味着以激励工具为代表的治理行为，不直接通过城市设计对空间产生作用，而是间接地通过影响城市设计的运作环境来鼓励更好、更多的城市设计行为。作为正式工具的激励工具直接利用财税、开发权等手段促进城市设计，而以提升工具为代表的更多的非正式工具则是利用主体自身的公信力、舆论影响力来发挥作用。

　　综上所述，通过回溯城市设计的本质，可以得到如下对城市设计治理行为的基本认识：第一，城市设计的基石是设计思维方法和公共利益导向，而不同的主体间权责组合决定了城市设计发挥作用的模式；第二，城市设计治理中正式主体向非正式主体的放权，使其成为了半正式主体，形成了新的主体组合，而没被赋权的相关人只是治理的参与者而非主体；第三，城市设计治理工具将城市设计作为一种治理手段，也通过非设计的手段来治理城市设计；第四，城市设计治理出现前的城市设计模型是从设计行为到设计实施的连续过程，而城市设计治理工具的出现使得对于从运作环境到最终实施全过程中任一特定环节的干预成为了可能。笔者认为，四项基本认识可以为各国城市设计治理作用于城市更新的运作提供四项基本策略。第一，考察城市更新中空间形态塑造的现有基本权责结构，进而明确造成设计质量低下的成因。第二，明确城市更新空间塑造中主体与参与者之间的界限，避免治理结构的混乱。第三，从两个方向建立城市更新的城市设计治理工具库，跳出空间规划体系，为当代城市更新的诉求与障碍结构性地创新城市设计治理工具集。第四，城市设计治理工具可以以模块化的方式对城市更新特定目标、障碍和运作环节产生影响，而非连续、完整的控制过程。

8.1.2 当代城市更新运作的基本目标与普遍障碍

本书第4章研究了中英城市更新的演进历程，总体趋势是更新目标从解决单一问题走向综合目标体系（参见4.3章节），行为特征从大拆大建转变为因地制宜的大小结合，更新机制从政府主导发展为多元共治，价值导向从物质空间改善迈向公共利益的保护与提升，同时这也是世界范围内的普遍趋势。各个阶段存在认识的局限性在所难免，其导致的社会经济教训推动了城市更新理念的发展，现代主义思潮鼓动下的大拆大建造成的历史空间破坏、郊区化与旧城衰败、社会网络解体等现象，在20世纪七八十年代遭到广泛的批判与反思。与此对应，强调社会、经济、生态、历史、文化等多维度可持续发展的新观念逐渐上升为认识主流；主张通过多方参与和综合手段来更新和改造城市空间，实现以人为本的空间环境与社会经济改善等思想，获得了越来越多的社会认同和倡导。因此，当代的城市更新概念，不仅指物质空间的演替，更强调其对城市社会、经济、文化等领域的整体优化作用，以及更新过程中多元主体的共同治理。

笔者认为，当代城市更新实践具有四个层级的基本目标，如表8-1所示。第一层级的目标是对原有物质空间破败的修补，只涉及工程建设技术和资金来源，并不需要其他方面的制度保障。第二层级的目标是对原有空间性质和容量的调整，工程建设方式上拆、改、留、扩皆有可能，主要涉及空间规划体系和产权制度。第三层级的目标是在满足基本的使用需求和功能需求之外，达成更广泛的社会经济目标，如达成绿色可持续发展、降低犯罪率、消除种族隔离等目标，通常这些综合性的目标需要依靠核心公共政策和一系列支撑性制度的支持和协调。第四层级的目标是通过局部的城市更新实践实现更大尺度空间地域上的目标策略，包括整体功能结构的织补、整体风貌的协调、整体土地经济效率的提升等，通常这一目标的达成不仅需要同一水平层面上公共政策与制度的协调，还需要纵向上的权力的分配。从世界范围内城市更新理念的发展看，无外乎实现上述四个层级的目标，然而单凭理念的发展是无法完全指导实践的。因为实现四个层级目标需要一系列层层叠加的支撑条件，随之而来的是层层叠加的普遍障碍。改造方式是大拆大建还是修修补补，实施主体是正式主体还是市场主体等城市更新不同的类型化特征都只是为了达成目标和解决问题的手段而非本质。这些障碍造成了诸多后果，其中之一便是普遍性的空间质量低下。

表8-1　当代城市更新实践的目标、条件和障碍

层　级	目　标	支撑条件	普遍障碍
第一层级	物质空间修复	工程技术水平、资金来源	技术标准桎梏、资金来源限制
第二层级	功能容量调整	+空间规划体系、产权制度	+公共利益、产权利益和资金利益难以平衡
第三层级	综合社会经济	+横向协调的公共政策	+责任分散与内在分歧
第四层级	宏观综合战略	+纵向协调的公共政策	+科层协调难度提升

在目标为物质空间修复的最低层级，技术标准保证了工程建设过程和更新后空间的安全性，以及后续使用所需的最低功能要求。但是较低的技术标准通常取代了设计的作用，许多本身缺乏设计感的空间在城市更新中"修旧如旧"，第一次建设时因为资金和认识不足形成的历史遗留问题，在二次更新时因为只遵从最低的设计标准而再次上演。这样的情况在中国当前的老旧小区改造中普遍存在，"洋灰地""铁栅栏""大白墙"等材质和形态不佳但颇具时代标志性的元素被一次又一次"粉刷一新"。同时，一些长期缺乏更新的技术标准还会成为城市设计主动作为的桎梏。笔者在访谈中得知，北京市朝阳区某街道责任规划师设计的立体停车装置，因为消防条件不符合技术标准而难以实施。这种冲突源于城市设计是利用创造性思维解决三维空间利用的问题，而技术标准则是底线约束，这就造成了优秀的设计方案被低水平的技术标准所驱逐。物质空间修复的另一个普遍障碍便是资金来源的限制，背后是在产权人和公共力量中，谁应当承担空间老化成本的争辩，即正式主体在增量发展时期收取的税种是否包含了公共力量对城市更新负有的责任。这一制度安排不是本书重点，在这里不做展开，但资金来源确实会影响空间质量。首先，资金来源如果来自一个整体，就存在对空间质量的重视程度和能力水平问题。而如果资金来源分散，那么意味着空间塑造意志的分散，导致难以凝聚共识、形成可实施的设计方案。此外，还会出现的是群体共识得以凝聚但与公共利益相悖的局面。

第二层级目标——功能和容量调整直接涉及所有权和开发权的变更，主要障碍是公共利益、产权利益和资金利益的平衡困难，也是当前各地城市更新制度建设迫切需要解决的问题。而空间形态难以满足调整后新功能需求的情况十分常见，如零售业缺乏高质量的步行空间设计，抑或是高密度特大型居住区缺少必要的交往空间设计。设计质量低下的根本原因是三方对城市设计作用的误读。首先，正式主体普遍相对能够认识到设计质量是公共利益的一部分，但苦于管控手段的不足，且这种

利益难以量化，不在各种明确的行政考核标准之内，使"提升空间质量"成了一句口号。而产权方在城市更新中更加看重直接受益，对产权方而言，如果城市更新采取现金补偿收拢产权的方式，放弃对更新后空间质量的诉求是理性的。但现实中很大一部分产权人仍要回迁更新后的空间，孩子能否在人车分流的安全的社区中玩耍、商铺是否面向人流如织的街道等城市设计擅长解决的问题都直接关系到产权人的切身利益。而在我国房地产金融化的背景下，产权人很多时候放弃了伸张这一权益，转向只针对补偿金额、面积、户数等对象开展博弈。但实际上城市设计作为一种公共产品，个体产权方诉求的增加，不会等比例地大幅增加对手方（政府、开发商）的成本，所以两类诉求并不矛盾。但这种额外产权利益诉求的达成不仅依赖于主观认识的提升，还需要博弈的途径和必要的专业知识与技巧。最后，资金利益看重成本与收益，在成本一端，城市设计本身是有助于提升空间价值的，并且是一种用低成本获取较高收益的方式。尽管在城市设计领域难以准确定义这种量化关系，但大量的实证研究和其他设计和创意产业领域的研究都可以证明这一点（参见3.2章节）。不同的是城市更新所需的资金量大、周期长，资金的利用成本高企，所以资金方普遍追求资金高周转的开发模式，"短平快"制约了城市设计发挥作用的时间和空间。而部分正式主体也倾向于出于促进经济的目的而放宽规划管制，尤其是设计控制，这在英国20世纪80年代和当前尤为明显。同时，在收益一端，消费者难以判断开发产品的空间质量，存在着信息的不对称。当供给不同质量的空间却能够获得相似的收益时，资金方也就不愿意投入更多的成本用于城市设计。

第三层级目标——综合社会经济目标的达成，不仅需要工程技术、资金来源、少数特定制度的支撑，还需要城市更新实践对应科层中各责权部门的横向协调。科层制的先天缺陷导致了面对城市更新这一复杂对象时，责任分散的部门间缺乏协作，没有一个权威的声音来领导系统化的工作，也就直接导致了空间这一社会经济活动的主要载体，没有用于贯彻各方面的政策目标，各部门仍然使用的是自身惯用的管制手段。因为城市更新的最终实施对象是实体空间，所以规划主管部门通常承担了统筹的责任，试图通过综合性的规划设计打破部门壁垒，依托于空间规划体系的城市更新制度建设是我国当前主要的发展方向。但遗憾的是部门间政策目标尽管得到整合，但依托的财权、事权并没有被整合。所以就造成了地方政府来自城管口的资金只能用来刷墙、拆广告牌，园林口的资金只能用来植树，交通口的资金只能用在道路红线以内等不合理现象，众多完整的城市更新项目被拆分为多个割裂的子项，并需要遵循真正具有强制性的部门技术标准，使得城市设计方案难以得到贯彻。而第四层级目标——通过局部的城市更新实践实现更大尺度空间地域上的目标策略，具有与第三层级相似的困境，不同的是达成目标需要同时考验横纵两个方向上的科层协调能力。

综上所述，第一，从目标层级来看，当代城市更新运作与城市设计治理具有较强的一致性。第二，当代城市更新四个层级目标的达成都需要城市设计发挥作用，而四个层级的障碍都或多或少造成了城市更新设计质量的低下，可以总结为价值认同、专业技术、组织效率和成本效益四个主要成因。第三，为了克服普遍障碍，城市更新的运作依赖于一整套基于但不止于正式制度的治理体系，而城市设计治理只是其中很小的一部分，但是应当成为必要部分。第四，城市更新的治理同样具有"治理更新"与"更新治理"的双重含义，即主体对城市更新活动进行管理与干预，同时又利用城市更新达成更宏观的战略目的，这使得作为技术蓝图和管控依据的狭义城市设计难以胜任。第五，城市更新的运作包括了具体项目从策划到规划、再到实施的全过程，也包括具体项目以外的决策环境。这一过程以正式制度为主导，在正式制度界定的行政流程之外，还存在非正式制度更广泛的作用空间。

8.1.3 城市更新与城市设计治理的理论对接

如图8-2所示，上一节研究总结了城市更新理论与实践的发展中四个层级的目标，分析了实现各自目标的必要支撑条件，支撑条件的集合便是城市更新的治理体系。随着目标层级的上升，支撑条件层层叠加，对治理能力提出挑战。每个目标层级所需的治理能力不足都可能造成空间设计质量不佳，进一步对其总结，价值认同、知识技能、组织效率和成本效益四个基本成因普遍存在。首先，多元主体对设计价值的认同普遍不足是制约城市设计发挥作用的根本桎梏，一方面源自功能主义的影响，另一方面是对城市设计只关乎空间美学的误解。其次是技术水平不足，其普遍性体现在并非只有城市设计师才需要专业技术和知识。在城市更新的治理中，高级别的正式主体需要知识储备以制定相关空间政策；基层正式主体需要相关知识开展管控，组织编制规划设计；产权方需要表达自身的空间质量诉求；资金方需要依靠设计提升空间价值以获取收益；多方主体需要基本常识以便就三维空间背后的利益开展博弈。再次，组织效率低下既有特定正式制度中管理成效的不足，也包含横纵两个方向上正式主体之间的协同问题，还涵盖正式主体在非正式群体中开展工作时的效率低下。最后，成本效益指的是广义城市设计行为带来成本提升和设计质量带来的空间价值提升的经济平衡问题。根据本书研究，城市设计治理工具提供了解决这四个普遍问题的途径。

这是因为，首先，城市更新和城市设计理论发展具有高度的一致性，从设计

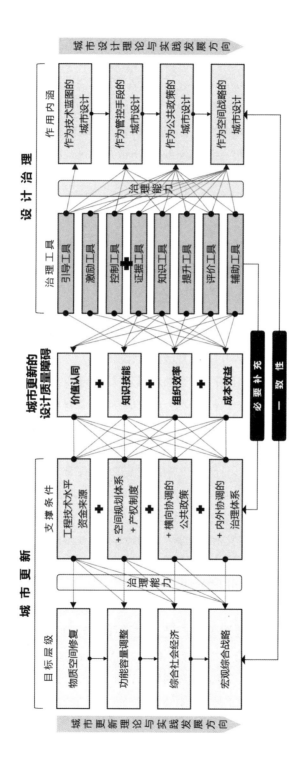

图8-2 城市设计治理作用于城市更新的方法体系

思维这一内核演化出的不同运作模式契合了城市更新的四个目标。作为技术蓝图的城市设计对应了单纯物质空间修复型的城市更新。作为管控手段的城市设计和以功能调整为目标的城市更新都开始基于正式制度发挥作用，尤其是法定的空间规划体系，这也是我国当前少数先行城市正式制度建设的主要方向。从20世纪末起，西方国家普遍倡导作为公共政策的城市设计，开始引领面向综合社会经济目标的城市更新，英国的设计引导城市复兴（Design-led Urban Renaissance）就是典型代表。当前，英国将城市更新作为一项综合性的国家战略，关于城市设计如何来服务于这一战略，在英国各个层级的正式和半正式主体中都可以窥见相关行动（参见第5章）。而对应的城市设计活动也从单一模式拓展为治理工具集合，共同成为一种与城市更新国家战略相配套的空间战略。尽管在实践中同样存在成效不足、主体间工作开展不协调等问题，但这种趋势已经十分明显。

城市设计理念的发展并不能保证其模式的良好运作，同样需要一系列从技术到制度的支撑条件，并且随着城市设计作用和内涵的深化，支撑条件也是层层叠加的，叠加而成的体系就是城市设计运作所需的治理能力。通过上一章对中英城市更新的城市设计治理工具的分析，可以发现城市设计治理的一个重要贡献便是把不同目标层级城市设计对应的支撑条件从工具的角度分解为若干单元和模块。从理论上讲，这种分解的逻辑是公权力（权力权威）和公信力（知识权威）的分离，是根据自身不同优势进行的治理体系分工细化。在实际中，这些治理工具长期存在，并且是随着城市设计内涵的深化而诞生的，例如绝大多数引导工具和知识工具从技术蓝图型城市设计时代就普遍存在，而设计控制时代又催生出了部分控制和评价工具，只是在城市设计治理理论出现前，没有人从这种分解的角度去认识广义的城市设计活动。所以，如图8-3所示，随着城市设计理念的发展，对支撑能力的要求就越高，右侧框图所连接的治理工具也就越多。这些治理工具理应是城市更新治理能力的必要组成部分，用以解决制约城市更新空间质量的普遍障碍。由此便完成了城市更新与城市设计治理在目标层面上的对接。

8.1.4 理论延伸：城市设计治理的广泛公共政策化方向

马修·卡莫纳在构建城市设计治理理论时，主要探讨的是正式主体应以何种程度和方式介入城市设计领域，强调的是将城市设计作为治理的对象。所以他进而定义出的一系列城市设计治理工具，是对传统城市设计管控手段的改良与拓展，即"治理设计"。而本书通过研究发现了城市设计治理的另一个认识维度，即"用设计开展国家治理"，使城市设计工具去主动结合其他国家治理领域的治理行为，与部门各传统政策工具共同发挥作用，即城市设计的公共政策化。

如图8-3所示，传统城市规划的治理模式，对宏观政策的承接实际上经历了三个步骤。首先是阶段性国家发展总目标在横向部门层面上的分解、深化与协调。接下来空间规划与建设主管部门对于横向部门政策，针对特定地域进行整合，进而转译为空间管控的语言。这一过程中政策的整合与转译形成了具有法定效力的法定规划文件，根据文件并通过开发建设管控最终塑造建成环境，形成物质空间塑造对宏观政策的响应，完成传导过程。自20世纪末起，全球范围内的城市设计正式化逐步推开，乔纳森·巴内特等人最先提出了"作为公共政策的城市设计"，但这种公共政策化的理论依托是设计控制理论，所以对于制度的重塑如图8-4所示，几乎完全是对现有规划和建设管理体系的改良。一部分国家选择了将城市设计与法定规划体系相结合，我国2017年颁布的《城市设计管理办法》明显是选择了这一方向。与此同时，独立于规划审批的建设管理存在于"规、建"分治的国家。经过最近的国家机构改革后，近期我国住房和城乡建设部发布的《关于进一步加强城市与建筑风貌管理的通知》，有极大可能便是要求建管部门开展单独的设计审查环节。无论选择二者中的哪一种模式或是并行管理，笔者认为都只能称作是城市设计的正式化，或是公共政策化的初级阶段，只是城市设计治理迈出的第一步，却也是关键一步。

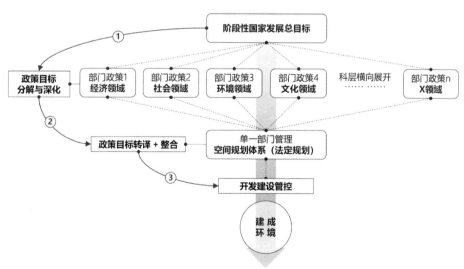

图8-3　传统空间规划管理模式的公共政策传导模型

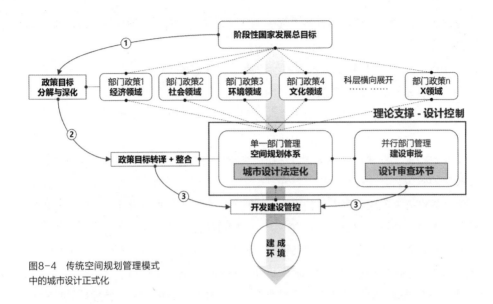

图8-4 传统空间规划管理模式
中的城市设计正式化

前文中各种城市设计活动在英国城市更新政策中的广泛存在，证明了城市设计不仅仅是空间规划与建设管理体系中的一环，其作用层面已经向国家治理的方方面面进行了延展（图8-5）。经济、社会、环境、文化等领域的中央部门将非正式城市设计治理工具和各自部门固有的、擅长的政策工具相结合，例如将城市设计要求作为城市更新相关财政补贴的条件，将设计导则作为引导特定类型产业发展的补充文件，或是将城市设计文件的有无作为社区能否保留部分税收开展城市更新的前提（参考英国社区基础设施税）等。广义城市设计手段向多元公共政策领域的主动对接，丰富了传统非空间主管部门的政策工具库，也独立于规划建设管控体系之外，实现了另一条宏观政策落地、塑造建成环境的新路径。而在原有路径上，政策传导的方式也发生了变化，其他部门开始将附加有各种设计要求的政策传递给空间规划主管部门加以执行。例如英国教育部借助外部技术力量主导编制了校园设计标准，并提供给住房、社区和地方政府部作为相关开发的规划许可依据。此外，城市设计治理理论的发展也推动了空间规划和建设主管部门内部治理方式的改良与延伸。例如，对设计审查程序中审查人员构成的改良，对设计审查程序前预申请程序的延展等。由此可见，当前理论停留在"治理设计"，体现为正式工具对原有治理能力的改良与提升。而本书指出了在更广阔的治理领域中，"城市设计治理"应是非正式工具与传统政策工具的融合发挥作用。那么对于规划和建设主管部门以及这些非空间主管部门工作方式的创新，显然难以通过某一个平行等级的部门来推动，向上寻

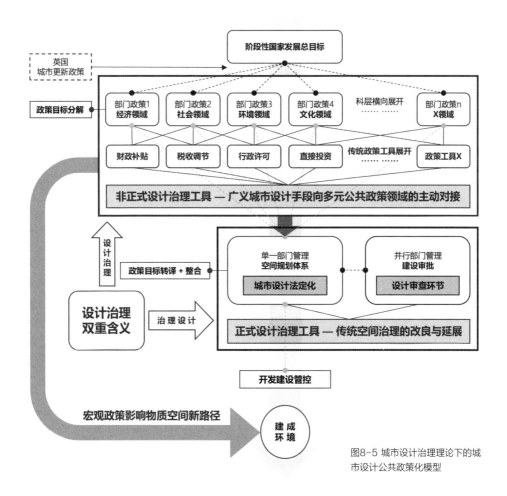

图8-5 城市设计治理理论下的城市设计公共政策化模型

求协调或者向外寻求协助成为了必然。英国选择了由非部门公共组织这一种极具特殊性的半正式主体来承担这一工作并取得了良好的实践效果，但笔者认为这并不是唯一的道路。

8.2 城市设计治理作用于城市更新的路径选择

治理是权力由不同的力量和机构有效地共享、交换和博弈[1]。在现代治理理论的发展中，从最初的国家治理拓展到了企业治理、社区治理等领域，研究的核心对象——有权方，从政府转向了资本、民众等主体。本书所研究的很明显是各级政府应当如何推动城市设计领域的治理并更好地服务于城市更新的需要，因为只有国家机器从根本上应当是与公共利益保持一致的。而部分完全自发的、自下而上的治理是以群体利益为目标的，在实际中很有可能与公共利益产生冲突。例如一些城中村，以血缘为纽带形成了高效的内部治理体系，可以很好地基于民意集中的结果开展共同行动，但在城市更新中往往意味着群体利益与公共利益博弈时会具有更多的"筹码"。所以无论是自上而下还是自下而上的治理行为，都应是以正式主体的介入为前提的。但不同模式中正式主体发挥的作用有所不同，可以发挥主导者或守夜人的责任。那么既然锁定了正式主体的核心地位，又该如何推动城市设计治理体系从无到有的建设呢？是否意味着其推动者就只能是各级政府了呢？现代治理理论为我们提供了四种权力共享的基本思路，包括向下转移（科层内部自上而下分权）、向上转移（科层内部下级寻求上级协调）、向外转移（分权给正式主体外的机构与组织）和系统转移（权力转移给其他部门和组织组成的体系）。从中英的经验看，这四种基本思路通常是共同使用的，组合使用的结果是形成了如下四条路径。

8.2.1 路径一：国家推动

长期以来，英国的城市更新与城市设计治理是典型的国家推动型，主要运用了向下分权、向外分权、系统转移三种思路。向下分权体现在城市更新与城市设计的相关中央政策中，《房地产更新国家策略》和《国家规划政策框架》给予了地方极大的行政和施政自由。首先，鼓励地方政府在城市更新施政中自由运用各类城市设计治理工具，自发引入各种指定性半正式和非正式主体的参与。同时，以完备的城市设计作为前提条件，允许地方和社区获得更大的央地财政分配比例。此外，地方当局可以自主制定规划许可和设计控制的相关程序，预申请、设计审查等指定工具或由各种市场主体提供的城市设计治理工具都可以被充实进地方行政程序中。其次，地方当局在组织规划编制中也有着较大自由，可以通过补充性规划文件等方式灵活增减城市设计治理内容，并无须通过上级政府审批。国家层面向下分权的好处是为有意愿、有能力的地方政府解开了制度束缚，明确了灵活施政的空间，使其可以根据本地特点制定地方性的正式制度与政策，同时鼓励地方政府进一步形成多方共治的局面，使地方政府不会因为将权力外放给其他主体而受到失职懒政、资金滥用等原因的问责。国家层面向下分权的缺点是在全社会尚未形成对城市空间设计价值的普遍认同前，绝大多数地方政府即使得到了自由也很难积极主动作为，长期的管制模式使其也没有能力成为地方层面多方共治的核心。所以国家层面的向下放权应形成"放权、导引、监管"的治理闭环，英国在放的同时配以一系列的政策导引，而地方议会则主要发挥了监督行政的作用，这也是目前很多半正式组织将影响目标定位为地方议员的原因（参见5.2.2.1章节）。

英国国家层面的向外分权和系统转移经历了自20世纪末至今几十年的探索与磨合。中央政府部门对国家代理人（非部门性公共机构）向外分权，在城市更新与城市设计领域分出的是除行政审批权、执法权等核心权力外的部分财权和参与部分行政程序的权力。因为国家层面的各种资金计划交由半正式机构管理，使半正式组织有了要求地方当局贯彻自身政策目标的"资本"。同时，半正式组织因为依据国家立法向议会负责，也有了监督中央政府的责权。这种权力地位使得国家代理人能够真正主动参与各级政府的治理。在体现向外分权思路的同时，英国的国家代理人体系同样是系统转移的结果，国家代理人机构发挥作用的领域一部分是单一中央部门内部的重点工作之一，如早期的城市设计代理人——建筑与建成环境委员会就只对当时主管规划和建设的社区和地方政府部负责。而另一些领域的国家代理人则承接了来自不同中央政府横向分割的部门中分离出的公权力。例如曾经的城市更新领域代理人——英格兰合作组织，其本身就是规划建设、经济产业和国家财政等中央主管部门的政策整合与实施平台。虽然在2010年因为国家经济进入收缩时期，英国一次性关停了200余个国家代理人机构，但从性质上适合由非政府组织承担的责权没有消失或被正式主体收回，而是根据各个领域发展的需要被重新整合进新的机构。由此可见，国家层面向外分权和系统转移的好处是避免了各地探索中的重复工作，高起点、高效率地推进城市更新与城市设计治理工作，通过集中优势资源（主要是具有高水平的专业技能和治理知识的人才）在治理体系建设的早期形成一批切实有效的工具和方法。此外，还可以避免地方性半正式组织或者各层级的非正式组织，因为缺乏博弈筹码而难以有效介入治理的情况。国家层面向外分权和系统转移的前提是需要高于国家各横向部门的力量介入对其进行赋权，这种力量可以是中央政府、联席会议、议会或者是稳定的法律文件，否则单一部门难以开展自我削权，并且难以起到打破整合横向科层政策目标的作用。

8.2.2 路径二：地方推动

我国当前的城市更新与城市设计治理更多地采取了地方政府推动的模式，但是只是少数经济发达城市的自发行为，主要运用了向下和向上转移的思路。我国的向下分权体现在城市更新主导权的向下转移和对空间形态设计的放松管制。以北上广深为代表的一线城市近年来普遍选择将资金下放给基层开展城市更新工作，出现了较多由区级政府或街道办事处主导的街区更新、社区更新实践。地方层面向下分权的好处在于：使街道、社区成为了凝聚空间、塑造共识的基本单位，可以较好地反映民之所求；让基层政府更加高效、灵活地利用资金直接进行实施，缩短纵向科层传导的周期。然而缺点是现实中只有其中非常有限的民众诉求能够得到落实，这主要是因为与英国不同，我国的街道、社区既没有组织编制法定规划的权力，也没有参与审查设计方案的权力。所以上级政府拨付的资金只能用于不涉及产权和功能变更的拆违、修修补补和美化工作，并且资金因为上级科层的分隔而难以统筹使用。而这些看似并不复杂的工作，实则并不简单。在不涉及法定规划更改的情况下，实现城市更新的空间美学价值、功能使用价值和附加价值需要较强的专业技术支撑和公众参与过程。此外，街道和社区的日常工作多面向本地居民和其所在的住区，受制于有限的能力，基层管理者对于产业、商业、文化娱乐、历史保护等常见类型的城市更新则难以胜任主导工作，与租户、商户和并不服务于本地的各种高级别设施的联系也较弱。

当地方政府的向下分权遇到阻碍时，英国选择了向外分权的思路，而中国则选择了向上。英国鼓励地方政府积极与半正式和非正式组织建立合作关系，以弥补自身不足。而中国各地并不存在这类组织机构，所以当前倾向于由上级政府设立半正式的责任规划（设计）师岗位填补这一职能空白。但我国无论是街道责任规划师还是城市设计总师，本质上都还只是政府职能的延伸，当真正遇到上下级正式主体，以及正式与非正式主体间不可调和的矛盾时，责任规划师是不可能代表非正式一方与正式主体开展博弈的。此外，我国城市更新与城市设计治理中的向上转移还包括权力上诉和技术上诉两种。权力上诉如北京推行的"街乡吹哨，部门报到"制度，区、市两级委办局负责实时为街道和乡镇解决在地问题，试图改变过去自上而下且条块分割的单向政令传达路径，使城市管理更加扁平化[2]。但是目前"到场报到"后部门间的协调机制尚不明晰，下级主体也无法对上级各横向部门间协调的成效进行评价及追责。技术上诉仍以北京为例，在近年来争议较大的天际线整治运动中，城市更新中基层政府缺乏专业技术支撑的"一刀切"的行政命令难以起到提升空间质量的作用。上级政府在叫停相关行为后，以加大技术供给——城市设计导则来引导后续行动（参见6.1.3章节）。我国时常出现的"一管就死，一放就乱"的现象，使上级正式主体收权相较英国更加常见。由此可见，地方层面向外和向上转移的好处十分明显，能够集众智与众力于一隅。但前提都是外部和上部是否具有下级所不具备的技术能力和有效的协调能力，而除了极少数经济发达地方的城市，在我国的区级乃至市级正式主体中这种能力本身就是极度欠缺的。

8.2.3 路径三：市场推动

英国当前的城市设计治理体现出了市场推动的特点，各级政府、企业、基层社区主动从市场主体处采购城市设计治理服务来助力城市更新活动，而各种类型的市场主体为赚取利益而推动治理体系的不断深化与完善，其主要思路是向外转移和系统转移（参见5.3.5.2章节）。英国建筑与建成环境委员会解散后，新的设计理事会只承担中央政府的政策咨询工作，虽然保留了设计审查服务板块，但不再为各地地方当局提供多样的城市设计治理工具。但各级正式主体对城市设计治理工具的客观需求并没有消失，各种半正式和非正式主体迅速填补了这一空缺。这种职能上的转移并不是原有半正式主体和政府有意向外分权的结果，而是市场化背景下的非正式主体的主动对接。新的市场主体基于自身已有职能进行功能拓展，包括英国皇家建筑师协会这样的专业团体、工程设计领域咨询公司、非政府组织、地方性半正式机构等原本就在该领域长期实践的参与者。这些机构原本的运作方式都相对比较单一，国家代理人的城市设计治理工具为其提供了范本。市场化的参与对于填补那些经济、技术水平不足地区的城市设计治理具有重要意义，当前英国诸多小城镇都采取了外聘设计审查团队的方式辅助开发许可程序。代表正式主体行使部分管理职能的市场主体将公正透明作为机构的立身之本，绝大部分会将自身的机构治理架构、商业模式进行公示，在提供服务时开展关联利益调查，并承诺承担相关的法律责任，在提供城市设计治理服务的过程中根据甲方要求提供全流程的相关记录。同时，其很多主体并不以盈利为目的，一方面，参与城市设计治理获得的资金能够支持其主业的可持续发展；另一方面，城市设计治理也拓展了它们更加主动产生影响的途径，使已有研究、设计和目标得以真正落地实践。

由此可见，市场机制起到了自组织多元主体参与治理的作用，并开始反向重构正式主体，通过宣传、游说政府和影响选民、纳税人的方式引导正式主体放权，逐步实现权责的系统转移。市场推动的好处在于市场化机制充分调动了具有专业技术优势和组织效率优势的各种半正式与非正式主体的积极性，并从外到内地影响正式体系。坏处是市场化运作也肯定存在各种市场失灵的先天缺陷，一种可能是能够产生高额利润的城市设计治理服务竞争激烈，而周期长、利润薄的城市设计治理工具无人提供，这也是为什么城市设计管理与治理作为现代城市的一项公共服务，必须要有正式主体的介入的原因之一。城市设计在前治理时代一直被作为一种公共物品，而在城市设计治理时代，许多非正式治理工具尽管仍具有公共物品的特性，如指标工具、认证工具、教育培训工具等，但市场主体的参与首先就要求使治理的智慧成为一种受保护的知识产权，即排他性，否则这一市场就难以存在。此外，仍以英国为例，在国家代理人出现前，城市设计治理的市场并不存在，这是因为市场主体难以承担开拓市场时潜在的试错成本。同时，非正式主体的参与是循序渐进的，即使是在社会治理相对成熟的英美等国家，政治环境也很难接受市场主体直接深度参与特定领域的国家治理。

8.2.4 路径四：精英推动

长期以来，在参与式规划等理论的支撑下，中英都存在诸多试图建立完全自下而上治理体系的实践，其希望用自组织的模式保证城市更新的良好实施，在实际运作中表现为少数精英推动的权力向外和向下转移。所谓精英是与正式主体不相干的民意代表、专家学者、社会活动家、非政府组织等。这一路径和地方层面正式主体推动的权力下沉具有明显区别，精英推动模式中财权、自治权都没有被下放到基层。在这一过程中，非正式主体首先需要证明自身可以高效地被组织起来，并且诉求与上级正式主体的政策目标一致，相关行为符合管制限制，才能争取到正式权力的支持。这里便需要对"向下"还是"向外"进行辨析。在英国，自下而上精英推动的目标是使掌握在正式主体手中的权力向外转移，如社区基础设施税让社区能够掌握一定比例的本地税收开展城市更新。在正式与非正式主体的博弈中，中央政府提出社区自主更新是允许的，但前提是自主编制了由地方当局审核通过的社区规划与城市设计。而在我国，精英推动的目标实际上是权力的向下转移，因为在我国的政治体制中，社区党委、居民委员会都需要接受基层政府的领导（参见6.2.3章节），精英很难跨过社区和居委会来组织本地居民。

无论"向下"还是"向外"，精英推动的好处在于从基层促进公民意识的觉醒，使其自发参与城市更新，共同决定如何塑造空间，缺点是这种模式本身是难以持续和推广的。首先，该模式得以运行的前提条件是高水平的精英引领，以清华大学社会学系李强教授和城乡规划系刘佳燕副教授进行的"新清河实验"为例[3]，其显著成果的背后是顶尖学者带领团队长达6年（自清华大学社会学系于2014年2月成立清河实验课题组算起）扎根基层的培育，而全国范围内无数的社区需要多少这样的精英？又有多少精英会在没有学术产出和经济利益驱动的情况下为社区开展义务劳动？相较于从该实验中总结以待推广的共性经验，精英存在的价值更多在于依靠自身优秀的综合能力去应对城市更新和城市设计中个性化的挑战。在精英逐步退出社区后，尽管居民得到了教育，可能形成了一定的凝聚力，但是基层自治组织仍然不具备城市更新所需的技术能力和经济能力，仍然需要借助外部力量的帮助。而没有了义务劳动的精英群体，如何平衡引入外部力量的成本等问题就又摆在了社区面前。此外，我国相似的案例还有中山大学李郇教授在厦门等地开展的"共同缔造"活动、同济大学刘悦来教授在上海开展的"社区花园"系列微更新，上述活动都利用了社区作为参与者之间的联系纽带，但城市更新的类型远不止老旧小区更新这一种。工业区、商业区应以何种联系为纽带形成自下而上的自组织型更新，路径尚需探索。英国完全自下而上的社会治理实验比我国开始得更早，各类基层社会性组织、居民自治组织、行业联合会也更加成熟，但是现实情况是精英倡导的自组织城市更新精彩案例时常出现，而普遍做法难以推广，所以正式主体是否应当在大范围内全面倡导这种模式并投入资源加以扶持值得再思考。

8.2.5　实践建议：面向我国国情的复合路径选择

本书的理论基础之一便是城市设计治理理论与我国国家治理体系和治理能力现代化的一致性（参见3.1章节），二者都是传统国家中心主义治理和社会中心主义治理的结合体，都是系统化的权利格局调整，而非单向的收权、放权。如表8-2所示，通过本章分析可见，中英当前四条城市更新与城市设计治理的路径都各有利弊，所以对于我国而言，必须基于我国国情，充分考虑不同路径的限制条件来进行路径选择。本书认为，我国未来应从三条路径、16项举措和5项思路来推动城市设计治理作用于城市更新。

表8-2　中英城市更新中城市设计治理体系发展的路径分析

路径	分权方向	优　势	限 制 条 件
国家推动	B.向下转移 C.向外转移 D.系统转移	鼓励地方政府主动作为； 解除地方内外分权束缚； 国家层面半正式机构引领	放权、引导、监管的配套机制； 国家层面协调机制
地方推动	A.向上转移 B.向下转移 C.向外转移	缩短管理到实施的传导距离； 凝聚基层空间塑造共识	基层主体专业储备； 基层实质自治权力； 上级主体协调能力

路径	分权方向	优　势	限制条件
市场推动	C.向外转移 D.系统转移	调动市场力量发挥自身特长； 反向影响正式制度与程序	正式主体介入，避免市场失灵； 保护治理产品的排他性
精英推动	B.向下转移 C.向外转移	促进公民意识与自组织参与； 凝聚基层空间塑造共识	高水平人才普遍供给； 自治所需经济和技术能力； 不同类型联系纽带建立

首先，我国理应发挥中央集权的优势，从国家层面推动城市更新和城市设计相关政策的整合。

一、在国家当前投入大量财政的棚户区改造、老旧小区改造等城市更新领域尽快引入设计质量的相关政策导引，建立以质量为导向的地方政府考核机制和资金竞争使用机制，完成设计引导工具对城市更新政策的介入。

二、在深化国土空间规划改革的过程中，建立以空间规划主管部门为龙头的政策整合机制，使高质量的城市更新成为经济产业发展、人民健康、文化教育等部门政策的空间载体，从中央层面鼓励各横向部委将自身各领域的政策目标转化为具体可操作的空间政策。

三、这一政策转化工作应当由具有高度专业能力的机构承担。例如在规划设计和建筑设计领域市场机制已经较为完善的今天，中国城市规划设计研究院、中国建筑设计研究院这些"国家队"是否还应当参与市场竞争，本身就值得深思。未来，这些部委企业和机构应当更多地承担起辅助治理的责任，形成跨部门政策整合的平台，而不仅仅是像当前这样被动地提供技术和政策咨询。他们应为地方政府推荐成熟、可操作的城市设计治理工具，还应开展基于广泛基层调查的研究工作，成为反映基层政府和民众在城市更新等专业领域中工作困境和民意的渠道。

四、逐步探索国家级专业研究机构和企业向国家代理人式机构的转型路径，使其不受制于特定中央政府部门，从而获得监督、影响最高层级正式主体的权利，真正成为公共利益的守门人。

五、尽快出台囊括城市设计审查机制的国家层面城市更新制度建设指导意见，进而鼓励地方政府积极探索并建设符合国家基本程序要求的本地城市更新制度，要求所有城市更新项目申报必须包含城市设计内容，并通过国家代理人机构辅助各地的制度制定过程，率先完善设计审查工具。

六、推动完善已有城市设计制度体系，明确与控制性详细规划相衔接的重点地区城市设计必须囊括上位规划中已划定的城市更新区，并适时出台面向城市更新的城市设计编制技术指引。

七、鼓励地方政府根据自身经济能力和实际需要通过采购服务的方式，使用半正式和非正式主体提供的城市设计治理工具，并建立半正式和非正式主体参与政府治理的关联利益声明程序，做到过程明晰、公正透明、长期可查。

八、依托国家代理人机构通过财务和技术支持，培育地方层面可参与城市设计治理的半正式和非正式主体。在上述举措中，第一项到第三项可在近期三年内推动，第四项到第八项应根据前期执行情况逐步推进。

其次，我国各地在经济、社会、治理能力等方方面面存在着极大的差异，地方因地制宜推动城市设计治理十分重要。

一、所有地方政府应促进城市总体规划、市域层面城市更新专项规划、总体城市设计的协调，并根据协调后的成果分解任务，形成责权明晰的跨部门共同实施计划，可适时作为综合性的地方规划政策或城市更新政策声明向社会公示。

二、根据共同实施计划加快整合相关政策和配套资金，由地方空间规划主管部门牵头建立起以设计质量为限制条件的城市更新相关资金使用规章，完善城市设计治理的激励工具。

三、应根据国家政策引导重新梳理和完善自身的开发许可程序，针对城市更新地区建立土地获取前正式主体向市场主体明确城市设计意图、土地获取后正式与非正式主体共同细化商定设计条件、开发建设前市场主体依据条件提交设计方案审查、完工核查加入城市设计方案二次核准的全流程监管体系。

四、北上广深等一线城市应持续因地制宜推进各种责任规划师制度的建设，并对其承担的主要职责，以及对应的权利、做法和成效进行工具化的分解，逐一考察每一项职责的合理性和合法性，并对可行的职责通过正式制度加以固化。

五、以责任规划师制度建设为契机，鼓励专业性半正式或非正式城市更新或城市城市设计治理机构的发展，促进地方性相关事业单位、研究机构、国有设计院在治理时代的深刻转型，形成由跨学科专家学者、跨领域技术人员、社会工作者等主体共同组成的常态化专业组织，探索财政资助、异地服务、市场化运营等可持续运作模式。

六、在责任规划师和专业机构的辅助下，逐步将更多的实质性权力下放基层政府，包括城市更新相关的财政资金使用权、行政管辖范围内的规划设计编制权、规划调整权、规划许可审批权、各种国有和公有房产的处置权。

七、在经济欠发达、相关专业人才紧缺的城市，寻求在国家代理人的指导下，设立区域性的半正式城市设计治理机构，由多个接受辅助和服务的地方当局共同承担运作成本。

八、区域性辅助机构需对在区域中具有战略地位和大量使用公共资金的城市更新项目，如大型交通基础设施、历史保护区等运用多种城市设计治理工具辅助地方政府开展工作。在上述举措中，第一项到第四项可在近期三年内推动，第五项到第八项应根据前期执行情况逐步推进。

最后，精英推动和市场推动有望在我国少数发达地区协同产生作用。

一、现有精英推动产生的宝贵在地经验应当成为中国特色城市设计治理工具原始创新的宝贵资源，而这些工具有望作为一种产品通过市场机制得到更加广泛的应用。

二、依托于与基层政府长期合作得来的信任，精英推动从实验性、公益性的社会活动向更加可持续的运作模式转型，具有技术和市场的双重优势。

三、各级正式主体应当允许以盈利为目的的专业性非正式组织参与城市更新与城市设计的治理活动，并考虑通过减税降费、直接资助、非资金支持等多种方式鼓励非盈利性组织的发展。

四、非正式组织应当不断完善自身的城市设计治理工具库，因为通过前文分析可知，各工具间普遍存在着相互支撑、协同作用的特性，部分支撑性的基础研究工具需要盈利性工具的持续输血。

五、非正式组织间应当既有竞争又有合作，而合作的主要方式包括共同活动以拓展自身影响力和话语权，交叉使用对方具有优势的城市设计治理工具，携手为正式主体提供一揽子的辅助治理解决方案等。综上所述，本书认为当前城市设计治理作用于我国城市更新的发展路径应是"以国家推动为重要前提，地方分类探索为主要工作，少数发达地区试水市场推动和精英推动相结合"的一条复合路径。

注　释

[1] HELD D, MCGREW A, GOLDBLATT D, et al. Global transformations : politics economics culture[M]. Cambridge : Polity, 1999.

[2] 共产党员网. 街乡吹哨 部门报到：北京以党建引领破解城市基层治理"最后一公里"难题 [OL]. [2020-03-05]. http://www.12371.cn/2019/07/18/ARTI15634316799243226.shtml.

[3] 李强，卢尧选. 社会治理创新与"新清河实验"[J]. 河北学刊，2020，40（1）：175-182.